JN058011

エクセレントドリル

# 2級 土木施工管理技士

## 試験によく出る 重要問題集

市ケ谷出版社

# ま　え　が　き

土木事業は，国や自治体の公共事業を中心に，毎年，数十兆円の投資が行われている分野です。

これらを実施するためには，特定建設業の許可業者の場合，営業所の専任技術者，工事現場の監理技術者は「土木施工管理技士」等の国家資格所有者に限定されています。

「2級土木施工管理技士」の資格取得は，本人のキャリアアップはもちろんですが，所属する企業も技術力の評価につながり，公共事業発注の際の目安とされるなど，この資格の役割は重要です。

本書は，2級土木施工管理技士の合格を目指す皆様が，**短期間で，要領よく実力が身につくよう**工夫して作成しました。

「2級土木施工管理技士検定試験」は，毎年同じような問題が出題されます。したがって，合格に必要な知識は，たくさんの問題をこなすことで習得することができます。

本書には，出題頻度の高い各分野の代表的かつ基本的な問題を中心に，約400題を厳選し，その解答を載せています。

さらに，それぞれの分野の問題において，**覚えておくと5割は解答できる重要事項を抽出して，簡潔にまとめ**ています。出題傾向の分析と学習のポイントも掲載しました。

本書を利用された皆様が「2級土木施工管理技士検定試験」に，合格されますことを心からお祈り申し上げます。

2020年4月

著者一同

# Ⅰ．本書の特色と利用のしかた

本書は，自学・自習される受験生が「2級土木施工管理技士検定試験」に合格するために必要な知識および問題解法が，一つのテーマの問題について繰り返し学習するうちに自然に身につく内容になっています。

1．学科試験対策の第1～5編は，皆様の学習が簡潔・効率的に進むよう，以下のような構成となっています。

**重要度**

出題傾向を分野ごとに検討し，頻出問題や重要問題は★★★とし，頻出ではないが，土木として重要な問題は★★と表記しました。

**フォーカス**

出題傾向・出題頻度，内容の応用形などについて「必ず出題される」「よく出題される」「～をしっかり覚えておく」など，皆さんの学習の指針となる事柄を具体的に示しました。この指針をよく理解して，学習を効果的に進めてください。

(1)「**適当でない(誤っている)ものはどれか**」という設問の問題

① 適当でない部分を赤字で正しい内容に訂正し，理解と定着を図っています。

② 適当な内容である他の三つの設問は，設問文の内容をそのまま覚えてください。なお，必要に応じて，ポイント的な説明を補足しました。

(2)「**適当な(正しい)ものはどれか**」という設問の問題

① 適当な設問は，設問文をそのまま覚えてください。

② 適当でない三つの設問文は，適当でない部分を赤字で，正しい内容に訂正しています。内容を理解し，覚えてください。

**試験によく出る重要事項**

① 毎年，高い頻度で出題される事項を厳選して掲載しています。

② 各事項について，覚えておくべきポイントを簡潔に説明しています。

③ 覚えやすいように，事項の数や説明内容は，問題解答に直結するものに絞り，できるだけ少なくしています。

2. 本書には，全部で約400題の学科試験問題を収録してあります。実際の試験では，60%できれば合格です。赤色の透明フィルムを用意して，問題の解答部分や赤字表記の重要事項・文字を隠して，誤答問題に何回もチャレンジし，80%は解答できるようにしてください。

## Ⅱ．「2級土木施工管理技術検定試験」の概要と学習のしかた

### 1. 試験日

平成27年度から，学科試験は前期(6月)と後期(10月)の年2回実施されています。**実地試験**は年1回で，後期試験と同時に行われます。

### 2. 概　要

2級土木施工管理技士の資格取得のための試験は，下表のように**学科試験**と**実地試験**とからなっています。

**午前の部**（10時30分～12時40分）

<table>
<tr><th></th><th colspan="2">出題分野</th><th colspan="2">出題数*1</th><th colspan="2">出題分野</th><th colspan="2">出題数</th></tr>
<tr><td rowspan="15">学科試験</td><td rowspan="3">土木一般</td><td>土工</td><td>4</td><td rowspan="3">11(9)</td><td rowspan="5">(土木法規)</td><td>建築基準法</td><td>1</td><td rowspan="5"></td></tr>
<tr><td>コンクリート</td><td>4</td><td>火薬類取締法</td><td>1</td></tr>
<tr><td>基礎工</td><td>3</td><td>騒音規制法</td><td>1</td></tr>
<tr><td rowspan="7">専門土木</td><td>構造物</td><td>3</td><td rowspan="7">20(6)</td><td>振動規正法</td><td>1</td></tr>
<tr><td>河川・砂防</td><td>4</td><td>港則法</td><td>1</td></tr>
<tr><td>道路・舗装</td><td>4</td><td rowspan="3">共通工学</td><td>測量</td><td>1</td><td rowspan="3">4(4)</td></tr>
<tr><td>ダム・トンネル</td><td>2</td><td>契約・設計</td><td>2</td></tr>
<tr><td>海岸・港湾</td><td>2</td><td>機械・電気</td><td>1</td></tr>
<tr><td>鉄道・地下構造物</td><td>3</td><td rowspan="6">施工管理</td><td>施工計画</td><td>3</td><td rowspan="6">15(15)</td></tr>
<tr><td>上水道・下水道</td><td>2</td><td>工程管理</td><td>2</td></tr>
<tr><td rowspan="5">土木法規</td><td>労働基準法</td><td>2</td><td rowspan="5">11(6)</td><td>安全管理</td><td>4</td></tr>
<tr><td>労働保全衛生法</td><td>1</td><td>品質管理</td><td>4</td></tr>
<tr><td>建設業法</td><td>1</td><td>環境保全</td><td>1</td></tr>
<tr><td>道路関係法</td><td>1</td><td>建設リサイクル</td><td>1</td></tr>
<tr><td>河川関係法</td><td>1</td><td colspan="2">合　計</td><td colspan="2">61(40)</td></tr>
</table>

**午後の部**（14時～16時）

<table>
<tr><th></th><th colspan="2">出題分野</th><th colspan="2">出題数</th></tr>
<tr><td rowspan="5">実地試験</td><td>経験記述</td><td>施工経験記述</td><td>1</td><td rowspan="3">5(5)</td></tr>
<tr><td rowspan="4">学科記述</td><td>土工</td><td>2</td></tr>
<tr><td>コンクリート</td><td>2</td></tr>
<tr><td>施工管理1</td><td>2</td><td>2(1)</td></tr>
<tr><td>施工管理2</td><td>2</td><td>2(1)</td></tr>
<tr><td></td><td></td><td></td><td colspan="2">9(7)</td></tr>
</table>

＊1　(　)は，必要解答数。
＊2　赤字表記は，必須問題。

**学科試験**は，表に示す分野から合計で61問出題されます。解答数は選択問題があるため，40問です。出題分野と各分野での出題数および必要解答数は，前期・後期とも同じです。

**実地試験**は，論文形式で解答する**経験記述**と，施工上の留意点や対策などを記述形式で解答する**学科記述**とがあります。

経験記述は，多くの受験者が苦手としている分野であり，合否を左右する部分ですので，少し詳しく解説します。

a．**経験記述**には，〔設問1〕と〔設問2〕とがあり，受験者がこれまで携わった工事について，経験および技術力，的確な表現など，管理者としての能力があるかどうかをみる問題です。

〔設問1〕では，受験者が経験した工事名，工事の内容，および，その工事における受験者の立場を答えます。

〔設問2〕では，設問1で答えた工事について，特に留意した技術的課題，課題解決のために検討した内容と採用に至った理由，現場で実施した対応処置などを答えます。

b．**学科記述**は，8問出題され，土工とコンクリートに関する問題は各2問とも答える**必須問題**です。他の4問は，土木の基礎知識と施工管理に関する問題で，1問ずつを答える選択問題です。

なお，選択指定数を超えて解答すると，減点されますから，注意して下さい。

## 3. 合格率

学科試験の合格基準は，60％となっています。

実地試験は，試験機関から正解が発表されていませんが，学科試験同様に60％以上を目安にして下さい。なお，問題1の経験記述に解答していないと，他の問題が採点の対象にならないので，注意して下さい。

## 4. 重点的な学習方法

### a. 学科試験

① 問題数が15問と多く，**全問必須**である「施工管理」を優先的に学習する。

② 「土木一般」のうち，土工とコンクリートは，実地試験の必須科目でもあるので，優先的に学習する。

③ 「専門土木」は，得意分野の他，問題数の多い道路・河川を中心に学習する。

④ 「共通工学」は，水準測量，公共工事標準請負契約約款を中心に学習する。

⑤ 学科試験のうち，共通工学4問と施工管理15問は，**必須問題**ですので，本書の問題の全部を学習して下さい。

⑥ 選択問題は，時間がない場合は，総花的に学習するのではなく，自分の得意分野に限定して確実に得点できるように勉強します。

### b. 実地試験

① 経験記述は，安全管理・品質管理・工程管理・環境保全について，本書を参考に事前に書いておく。

② 書いた文章は，必ず他人に読んでもらい，批評や添削を受ける。

③ 学科記述の土工とコンクリートについては，学科試験問題と併せて学習する。

④ 記述式の解答なので，誤字に注意し，確実に書けるように練習する。

# 目　　次


## 第1編　土木一般　1

### 第1章　土　工　2

1·1·1　土質試験――原位置試験　3
1·1·2　土質試験――室内試験　6
1·1·3　土工機械と対象作業，適応土質　8
1·1·4　土量変化率・土量計算　10
1·1·5　軟弱地盤対策　12
1·1·6　法面保護　14
1·1·7　盛土工　16
1·1·8　切土工　18

### 第2章　コンクリート　20

1·2·1　コンクリートの骨材　21
1·2·2　コンクリートの配合　24
1·2·3　混和材料　26
1·2·4　レディーミクストコンクリート　28
1·2·5　セメント　30
1·2·6　コンクリートの打込み・締固め　31
1·2·7　打継目　34
1·2·8　養生・仕上げ　35
1·2·9　型枠・支保工　36
1·2·10　鉄筋の加工・組立　38
1·2·11　各種コンクリート　39

### 第3章　基礎工　40

1·3·1　場所打ち杭　41
1·3·2　既製杭　44
1·3·3　直接基礎　46
1·3·4　土留め工　48

## 第2編　専門土木　51

### 第1章　構造物　52

2·1·1　鋼材の種類と特性　53
2·1·2　鋼橋の架設工法と特徴　56
2·1·3　鋼材の溶接　60
2·1·4　ボルト接合　62
2·1·5　コンクリートの耐久性・劣化対策　64

### 第2章　河川・砂防　67

2·2·1　護岸各部の構造・機能　68
2·2·2　河川堤防の施工　70
2·2·3　地すべり防止工　73
2·2·4　砂防えん堤　76
2·2·5　渓流保全工　78

### 第3章　道路・舗装　79

2·3·1　路床の施工　80
2·3·2　下層路盤　82
2·3·3　上層路盤　84
2·3·4　アスファルト舗装　86
2·3·5　プライムコート・タックコート　88
2·3·6　補修工法　90
2·3·7　アスファルト舗装の破損　92
2·3·8　各種舗装　93
2·3·9　コンクリート舗装　94
2·3·10　コンクリート舗装の目地　96

### 第4章　ダム・トンネル　97

2·4·1　ダムコンクリートの打設工法　98

2·4·2　コンクリートダムの施工　100
2·4·3　トンネルの施工　103

**第5章　海岸・港湾　106**
2·5·1　離岸堤　107
2·5·2　海岸堤防形式・構造　108
2·5·3　防波堤形式　110
2·5·4　防波堤の施工　112
2·5·5　浚　渫　114
2·5·6　水中コンクリートの施工　115

**第6章　鉄道，地下構造物　116**
2·6·1　営業線近接工事　117
2·6·2　線路の変位，曲線部処理　120
2·6·3　鉄道盛土　122
2·6·4　シールド工法　124

**第7章　上下水道　127**
2·7·1　上水道管の施工　128
2·7·2　配水管の種類と特徴　130
2·7·3　下水道管きょの接合　132
2·7·4　下水道管きょの施工　134
2·7·5　推進工法　136

**第3編　土木法規　139**

**第1章　労働法関係　140**
3·1·1　労働時間　141
3·1·2　賃　金　142
3·1·3　年少者や女性の就業　144
3·1·4　届出，作業主任者など　146
3·1·5　安全衛生教育　148

**第2章　国土交通省関係　149**
3·2·1　主任技術者・監理技術者　150
3·2·2　河川区域内の行為　152
3·2·3　河川法，河川管理者　154
3·2·4　建ぺい率，その他　156
3·2·5　道路法　158
3·2·6　車両制限令　160

**第3章　環境関係，その他　161**
3·3·1　特定建設作業　162
3·3·2　火薬類の取扱い　164
3·3·3　航　法　166

**第4編　共通工学　167**
4·1　誤差消去　169
4·2　水準測量，地盤高の計算　170
4·3　測量機器の種類と特徴　172
4·4　公共工事標準請負契約約款　173
4·5　設計図の見方　175
4·6　建設機械　178

**第5編　施工管理　181**

**第1章　施工計画　182**
5·1·1　施工体制　183
5·1·2　計画作成の事前調査　184
5·1·3　計画立案の留意点　186
5·1·4　仮　設　187
5·1·5　建設機械　188

第２章　工程管理　192
5･2･1　工程表　193

第３章　安全管理　196
5･3･1　足　場　197
5･3･2　型枠支保工　200
5･3･3　建設機械　202
5･3･4　掘削・土留め　204
5･3･5　作業主任者　207
5･3･6　安全対策器具・用具　208
5･3･7　安全作業一般　210

第４章　品質管理　211
5･4･1　品質特性　212
5･4･2　品質管理の方法　214
5･4･3　管理図　215
5･4･4　ヒストグラム　216
5･4･5　盛土の締固め　218
5･4･6　道路舗装　220
5･4･7　レディーミクストコンクリート　222

第５章　環境保全　223
5･5･1　建設リサイクル　224
5･5･2　環境対策　226

第６編　実地試験　229

Ⅰ．実地試験　230
1. 実地試験の目的と構成　230
2. 施工経験記述　230
3. 学科記述　230

Ⅱ．施工経験記述　232
1. 施工経験記述の目的　232
2. 施工経験記述の出題形式　232
3. 出題傾向　233
4. 施工経験記述の事前準備　233

Ⅲ．施工経験記述の書き方　233
1.〔設問 1〕経験した土木工事の概要　233
2.〔設問 2〕現場で工夫(留意)した○○管理　236

Ⅳ．施工経験記述添削例　238
A. 品質管理　238
B. 安全管理　241

Ⅴ．参　考　244

Ⅵ．学科記述　246
Ⅵ・1　軟弱地盤対策工法①　246
Ⅵ・2　軟弱地盤対策工法②　248
Ⅵ・3　軟弱地盤盛土　250
Ⅵ・4　土量変化率　251
Ⅵ・5　高含水比現場発生土を使用した盛土の施工　252
Ⅵ・6　裏込め・埋戻し　253
Ⅵ・7　盛土の施工①　254
Ⅵ・8　盛土の施工②　255
Ⅵ・9　切土の施工　256
Ⅵ・10　切土法面の施工　257
Ⅵ・11　法面保護工　258
Ⅵ・12　締固め機械　259
Ⅵ・13　建設機械　260
Ⅵ・14　コンクリートの施工　261
Ⅵ・15　打ち込み・締固め①　262
Ⅵ・16　打ち込み・締固め②　263
Ⅵ・17　締固めの施工　264

Ⅵ・18　打継ぎの施工　265
Ⅵ・19　仕上げ・養生・打継目　266
Ⅵ・20　養　生　267
Ⅵ・21　鉄筋・型枠の施工　268
Ⅵ・22　鉄筋の加工組立　269
Ⅵ・23　型枠の施工　270
Ⅵ・24　型枠及び支保工　271
Ⅵ・25　コンクリートに関する用語①　272
Ⅵ・26　コンクリートに関する用語②　273
Ⅵ・27　コンクリート用混和剤　274
Ⅵ・28　施工計画　276
Ⅵ・29　工程表の特徴　277
Ⅵ・30　横線式工程表(バーチャート)の作成　278
Ⅵ・31　明り掘削　279
Ⅵ・32　土止め支保工　280
Ⅵ・33　架空線および地下埋設物との近接施工　282
Ⅵ・34　クレーンの安全対策　284
Ⅵ・35　切土の安全対策　286
Ⅵ・36　移動式クレーン・玉掛作業　287
Ⅵ・37　クレーン・玉掛け作業　288
Ⅵ・38　足場の安全対策　289
Ⅵ・39　墜落防止対策　290
Ⅵ・40　労働災害防止，保護具　291
Ⅵ・41　原位置試験①　292
Ⅵ・42　原位置試験②　293
Ⅵ・43　土の工学的性質　294
Ⅵ・44　盛土の締固め管理　295
Ⅵ・45　盛土の施工管理①　296
Ⅵ・46　盛土の施工管理②　297
Ⅵ・47　レディーミクストコンクリートの受入れ検査　298
Ⅵ・48　レディーミクストコンクリート品質指定　299
Ⅵ・49　コンクリートの品質　300
Ⅵ・50　コンクリート検査　301
Ⅵ・51　鉄筋組立・型枠管理　302
Ⅵ・52　鉄筋継手　303
Ⅵ・53　騒音防止対策　304
Ⅵ・54　騒音規制法・特定建設作業　305
Ⅵ・55　建設発生土・コンクリート塊の利用用途　306
Ⅵ・56　建設リサイクル法，建設発生土の有効利用　307

# 第 1 編　土木一般

第 1 章　土　　　工 ………………………… 2
第 2 章　コンクリート ………………………… 20
第 3 章　基　礎　工 ………………………… 40

土木一般は，土木技術者が施工管理の基礎として知っておかなければならない，土工・コンクリート・基礎工の分野から，毎年 11 問が出題され，9 問を解答する，ほとんど必須に近い選択問題です。

土工・コンクリートは，施工管理・実地試験のなかでも出題される大切な科目なので，重要項目はきちんと覚えておく必要があります。

しかし，いわば教養的な分野なので，ここから勉強を開始して，時間をとられ過ぎないようにしましょう。

**土木一般は，教養分野です。重要項目を確実に覚えておきましょう。**

# 第1章 土　工

## ●出題傾向分析（出題数4問）

| 出題事項 | 設問内容 | 出題頻度 |
|---|---|---|
| 土質試験 | 室内試験・原位置試験の試験名，目的，試験から求めるもの，結果の利用，土質の知識 | 毎年 |
| 土　工 | 盛土の締固め管理，施工の留意事項 | 5年に4回程度 |
| 軟弱地盤対策 | 軟弱地盤改良工法の名称と概要・特徴 | 毎年 |
| 土工機械 | 機械名と対象作業，機械の特徴 | 毎年 |
| 土量変化率 | ほぐし率 $L$，締固め率 $C$　土量計算 | 隔年程度 |
| 法面保護<br>切土工 | 法面保護工の工種と目的・特徴，<br>切土工の施工法，留意事項 | 3年に1回程度 |
| 用語の知識 | トラフィカビリティ，コーン指数，他 | 数年に1回程度 |

## ◎学習の指針

1．土質試験は，原位置試験と室内試験について，単独で，または，組合せて毎年出題されている。
　過去に出題された試験について，試験名と試験の目的，結果の利用について覚えておく。
2．土工は盛土の締固めについて，材料，管理方法，施工の留意事項，使用機械などを覚えておく。
3．軟弱地盤対策は，各改良工法について，概要・特徴を覚える。
4．土工機械は，機械名と作業の種類を覚えておく。
5．土量変化率は，$L$ と $C$ の意味を理解し，計算ができるようにしておく。
6．法面保護については，保護工の名前と概要，切土工は施工法の概要と特徴を覚えておく。
7．土工の用語については，各出題事項のなかで使われている用語を理解し，覚えることが基本である。
8．土工は，品質管理や実地試験の学科記述問題でも同じ範囲で出題される。品質管理および実地試験と合わせて学習すると，効率的である。

## 1-1 土木一般 土 工 土質試験——原位置試験 ★★★

**フォーカス** 土質試験および原位置試験は，施工管理の分野でも出題される。標準貫入試験，ポータブルコーン貫入試験などの目的と結果の利用を覚える。

**1** 土工に用いられる「試験の名称」と「試験結果から求められるもの」に関する次の組合せのうち，**適当でないもの**はどれか。

[試験の名称] ……………… [試験結果から求められるもの]

(1) スウェーデン式サウンディング試験 …… 土粒子の粒径の分布
(2) 土の液性限界・塑性限界試験 ………… コンシステンシー限界
(3) 土の含水比試験 ……………………… 土の間げき中に含まれる水の量
(4) RI 計器による土の密度試験 ………… 土の湿潤密度

**解 答** スウェーデン式サウンディング試験は土の硬軟，締り具合を求める。
したがって，(1)は**適当でない**。 **答** (1)

**2** 土質調査に関する次の試験方法のうち，原位置試験はどれか。

(1) 突き固めによる土の締固め試験
(2) 土の含水比試験
(3) スウェーデン式サウンディング試験
(4) 土粒子の密度試験

**解 答** (1)(2)(4)は室内試験。原位置試験は，スウェーデン式サウンディング試験である。 **答** (3)

**3** 土工に用いられる試験名とその試験結果の活用との次の組合せのうち，**適当でないもの**はどれか。

[試験名] ……………… [試験結果の活用]

(1) ボーリング孔を利用した透水試験 …… 土工機械の選定
(2) 含水比試験 ………………………… 土の締固め管理
(3) コンシステンシー試験 ……………… 盛土材料の選定
(4) 標準貫入試験 ……………………… 地盤支持力の判定

**解 答** ボーリング孔を利用した透水試験の結果は，地盤の透水性の判定に使用される。
したがって，(1)は**適当でない**。 **答** (1)

**4** 土質調査における「試験の名称」と「試験結果から求められるもの」に関する次の組合せのうち，**適当なもの**はどれか。

［試験の名称］　　　　　　　　　［試験結果から求められるもの］

(1) 圧密試験……………………………粘性土の沈下に関すること
(2) CBR試験……………………………岩の分類に関すること
(3) スウェーデン式サウンディング試験…地盤の中を伝わる地震波に関すること
(4) 標準貫入試験………………………地盤の透水に関すること

**解答** (2) CBR試験は，路床・路盤の支持力
(3) スウェーデン式サウンディング試験は，土の硬軟，締まり具合
(4) 標準貫入試験は，土の硬軟，締まり具合
(1)は，記述のとおり**適当である。**　　　　**答** (1)

**5** 土質調査に関する次の試験方法のうち，**原位置試験**はどれか。

(1) 標準貫入試験
(2) 土の圧密試験
(3) 一軸圧縮試験
(4) 土の液性限界・塑性限界試験

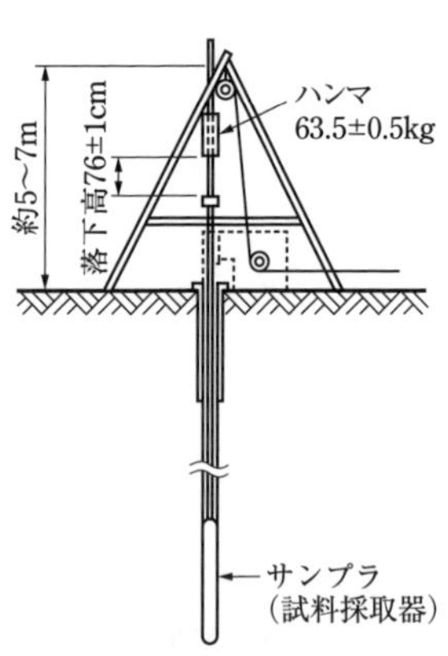

標準貫入試験

**解答** 原位置試験は，標準貫入試験。他は，室内試験である。　　　　**答** (1)

**6** 土質調査の原位置試験の「名称」とその「試験結果の利用」との組合せとして，次のうち**適当でないもの**はどれか。

［名称］　　　　　　　　　　　　［試験結果の利用］

(1) 標準貫入試験………………………地盤支持力の判定
(2) 砂置換法による土の密度試験…………土の締固め管理
(3) ポータブルコーン貫入試験……………地盤の安定計算
(4) ボーリング孔を利用した透水試験……地盤改良工法の設計

**解 答** ポータブルコーン貫入試験は，主に施工機械のトラフィカビリティ（走行性）の判定に利用する。

地盤の安定計算には，土の強度を測定する標準貫入試験・ベーン試験などを利用する。

したがって，(3)は**適当でない。** **答** (3)

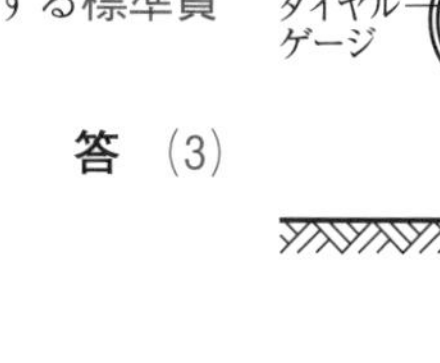

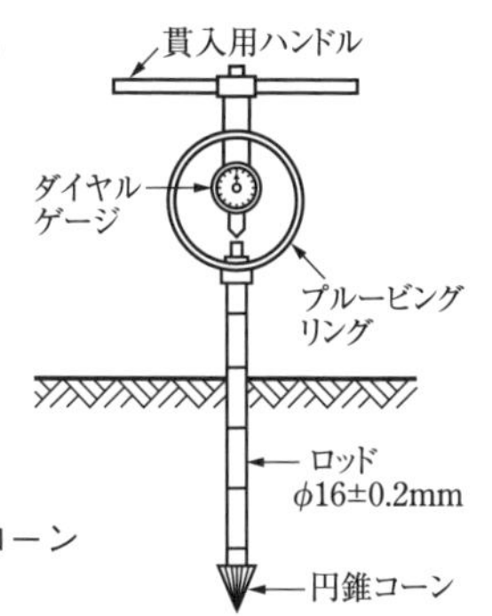


ポータブルコーン貫入試験

## 試験によく出る重要事項

### 原位置試験とその利用目的

a．標準貫入試験：$N$ 値から，地盤の硬軟，地盤支持力の判定。

b．ポータブルコーン貫入試験：施工機械のトラフィカビリティ（走行性）の判定。コーンペネトロメータともいう。

c．ベーン試験：細粒土の斜面の安定，軟弱地盤の判定。

d．土の密度試験：土の締固め管理。測定は，砂置換法・RI 法など。

e．平板載荷試験：地盤改良の設計，土の締固め管理。

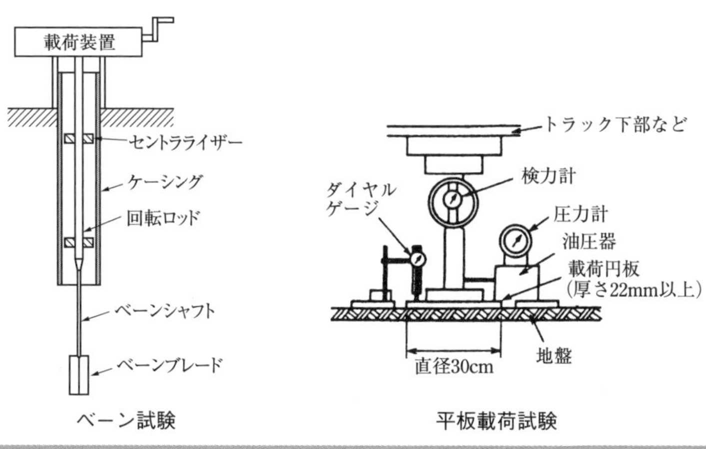


ベーン試験　平板載荷試験

| 1-1 | 土木一般 | 土 工 | 土質試験――室内試験 | ★★★ |
|---|---|---|---|---|

フォーカス 土質試験のうち，室内試験については，圧密試験・一軸圧縮試験・土の締固め試験などの目的および結果の利用を覚える。

**7** 土工に用いられる「試験の名称」とその「試験結果の活用」に関する次の組合せのうち，**適当でないもの**はどれか。

［試験の名称］　［試験結果の活用］

(1) 突固めによる土の締固め試験 ……… 盛土の締固め管理

(2) 土の圧密試験 ……………………………… 地盤の液状化の判定

(3) 標準貫入試験 ……………………………… 地盤の支持力の判定

(4) 砂置換による土の密度試験 ………… 土の締まり具合の判定

解 答 土の圧密試験は，地盤の沈下量や沈下時間の判定に用いる。

したがって，(2)は適当でない。　**答** (2)

**8** 土質調査に関する次の試験方法のうち，**室内試験**はどれか。

(1) 土の液性限界・塑性限界試験　(3) 平板載荷試験

(2) ポータブルコーン貫入試験　(4) 標準貫入試験

解 答 室内試験は，土の液性限界・塑性限界試験である。　**答** (1)

**9** 土質試験とその結果の利用に関する次の組合せのうち，**適当でないもの**はどれか。

［土質試験］　［結果の利用］

(1) 圧密試験 ………………………………… 掘削工法の検討

(2) CBR 試験 ………………………………… 舗装厚の設計

(3) 突固めによる土の締固め試験 ……… 盛土の締固め管理

(4) 一軸圧縮試験 …………………………… 地盤の安定判定

解 答 圧密試験の結果は，沈下量の判定などに利用する。

掘削工法の検討は，一軸圧縮試験など，強度を求める試験の結果を利用する。

したがって，(1)は適当でない。　**答** (1)

試験によく出る重要事項

## 土質試験とその利用目的

a．圧密試験：粘性土地盤の沈下量・沈下時間の判定。

b．CBR 試験：路床・路盤の支持力の判定。舗装厚の設計。

c．突固めによる土の締固め試験：盛土の締固め管理。試験から，乾燥密度と含水比の関係を示す。土の締固め曲線を描き，最大乾燥密度とこれに対応する最適含水比を求める。

d．一軸圧縮試験：粘性土地盤の強度・安定性などの判定。

e．粒度試験：土の分類，材料としての土の判定。

f．透水試験：湧水量の算定，排水工法・地下水低下対策の検討。採取試料を用いた室内試験での透水係数の測定と，現場での観測井などを利用した透水係数を測定する方法がある。

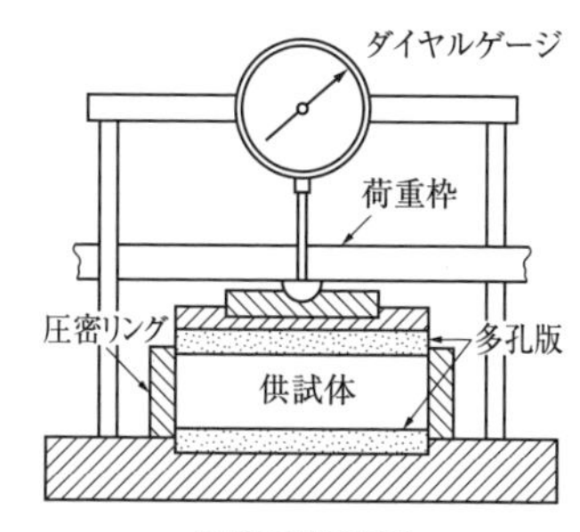


圧密試験装置

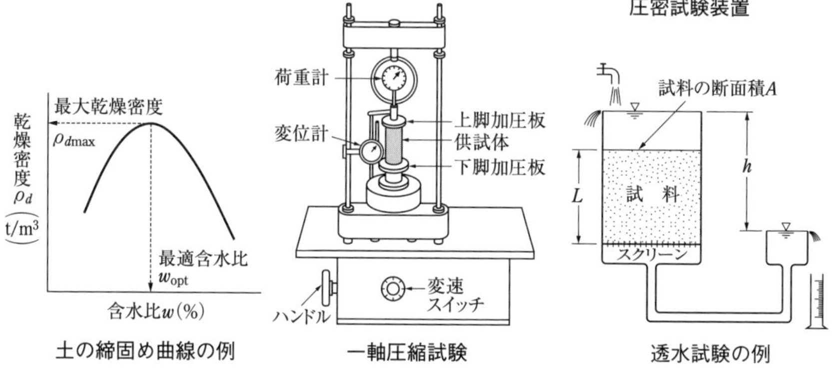


土の締固め曲線の例　　一軸圧縮試験　　透水試験の例

| 1-1 | 土木一般 | 土 工 | 土工機械と対象作業，適応土質 | ★★★ |
|---|---|---|---|---|

**フォーカス** 過去の問題で出されている土工機械について，適用する作業や対応する土質を覚えておく。

**10** 「土工作業の種類」と「使用機械」に関する次の組合せのうち，**適当でないもの**はどれか。

［土工作業の種類］　　　　［使用機械］

(1) 溝掘り……………………………… トレンチャ
(2) 伐開除根…………………………… ブルドーザ
(3) 運搬………………………………… トラクターショベル
(4) 締固め……………………………… ロードローラ

**解答** 運搬はダンプトラックを使用する。トラクターショベルは掘削・積込みの機械である。

したがって，(3)は**適当でない**。　**答** (3)

**11** 「土工作業の種類」と「使用機械」に関する次の組合せのうち，**適当でないもの**はどれか。

［土工作業の種類］　　　　［使用機械］

(1) 掘削・積込み……………………… トラクターショベル
(2) 掘削・運搬………………………… スクレーパ
(3) 敷均し・整地……………………… モータグレーダ
(4) 伐開・除根………………………… タンパ

**解答** 伐開・除根はブルドーザまたはレーキドーザを使用する。タンパは締固め機械である。

したがって，(4)は**適当でない**。　**答** (4)

**12** 「土工作業の種類」と「使用機械」に関する次の組合せのうち，**適当でないもの**はどれか。

［土工作業の種類］　　　　［使用機械］

(1) 溝掘り……………………………… バックホゥ

(2) 伐開除根…………………………………… ブルドーザ
(3) 掘削・運搬……………………………… モーターグレーダ
(4) 締固め…………………………………… ロードローラ

**解 答** 掘削・運搬作業の使用機械はスクレーパである。モーターグレーダは，整地・敷均しの機械である。

したがって，(3)は**適当でない**。 **答** (3)

## 試験によく出る重要事項

### 土工機械の主な特徴

a．ランマー・タンパ：狭い場所，法肩（のりかた）などに用いる。人力で移動させる小型振動締固め機。

b．ロードローラ：平滑な仕上り面を作る。2軸3輪のマカダムローラと2軸2輪のタンデムローラとがある。

c．タイヤローラ：空気圧やバラストの調整で，タイヤの線圧を変化できる。

d．タンピングローラ：突起をつけたローラの締固め機。岩塊や粘性土の締固めに適している。

e．モーターグレーダ：整地・敷均し，のり面掘削(バンクカット)に用いる。

f．振動ローラ：ロードローラに比べ，小型でも，高い締固め効果が得られる。

g．ブルドーザ：掘削・運搬・締固め作業に用いる。押し土距離は60 m 以下。

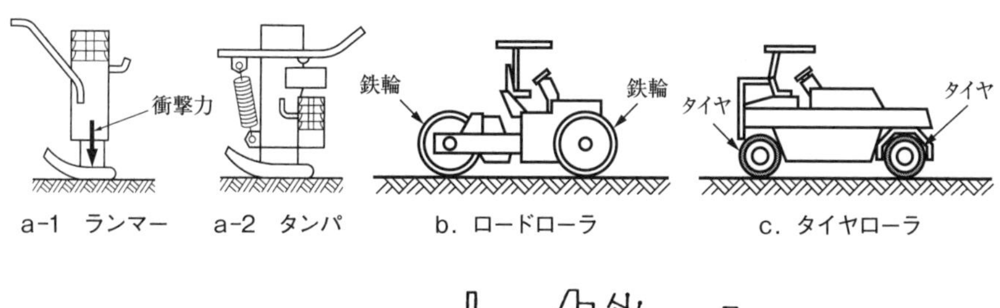


a-1 ランマー　a-2 タンパ　b．ロードローラ　c．タイヤローラ

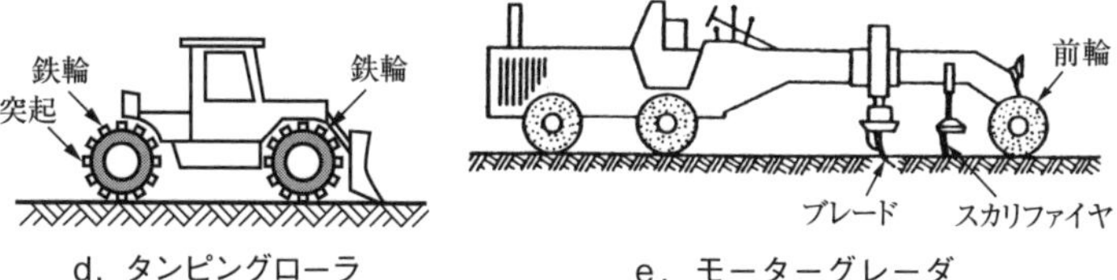


d．タンピングローラ　e．モーターグレーダ

| 1-1 | 土木一般 | 土 工 | 土量変化率・土量計算 | ★★★ |
|---|---|---|---|---|

**フォーカス**　土量変化率関係については，隔年程度の頻度で出題されている。過去問で演習し，必ず計算できるようにしておく。

**13**　土量の変化率に関する次の記述のうち，**誤っているものはどれか。**

ただし，$L=1.20$　　$L=$ほぐした土量／地山土量

$C=0.90$ とする。$C=$締め固めた土量／地山土量

(1)　締め固めた土量 100 $m^3$ に必要な地山土量は 111 $m^3$ である。

(2)　100 $m^3$ の地山土量の運搬土量は 120 $m^3$ である。

(3)　ほぐされた土量 100 $m^3$ を盛土して締め固めた土量は 75 $m^3$ である。

(4)　100 $m^3$ の地山土量を運搬し盛土後の締め固めた土量は 83 $m^3$ である。

**解 答**　100 $m^3$ の地山土量を運搬し，盛土後の締め固めた土量は **90 $m^3$** である。

$$C=\frac{\text{締め固めた土量}}{\text{地山土量}}\quad \text{より}$$

$$0.9=\frac{\text{締め固めた土量}}{100\ m^3}\ \Rightarrow\ \text{締め固めた土量}=100\times0.9\ \Rightarrow\ 90\ m^3$$

したがって，(4)は**誤っている。**　　**答**　(4)

**14**　砂質土からなる 500 $m^3$ の地山を掘削し締め固める場合に，その土のほぐした土量又は締め固めた土量として，**正しいものは次のうちどれか。**

ただし，土量の変化率は，L＝1.25，C＝0.90 とする。

(1)　ほぐした土量 555 $m^3$　　(3)　締め固めた土量 400 $m^3$

(2)　ほぐした土量 625 $m^3$　　(4)　締め固めた土量 500 $m^3$

**解 答**　(1)，(2)　500 $m^3$ の地山土量に対して，ほぐした土量は，

$$500\times L=500\times1.25=625\ m^3$$

(3)，(4)　500 $m^3$ の地山土量に対して，締め固めた土量は，

$$500\times C=500\times0.9=450\ m^3$$

したがって，(2)が**正しい。**　　**答**　(2)

**15** 土量の変化に関する次の記述のうち**適当なもの**はどれか。
ただし，土量の変化率を $L=1.20$, $C=0.90$ とする。

(1) 1,800 $m^3$ の盛土をするのに必要な地山土量は，2,160 $m^3$ である。
(2) 1,800 $m^3$ の地山土量を掘削して運搬する場合の土量は，2,000 $m^3$ である。
(3) 1,800 $m^3$ の盛土をするのに必要な地山をほぐした土量は，2,400 $m^3$ である。
(4) 1,800 $m^3$ の地山土量をほぐして締め固めた土量は，1,500 $m^3$ である。

**解 答** (1) 1,800 $m^3$ の盛土をするのに必要な地山土量は，

$$\frac{1,800}{0.9}=\mathbf{2,000}\ m^3$$

(2) 1,800 $m^3$ の地山土量を掘削して運搬する場合の土量は，

$$1,800\times1.2=\mathbf{2,160}\ m^3$$

(3) 1,800 $m^3$ の盛土をするのに必要な地山をほぐした土量は，

$$1,800\times\frac{1.2}{0.9}=2,400\ m^3$$

(4) 1,800 $m^3$ の地山土量をほぐして締め固めた土量は，

$$1,800\times0.9=\mathbf{1,620}\ m^3$$

したがって，(3)が**適当**である。 **答** (3)

試験によく出る重要事項

## 土量の計算は地山を基準に行う

変化率 $L$, $C$ は，土の容積の状態変化を示すもので，地山を基準(1.0)とする。

a．$L$(Loose)：掘削などでほぐした状態。
b．$C$(Compact)：ほぐした土を締め固めた状態。ほぐした土を締め固めると，土粒子間が密になり，土量は地山の 0.85 ～ 0.95 倍と少なくなる。

$$\text{ほぐし率}\ L=\frac{\text{ほぐした土量の体積}}{\text{地山土量の体積}}\qquad \text{締固め率}\ C=\frac{\text{締め固めた土量の体積}}{\text{地山土量の体積}}$$

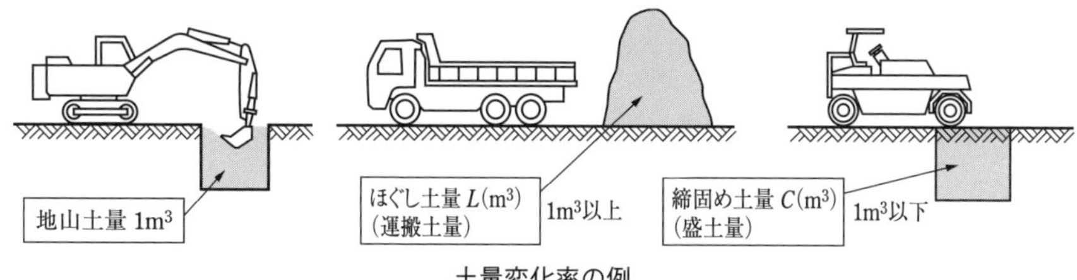


土量変化率の例

| 1-1 | 土木一般 | 土 工 | 軟弱地盤対策 | ★★★ |
|---|---|---|---|---|

フォーカス 軟弱地盤対策は，ほぼ，毎年出題されている。サンドドレーン，押え盛土，サンドコンパクションパイル，ディープウェルなど，各工法について，概要を覚えておく。改良の基本原理を整理すると，理解しやすい。

**16** 軟弱地盤における次の改良工法のうち，載荷工法に**該当するもの**はどれか。

(1) サンドマット工法
(2) ウェルポイント工法
(3) プレローディング工法
(4) 薬液注入工法

解 答 載荷工法に該当するものは，プレローディング工法である。 **答** (3)

**17** 軟弱地盤における次の改良工法のうち，地下水位低下工法に**該当するもの**はどれか。

(1) 押え盛土工法
(2) サンドコンパクションパイル工法
(3) ウェルポイント工法
(4) 深層混合処理工法

解 答 地下水位低下工法に該当するものは，ウェルポイント工法である。

**答** (3)

**18** 基礎地盤の改良工法に関する次の記述のうち，**適当でないもの**はどれか。

(1) 深層混合処理工法は，固化材と軟弱土とを地中で混合させて安定処理土を形成する。
(2) ウェルポイント工法は，地盤中の地下水位を低下させることにより，地盤の強度増加をはかる。
(3) 押え盛土工法は，軟弱地盤上の盛土の計画高に余盛りし沈下を促進させ早期安定性をはかる。
(4) 薬液注入工法は，土の間げきに薬液が浸透し，土粒子の結合で透水性の減少と強度が増加する。

解 答 軟弱地盤上の盛土の計画高に余盛りし沈下を促進させ早期安定性をはかる工法は，載荷重工法である。

したがって，(3)は適当でない。 **答** (3)



## 試験によく出る重要事項

### 軟弱地盤改良工法の概要

a．サンドマット工法：砂(砂利)を敷き，トラフィカビリティを改善する。

b．載荷重工法：盛土等で荷重を加えて圧密を促進させ，地盤強度を上げる。

c．排水工法：ウェルポイント工法・ディープウェル工法などで地下水を強制排水し，有効応力を増加させる。

d．サンドドレーン工法・ペーパードレーン工法：鉛直砂柱やカードボードを設置し，圧密沈下を促進して強度を増加させる。

e．固結工法：深層混合処理工法はセメント・石灰などと混合・攪拌し，深い層を固化する。薬液注入工法は，砂層地盤中に薬液を注入し，透水性の減少や地盤強度の増加を図る。

f．締固め工法：振動等を与え，ゆるい砂地盤を締め固める。サンドコンパクションパイル工法・バイブロフローテーション工法・ロッドコンパクション工法・重錘落下工法など。

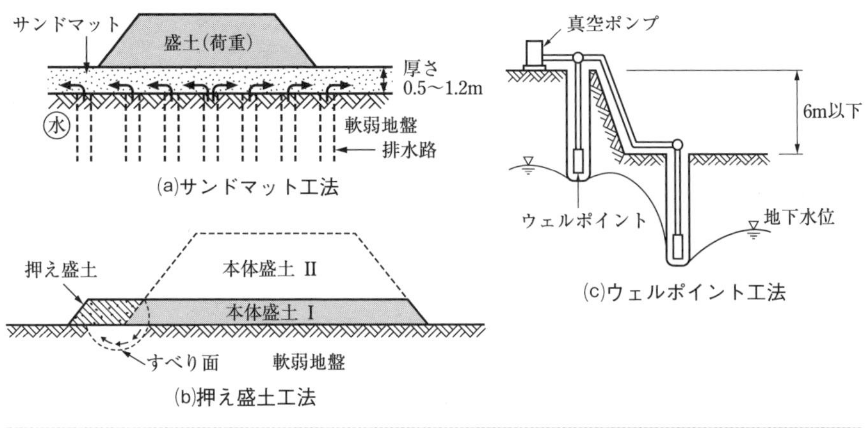

(a)サンドマット工法

(b)押え盛土工法

(c)ウェルポイント工法

| 1-1 | 土木一般 | 土 工 | 法面保護 | ★★★ |
|---|---|---|---|---|

**フォーカス** 法面保護工には，植生による保護と構造物による保護とがある。各工法の目的・特徴を整理して覚えておく。

**19** 法面保護工の「工種」とその「目的」との組合せとして，次のうち適当なものはどれか。

| | ［工種］ | ［目的・特徴］ |
|---|---|---|
| (1) | モルタル吹付工 | 土圧に対する抵抗 |
| (2) | 張芝工 | すべり土塊の滑動力に対する抵抗 |
| (3) | ブロック張工 | 風化，侵食，表面水の浸透防止 |
| (4) | グラウンドアンカー工 | 不良土，硬質土法面の侵食防止 |

**解答** (1) モルタル吹付工…風化，侵食，表面水の浸透防止。
(2) 張芝工…侵食防止，凍土崩壊防止。
(4) グラウンドアンカー工…すべり土塊の滑動力に対する抵抗。
(3)は，記述のとおり適当である。 **答** (3)

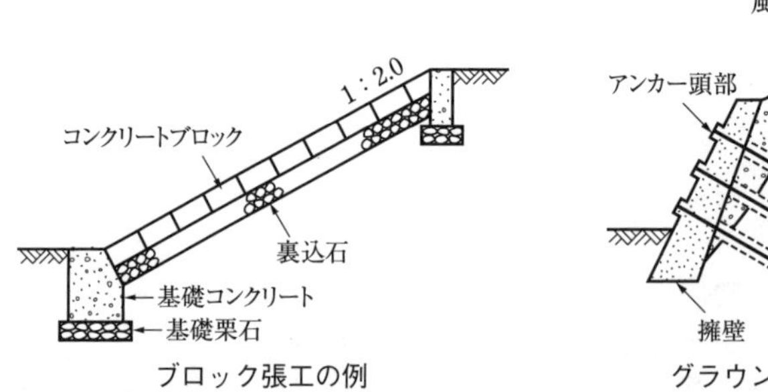


ブロック張工の例　　グラウンドアンカー工

**20** 法面保護工の「工種」とその「目的」との組合せとして，次のうち適当でないものはどれか。

| | ［工種］ | ［目的］ | | ［工種］ | ［目的］ |
|---|---|---|---|---|---|
| (1) | 植生マット工 | 浸食防止 | (3) | ブロック積み擁壁工 | 土圧に対抗 |
| (2) | 補強土工 | 雨水の浸透防止 | (4) | コンクリート張工 | 崩落防止 |

**解 答** 補強土工は，補強材を用いて盛土や斜面の安定を図る工法。テールアルメ工法，ジオテキスタイルの敷設（ふせつ）などがある。

したがって，(2)は**適当でない**。 **答** (2)

**21** 法面保護工の「工種」とその「目的・特徴」との組合せとして，次のうち**適当でないものはどれか**。

| | [工種] | [目的・特徴] |
|---|---|---|
| (1) | 客土吹付工 | 侵食防止，凍上崩落抑制 |
| (2) | モルタル・コンクリート吹付工 | 風化防止，侵食防止，表面水の浸透防止 |
| (3) | 筋芝工 | 湧水による土砂流出抑制 |
| (4) | グラウンドアンカー工 | すべり土塊の滑動力に対抗 |

**解 答** 筋芝工は，盛土法面の侵食防止，部分植生を図る工法。

したがって，(3)は**適当でない**。 **答** (3)

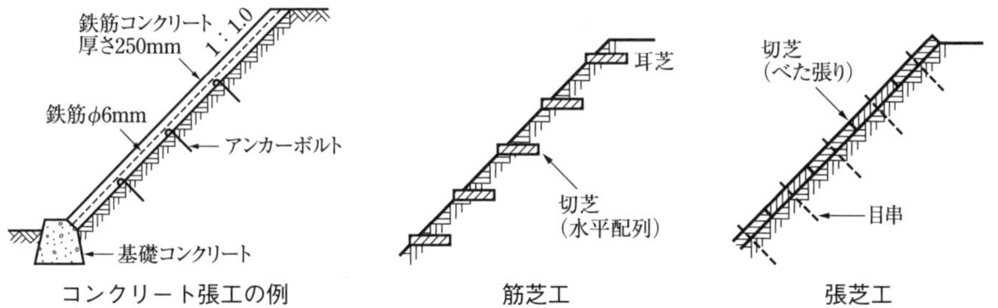


## 試験によく出る重要事項

### 法面保護工の目的・特徴

a．植生による保護：侵食防止，緑化，凍土崩落防止。張芝工・筋芝工・客土吹付工・植生マット工

b．構造物による保護

① 風化・浸食，表面水の浸透防止：モルタル・コンクリート吹付工，ブロック張工。

② ある程度の土圧対応：ブロック積み擁壁工，コンクリート擁壁工。

③ すべり・滑動防止：補強土工，ロックボルト工，グラウンドアンカー工。

| 1-1 | 土木一般 | 土 工 | 盛土工 | ★★★ |
|---|---|---|---|---|

**フォーカス** 盛土の締固めは，土工の基本的作業である。締固めの目的，材料や施工の留意事項，現場での管理方法などを覚えておく。

**22** 盛土の施工に関する次の記述のうち，**適当でないものはどれか。**

(1) 盛土の締固めの目的は，土の構造物として必要な強度特性が得られるようにすることである。

(2) 盛土材料の含水比が施工含水比の範囲内にないときには，含水量の調節が必要となる。

(3) 盛土材料の敷均し厚さは，材料，締固め機械と施工法などの条件によって左右される。

(4) 盛土の締固めの効果や特性は，土の種類及び含水状態などにかかわらず一定である。

**解 答** 盛土の締固めの効果や特性は，土の種類及び含水状態などにより変化する。

したがって，(4)は**適当でない。** **答** (4)

**23** 道路土工の盛土材料として望ましい条件に関する次の記述のうち，**適当でないものはどれか。**

(1) 盛土完成後のせん断強さが大きいこと。

(2) 盛土完成後の圧縮性が大きいこと。

(3) 敷均しや締固めがしやすいこと。

(4) トラフィカビリティーが確保しやすいこと。

**解 答** 盛土完成後の圧縮性が小さいこと。

したがって，(2)は**適当でない。** **答** (2)

**24** 盛土工に関する次の記述のうち，**適当でないものはどれか。**

(1) 盛土を施工する場合は，その基礎地盤が盛土の完成後に不同沈下や破壊を生ずるおそれがないか検討する。

(2) 盛土工における構造物縁部の締固めは，大型の締固め機械により入念に締め固める。

(3) 盛土の敷均し厚さは，盛土の目的，締固め機械と施工法及び要求される締固め度などの条件によって左右される。

(4) 軟弱地盤における盛土工で建設機械のトラフィカビリティが得られない場合は，あらかじめ適切な対策を講じてから行う。

**解 答** 盛土工における構造物縁部の締固めは，小型の締固め機械により入念に締め固める。

したがって，(2)は適当でない。 **答** (2)

試験によく出る重要事項

## 盛土の締固めの管理

a．土の締固めの目的：土の空気間隙を少なくして透水性を小さくする。雨水の浸入による軟化，膨張を小さくする。荷重に対する支持力など，必要な強度を得る。完成後の圧縮・沈下などの変形を小さくする。

b．締固めの管理方法：品質規定方式と工法規定方式とがある。

ア．**品質規定方式**：完成物の品質を仕様書に明示し，施工方法は施工者にまかせる。一般に，品質管理は締固め度で行う。

$$締固め度(\%)=\frac{現場における締固め後の乾燥密度}{基準となる室内締固め試験における最大乾燥密度}\times 100$$

イ．**工法規定方式**：使用する締固め機械の機種や締固め回数，盛土材料の敷均し厚など，施工方法を仕様書で規定する。岩塊・玉石・砂利などの締固めに用いる。

c．盛土材料：敷均し，締固めが容易で，せん断強さが大きいもの。構造物の裏込め部は，雨水などによって土圧が増加しないよう，透水性の大きいものを用いる。

## 盛土施工の留意事項

① 敷均しは，水平に均等の厚さになるように行う。

② 道路盛土の路体は，1層の締固め後の仕上がり厚さが30 cm以下となるよう，敷均しは35～45 cm以下とする。

③ 道路盛土の路床は，1層の締固め後の仕上がり厚さが20 cm以下となるよう，敷均しは25～30 cm以下とする。

④ 構造物周辺は，薄く敷均し，偏圧とならないよう，左右均等に締固める。

| 1-1 | 土木一般 | 土工 | 切土工 | ★★ |
|---|---|---|---|---|

フォーカス 切土工は，3年に1回程度の頻度で出題されている。問題演習から掘削方法，切土面の保護，湧水対策などについて覚えておく。

**25** 道路の切土法面に関する次の記述のうち，**適当でないもの**はどれか。

(1) 法面のはく離が多いと推定される場合や小段の肩が侵食を受けやすい場合は，小段の横断勾配を逆勾配とし，小段に排水溝を設置する。

(2) 異なった地質や土質が含まれる場合は，それぞれの地質，土質に対応した安定勾配の平均値を採用し，単一法面とする。

(3) 切土法面の丁張りは，その設置位置が直線部の場合，標準設置間隔を10 mとする。

(4) 切土法面では，土質，岩質及び法面の規模に応じて，一般に，高さ5～10 mごとに小段を設ける。

解答 異なった地質や土質が含まれる場合は，それぞれの地質，土質に対応した安定勾配で変化させた法面とする。または，それぞれの地質，土質のなかで最も緩い勾配を採用し，単一法面とする。

したがって，(2)は**適当でない**。 **答** (2)

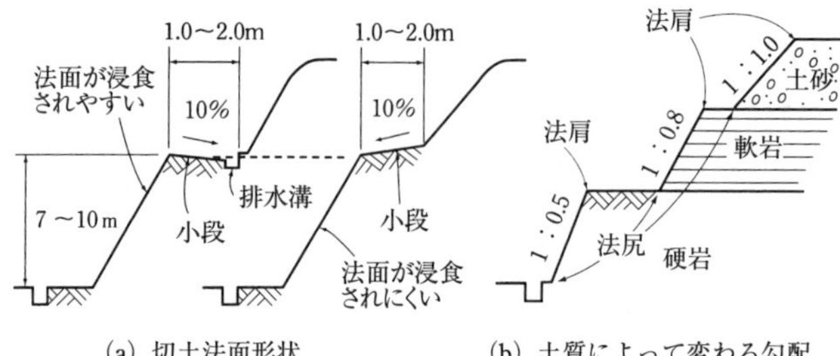


(a) 切土法面形状　(b) 土質によって変わる勾配

法面の形状

**26** 土の掘削に関する次の記述のうち，**適当なもの**はどれか。

(1) ベンチカット工法は，階段式に掘削していく方法で，ブルドーザやスクレーパによって掘削，運搬する。

(2) ダウンヒルカット工法は，下り勾配を利用してバックホウやトラクターショベルによって掘削する。

(3) 既設構造物などの障害物がある狭い場所の掘削は，人力により行われる。
(4) 構造物の基礎掘削や溝の掘削には，作業条件に応じてローディングショベルやスタビライザなどが使用される。

**解 答** (1) ベンチカット工法は，階段式に掘削していく方法で，ショベル系掘削機やトラクタショベルによって掘削，積込する。
(2) ダウンヒルカット工法は，下り勾配を利用してブルドーザやスクレーパによって掘削する。
(4) 構造物の基礎掘削や溝の掘削には，作業条件に応じてバックホウやクラムシェルなどが使用される。
(3)は，記述のとおり**適当である**。 **答** (3)

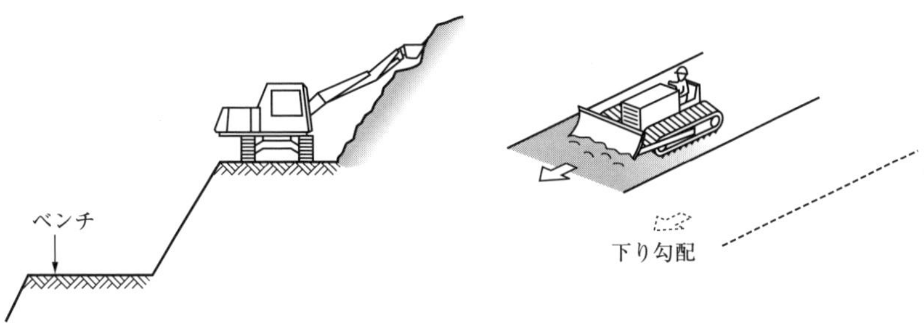


ベンチカット工法(左)とダウンヒル工法(右)

## 試験によく出る重要事項

### 切土工

① **ベンチカット工法**：高い位置の地山を切土するときに用いる工法。数段に分けて施工する。
② **ダウンヒル工法**：高い位置から低い位置に向けて，ブルドーザなどで斜面に沿って掘削する工法。
③ **岩質の仕上面**：凹凸は，30 cm 程度以下とする。
④ **土の法面の降雨対策**：浸食されないようにアスファルトを吹き付けたり，ビニールシートなどを用いて表面を保護する。
⑤ **切土法面から湧水のある場合**：排水溝を設ける。

# 第2章 コンクリート

**●出題傾向分析**(出題数4問)

| 出題事項 | 設問内容 | 出題頻度 |
|---|---|---|
| 骨材・セメント・混和材 | 骨材の規格・品質，セメントの種類と特徴，混和材料の種類と特徴，使用目的 | 単独または組合せで毎年 |
| 配合設計 | w/c，s/a，粗骨材最大寸法など | 隔年程度 |
| コンクリートの施工 | 運搬・打込み・締固め・養生・打継目における留意事項 | 毎年 |
| 型枠・支保工，鉄筋加工組立 | 型枠・支保工の加工組立ての留意事項，鉄筋の加工組立の留意事項 | ほぼ毎年 |
| 各種コンクリート | 寒中コンクリート・暑中コンクリート | 5年に2回程度 |
| 用語の知識 | レイタンス・かぶり・水セメント比・ブリーディング・スランプ・コンシステンシー，他 | 5年に2回程度 |

## ◎学習の指針

1. 骨材・セメント・混和材料など，コンクリートの材料についての問題が，毎年出題されている。骨材の要件，セメントの種類と用途などを覚えておく。
2. 配合設計は，水セメント比などの良質なコンクリートを作るために必要な基本的事項を理解しておく。
3. コンクリートの施工に当たっての留意事項が，毎年出題されている。運搬・打込み・締固め・養生について，留意すべき事項を覚えておく。
4. 型枠・支保工，鉄筋の加工組立てについて，施工の際の基本事項を覚えておく。
5. 各種コンクリートは，寒中コンクリートと暑中コンクリートの施工の留意事項を覚えておく。
6. コンクリートの用語については，上記の1から5までの問題に出てくる用語を覚えておく。
7. コンクリートは，品質管理及び実地試験の学科記述でも同じ範囲で出題される。品質管理や実地試験の学科記述問題と合わせて学習し，基本事項を確実に覚えておく。

| 1-2 | 土木一般 | コンクリート | コンクリートの骨材 | ★★★ |
|---|---|---|---|---|

**フォーカス**　細骨材や粗骨材の定義・粒径に関する出題が多い。関係する数字は覚えておく。

**1**　コンクリートで使用される骨材の性質に関する次の記述のうち，**適当なものはどれか。**

(1)　すりへり減量が大きい骨材を用いたコンクリートは，コンクリートのすりへり抵抗性が低下する。

(2)　吸水率が大きい骨材を用いたコンクリートは，耐凍害性が向上する。

(3)　骨材の粒形は，球形よりも偏平や細長がよい。

(4)　骨材の粗粒率が大きいと，粒度が細かい。

**解答**　(2)　吸水率が大きい骨材を用いたコンクリートは，耐凍害性が低下する。

(3)　骨材の粒形は，偏平や細長よりも球形がよい。

(4)　骨材の粗粒率が大きいと，粒度が粗い。

(1)は，記述のとおり**適当である**。　**答**　(1)

**参考**　砕石は，角ばりや表面組織の粗さの程度が，川砂利に比べて大きい。そのため，ワーカビリティーが良好なコンクリートを得るためには，砕石粒子の形状の良否を吟味する必要がある。コンクリート用に砕石を用いる場合は，粒形を表すのに実績率を用い，最大寸法20 mmの砕石については，実績率56%以上を使用上の判定基準としている。最大寸法40 mmの砕石では，一般に実績率60%以上が適当である。

**骨材の実積率**：容器に満たした骨材の絶対容積を，その容器に対する百分率で表したもの。

**2**　コンクリートに使用する骨材に関する次の記述のうち，**適当でないものはどれか。**

(1)　骨材の粒度は，粗粒率で表され，粗粒率が大きいほど粒度が大きい。

(2)　粗骨材の粒度は，細骨材の粒度と比べてコンクリートのワーカビリティーに及ぼす影響は小さい。

(3)　骨材の吸水量は，空気中乾燥状態(気乾状態)から表面乾燥飽水状態(表乾状態)になるまで吸水する水量である。

(4)　骨材の粒形は，偏平や細長ではなく球形に近いほどよい。

**解答** 骨材の吸水量は，絶対乾燥状態から表面乾燥飽水状態（表乾状態）になるまで吸水する水量である。

空気中乾燥状態（気乾状態）から表面乾燥飽水状態（表乾状態）になるまで吸水する水量は**有効吸水量**という。

したがって，(3)は**適当でない**。 **答** (3)

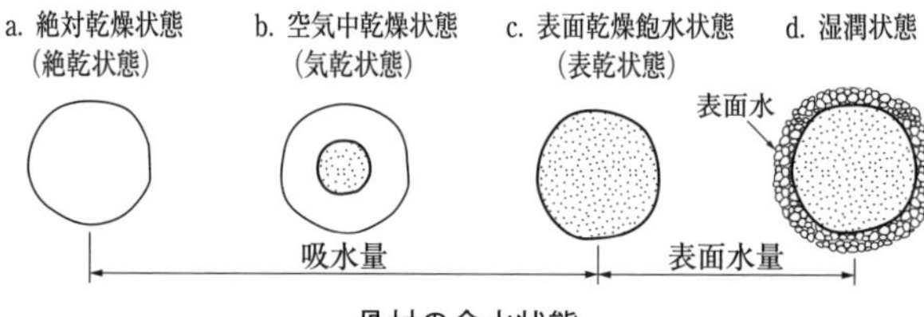


**骨材の含水状態**

**3** コンクリートの骨材に関する次の記述のうち，**適当でないもの**はどれか。

(1) 細骨材は，10 mm 網ふるいを全部通過し，5 mm 網ふるいを質量で 85％以上通過する骨材をいう。

(2) 粗骨材の最大寸法は，質量で骨材の全部が通過するふるいのうち，最小寸法のふるいの呼び寸法である。

(3) 粗骨材は，5 mm 網ふるいに質量で 85％以上とどまる骨材をいう。

(4) 細骨材率は，コンクリート中の全骨材量に対する細骨材量の絶対容積比を百分率で表した値である。

**解答** 粗骨材の最大寸法は，質量で骨材の90％（全部ではない）が通過するふるいのうち，最小寸法のふるいの呼び寸法である。

したがって，(2)は**適当でない**。 **答** (2)

**4** コンクリートの骨材に関する次の記述のうち**適当なもの**はどれか。

(1) 配合設計に用いる骨材の密度は，絶対乾燥状態における密度であり，その値は骨材の硬さ，強さ，耐久性を判断する指針となる。

(2) 所要の品質のコンクリートを経済的に造るため，骨材は，標準粒度の範囲に入るものを用いる。

(3) 粗骨材の粒径は，球形に近いものより扁平・細長なものがよい。

(4) 細骨材は，5 mm ふるいに質量で 85％以上とどまる粒径の骨材である。

**解答** (1) 配合設計に用いる骨材の密度は，表面乾燥飽水状態における密度であり，その値は，骨材の硬さ，強さ，耐久性を判断する指針となる。

(3) 粗骨材の粒径は，扁平・細長なものより球形に近いものがよい。

(4) 細骨材は，5 mm ふるいに質量で 85％以上通過する粒径の骨材である。

(2)は，記述のとおり**適当**である。 **答** (2)

## 試験によく出る重要事項

### コンクリート用骨材

a．細骨材：5 mm 網ふるいを質量で 85％以上通過する骨材。

b．粗骨材：5 mm 網ふるいを質量で 85％以上とどまる骨材。

c．粗骨材の最大寸法：質量で，少なくとも骨材の 90％が通過するときの，最小のふるい目の寸法。

d．粗骨材の粒径：球形に近いものがよい。

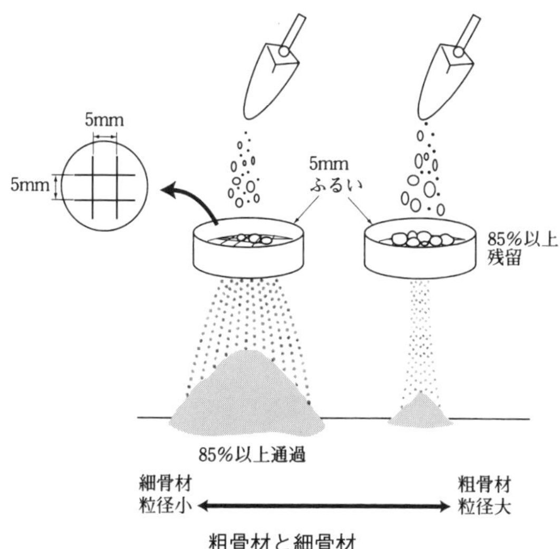


粗骨材と細骨材

**参考** 骨材は，コンクリートの容積の約 7 割を占めており，その品質の良否が，コンクリートの全体の品質に大きな影響を与える。

| 1-2 | 土木一般 | コンクリート | コンクリートの配合 | ★★★ |
|---|---|---|---|---|



**フォーカス** 良質なコンクリートをつくるためのスランプ値や水セメント比などについて，標準示方書の規定値などの出題が多い。スランプ試験については，図を参照して理解しておく。

**5** コンクリート標準示方書におけるコンクリートの配合に関する次の記述のうち，**適当でないものはどれか。**

(1) コンクリートの単位水量の上限は，175 kg/m$^3$ を標準とする。

(2) コンクリートの空気量は，耐凍害性が得られるように4～7%を標準とする。

(3) 粗骨材の最大寸法は，鉄筋の最小あき及びかぶりの$\frac{3}{4}$を超えないことを標準とする。

(4) コンクリートの単位セメント量の上限は，200 kg/m$^3$ を標準とする。

**解答** コンクリートの単位セメント量の上限は，300 kg/m$^3$ を標準とする。したがって，(4)は**適当でない。**

**答** (4)

**6** 荷おろし時の目標スランプが8 cmであり，練上り場所から現場までの運搬にともなうスランプの低下が2 cmと予想される場合，**練上り時の目標スランプは次のうちどれか。**

(1) 6 cm　(2) 8 cm　(3) 10 cm　(4) 12 cm

**解答** 練上り時の目標スランプは，8 cmに低下予想量2 cmを加えた10 cmである。

**答** (3)

**7** レディーミクストコンクリートの配合に関する次の記述のうち，**適当でないものはどれか。**

(1) 配合設計の基本は，所要の強度や耐久性を持つ範囲で，単位水量をできるだけ少なくする。

(2) 水セメント比は，コンクリートの強度，耐久性や水密性などを満足する値の中から大きい値を選定する。

(3) スランプは，運搬，打込み，締固めなどの作業に適する範囲内でできるだけ小さくする。

(4)　空気量は，AE 剤などの混和剤の使用により多くなり，ワーカビリティーを改善する。

**解 答**　水セメント比は，コンクリートの強度，耐久性や水密性などを満足する値の中から小さい値を選定する。

したがって，(2)は**適当でない**。　**答**　(2)

**8**　コンクリートの用語の説明に関する次の記述のうち，**適当でないものはどれか。**

(1)　粗骨材の最大寸法とは，質量で骨材の 90%以上が通るふるいのうち，最小寸法のふるいの呼び寸法で示される粗骨材の寸法である。

(2)　かぶりとは，鋼材あるいはシースの表面からコンクリート表面までの最短距離で計測したコンクリートの厚さである。

(3)　設計基準強度とは，構造計算において基準とするコンクリートの強度で，一般に材齢 28 日における圧縮強度を基準とする。

(4)　水セメント比とは，フレッシュコンクリートに含まれるセメントペースト中の水とセメントの体積比である。

**解 答**　水セメント比とは，フレッシュコンクリートに含まれるセメントペースト中の水とセメントの質量比である。

したがって，(4)は**適当でない**。　**答**　(4)

## 試験によく出る重要事項

a．スランプ値：打込み作業等に適する範囲内で，できるだけ小さくする。

b．水セメント比：所要の範囲内で，できるだけ小さくする。水密性が求められるものでは，最大55％である。

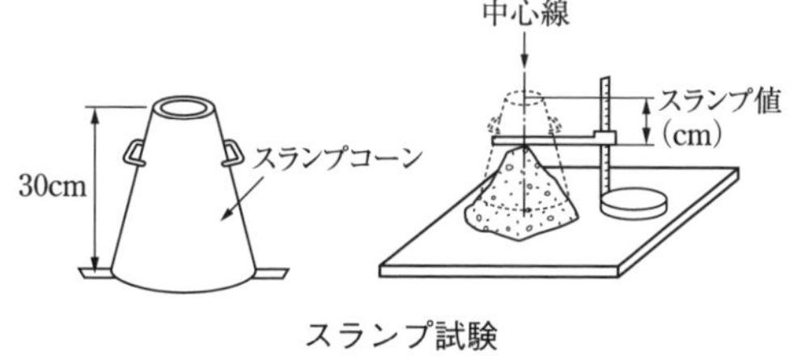

スランプ試験

c．コンクリートの単位水量の上限：175 kg/m$^3$ が標準。

| 1-2 | 土木一般 | コンクリート | 混和材料 | ★★★ |
|---|---|---|---|---|

**フォーカス** AE剤・減水剤，フライアッシュ等の主要な混和材料の名称と用途を覚えておく。

**9** コンクリートに用いられる次の混和材料のうち，発熱特性を改善させる混和材料として**適当なもの**はどれか。

(1) 流動化剤　　(3) シリカフューム
(2) 防せい剤　　(4) フライアッシュ

**解答** (1) 流動化剤：品質を変えず，スランプを大きくする。
(2) 防せい剤：鉄筋の錆を防止する。
(3) シリカフューム：高強度コンクリートの施工性・強度発現性の改善。
(4) フライアッシュ：発熱特性を改善させる。　**答** (4)

**10** コンクリートの性質を改善するために用いる混和材料に関する次の記述のうち，**適当でないもの**はどれか。

(1) フライアッシュは，コンクリートの初期強度を増大させる。
(2) 減水剤は，単位水量を変えずにコンクリートの流動性を高める。
(3) 高炉スラグ微粉末は，水密性を高め塩化物イオンなどのコンクリート中への浸透を抑える。
(4) AE剤は，コンクリートの耐凍害性を向上させる。

**解答** フライアッシュは，コンクリートの初期強度が小さくなる。
したがって，(1)は**適当でない**。　**答** (1)

**11** コンクリートの混和材料に関する次の記述のうち，**適当でないもの**はどれか。

(1) AE剤は，微小な独立した空気のあわを分布させ，コンクリートの凍結融解に対する抵抗性を増大させる。
(2) フライアッシュは，セメントの使用量が節約でき，コンクリートのワーカビリティーをよくできる。
(3) ポゾランは，水酸化カルシウムと常温で徐々に不溶性の化合物となる混和材の総称であり，ポリマーはこの代表的なものである。
(4)　減水剤は，コンクリートの単位水量を減らすことができる。

**解 答**　ポゾランは，水酸化カルシウムと常温で徐々に不溶性の化合物となる混和材の総称であり，フライアッシュはこの代表的なものである。

ポリマーは有機高分子材料で，これを配合したポリマーセメントやポリマーコンクリートは，防水補修などに用いられる。

したがって，(3)は**適当でない**。　**答**　(3)

## 試験によく出る重要事項

### 混和材料

①**フライアッシュ**：ワーカビリティーを改善する。
②**膨張材**：ひび割れを防ぐため，水密性を要する構造物に使用する。
③ **AE 剤**：凍結融解に対する抵抗性は増大するが，強度は低下する。
④**減水剤**：ワーカビリティーを改善し，強度も増大する。単位水量を減少する。

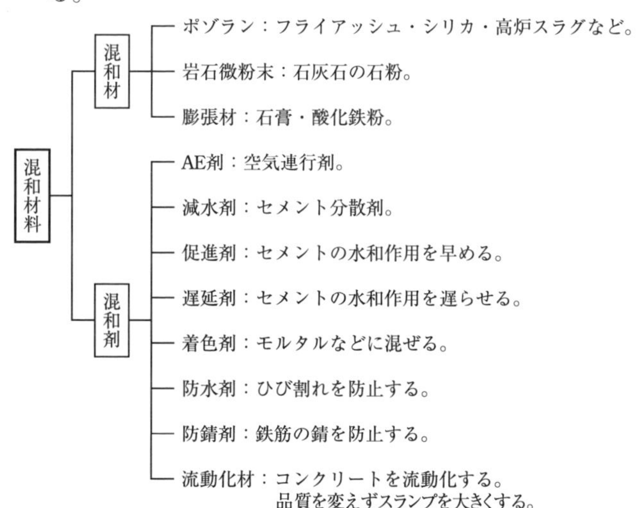


混和材料

| 1-2 | 土木一般 | コンクリート | レディーミクストコンクリート | ★★★ |
|---|---|---|---|---|

**フォーカス** レディーミクストコンクリートの購入時の指定項目と，受け入れ時の検査に関する出題が多いので，過去問で要点を覚えておく。

**12** フレッシュコンクリートに関する次の記述のうち，**適当なもの**はどれか。

(1) ワーカビリティーは，変形あるいは流動に対する抵抗の程度を表す性質である。
(2) ブリーディングは，練混ぜ水の一部の表面水が内部に浸透する現象である。
(3) スランプは，軟らかさの程度を示す指標である。
(4) コンシステンシーは，打込み・締固め・仕上げなどの作業の容易さを表す性質である。

**解答** (1) ワーカビリティーは，打込み・締固め・仕上げなどの作業の容易さを表す性質である。
(2) ブリーディングは，練混ぜ水の一部が分離して表面に浮かび上がる現象である。
(4) コンシステンシーは，変形あるいは流動に対する抵抗の程度を表す性質である。
(3)は，記述のとおり**適当である**。 **答** (3)

**13** フレッシュコンクリートに関する次の記述のうち，**適当でないもの**はどれか。

(1) スランプは，フレッシュコンクリートの軟らかさの程度を示す指標の1つである。
(2) 空気量は，コンクリート中に含まれる量が増すほど，コンクリート強度が低下する。
(3) レイタンスは，コンクリートの強度や水密性に影響を及ぼさない微細な粒子である。
(4) ブリーディングは，固体材料の沈降又は分離によって，練混ぜ水の一部が遊離して上昇する現象をいう。

**解答** レイタンスは，コンクリートの強度や水密性に影響を及ぼす微細な粒子である。

したがって，(3)は**適当でない**。　　**答**　(3)



**14**　レディーミクストコンクリートの施工に関する次の記述のうち，**適当でないもの**はどれか。

(1)　レディーミクストコンクリートを注文する場合は，コンクリートの種類，呼び強度，スランプ，粗骨材の最大寸法などを組み合わせたものから選ぶ。

(2)　コンクリートを練り混ぜてから打ち終わるまでの時間は，原則として気温が25℃を超えるときは1.5時間を超えないようにする。

(3)　型枠やせき板には，はく離剤を塗布し硬化したコンクリート表面からはがれ易くする。

(4)　現場内での運搬方法には，バケット，ベルトコンベア，コンクリートポンプ車などによる方法があるが，材料の分離が少ないベルトコンベアによる方法が最も望ましい。

**解答**　現場内での運搬方法には，バケット，ベルトコンベア，コンクリートポンプ車などによる方法があるが，材料の分離が少ないコンクリートポンプ車による方法が最も望ましい。

したがって，(4)は**適当でない**。　　**答**　(4)

**15**　JIS A 5308に基づき，レディーミクストコンクリートを購入する場合，品質の指定に関する項目として**適当でないもの**は次のうちどれか。

(1)　セメントの種類

(2)　水セメント比の下限値

(3)　骨材の種類

(4)　粗骨材の最大寸法

**解答**　水セメント比は上限値を指定する。

したがって，(2)は**適当でない**。　　**答**　(2)

**試験によく出る重要事項**

**レディーミクストコンクリート**

①　購入時の指定項目：セメントの種類，骨材の種類，粗骨材の最大寸法等。

②　受け入れ時の検査項目：スランプ，強度，空気量，塩化物含有量。

③　取扱い：加水してはならない。

| 1-2 | 土木一般 | コンクリート | セメント | ★★★ |
|---|---|---|---|---|

フォーカス セメントの種類と特徴・用途を覚えておく。

**16** コンクリート用セメントに関する次の記述のうち，**適当でないもの**はどれか。

(1) セメントは，風化すると密度が大きくなる。
(2) 粉末度は，セメント粒子の細かさをいう。
(3) 中庸熱ポルトランドセメントは，ダムなどのマスコンクリートに適している。
(4) セメントは，水と接すると水和熱を発しながら徐々に硬化していく。

解答 セメントは，風化すると密度が小さくなる。
したがって，(1)は**適当でない**。 **答** (1)

**17** コンクリート用セメントに関する次の記述のうち，**適当でないもの**はどれか。

(1) セメントの水和作用の現象である凝結は，一般に使用時の温度が高いほど遅くなる。
(2) セメントの密度は，化学成分によって変化し，風化すると，その値は小さくなる。
(3) 粉末度とは，セメント粒子の細かさを示すもので，粉末度の高いものほど水和作用が早くなる。
(4) 初期強度は，普通ポルトランドセメントの方が高炉セメントB種より大きい。

解答 セメントの水和作用の現象である凝結は，一般に使用時の温度が高いほど早くなる。
したがって，(1)は**適当でない**。 **答** (1)

## 試験によく出る重要事項

### セメントの種類

a. 早強ポルトランドセメント：初期強度が大きく．工期を短縮できる。
b. 中庸熱ポルトランドセメント：水和熱が低く，マスコンクリートに用いられる。
c. 高炉セメント：長期にわたって強度の増進があり，水和熱が低く，化学抵抗性が大きい。

| 1-2 | 土木一般 | コンクリート | コンクリートの打込み・締固め | ★★★ |
|---|---|---|---|---|

**フォーカス**　コンクリートの打込み・締固めについては，毎年出題されている。打込み・締固めにおける基本事項を覚えておく。

**18**　コンクリートの打込みに関する次の記述のうち，**適当でないもの**はどれか。

(1)　コンクリートと接して吸水のおそれのある型枠は，あらかじめ湿らせておかなければならない。

(2)　打込み前に型枠内にたまった水は，そのまま残しておかなければならない。

(3)　打ち込んだコンクリートは，型枠内で横移動させてはならない。

(4)　打込み作業にあたっては，鉄筋や型枠が所定の位置から動かないように注意しなければならない。

**解答**　打込み前に型枠内にたまった水は，排除しておかなければならない。
したがって，(2)は**適当でない**。　**答**　(2)

**19**　コンクリートの施工に関する次の記述のうち，**適当でないもの**はどれか。

(1)　内部振動機で締固めを行う際の挿入時間の標準は，3～15秒程度である。

(2)　コンクリートを2層以上に分けて打ち込む場合は，気温が25℃を超えるときの許容打重ね時間間隔は2時間以内とする。

(3)　内部振動機で締固めを行う際は，下層のコンクリート中に10 cm程度挿入する。

(4)　コンクリートを打ち込む際は，1層当たりの打込み高さを80 cm以下とする。

**解答**　コンクリートを打ち込む際は，1層当たりの打込み高さを40～50 cm以下とする
したがって，(4)は**適当でない**。　**答**　(4)

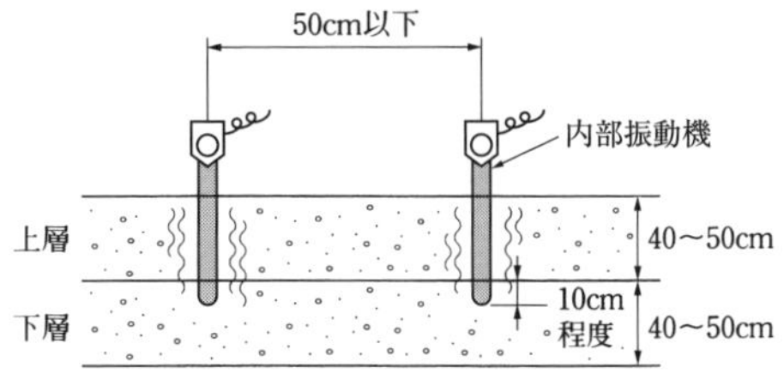

内部振動機の扱い方

**20** コンクリートの打込みと締固めに関する次の記述のうち，**適当でないもの**はどれか。

(1) コンクリート打込み中にコンクリート表面に集まったブリーディング水は，仕上げを容易にするために，そのまま残しておく。

(2) 型枠内面には，コンクリート硬化後に型枠をはがしやすくするため，はく離剤を塗布しておく。

(3) 棒状バイブレータは，コンクリートに穴を残さないように，ゆっくりと引き抜く。

(4) 再振動を行う場合には，コンクリートの締固めが可能な範囲でできるだけ遅い時期に行う。

**解答** コンクリート打込み中にコンクリート表面に集まったブリーディング水は，仕上げを容易にするために，取り除く。

したがって，(1)は**適当でない**。 **答** (1)

**21** コンクリートの運搬・打込みに関する次の記述のうち，**適当でないものはどれか**。

(1) コンクリート打込み中に硬化が進行した場合は，均質なコンクリートにあらためて練り直してから使用する。

(2) 高所からのコンクリートの打込みは，原則として縦シュートとするが，やむを得ず斜めシュートを使う場合には材料分離を起こさないよう使用する。

(3) コンクリートを直接地面に打ち込む場合には，あらかじめ均しコンクリートを敷いておく。

(4) 現場内においてコンクリートをバケットを用いてクレーンで運搬する方法は，コンクリートに振動を与えることが少ない。

**解答** コンクリート打込み中に硬化が進行した場合は，練り直して使用してはならない。

したがって，(1)は**適当でない**。 **答** (1)

**22** コンクリートの打込み及び締固めに関する次の記述のうち，**適当でないもの**はどれか。

(1) コンクリートと接して吸水するおそれのある型枠の部分は，打込み前に湿らせておかなければならない。

(2) 再振動を行う場合には，コンクリートの締固めが可能な範囲でできるだけ早い時期がよい。

(3) 締固めにあたっては，棒状バイブレータ(内部振動機)を下層のコンクリート中に10 cm程度挿入しなければならない。

(4) コンクリートの締固めには，棒状バイブレータ(内部振動機)を用いることを原則とし，それが困難な場合には型枠バイブレータ(型枠振動機)を使用してもよい。

**解答** 再振動を行う場合には，コンクリートの締固めが可能な範囲でできるだけ遅い時期がよい。

したがって，(2)は**適当でない**。 **答** (2)

## 試験によく出る重要事項

### コンクリートの打込み・締固め

① バイブレータ：コンクリートの横移動に使用してはならない。

② コンクリートの投入口の高さ：1.5 m以下。

③ 高所からのコンクリートの打込み：原則として縦シュート。

④ 水平打継目が型枠に接する線：できるだけ，水平な直線。

⑤ 練り混ぜから打ち終わるまでの時間：外気温が25℃以下のときは2.0時間以内，25℃を超えるときは1.5時間以内。

⑥ 許容打重ね時間：外気温が25℃以下のときで2.5時間以内，25℃を超えるときは2.0時間以内。

⑦ 打込み時のコンクリート温度：寒中コンクリートで5～20℃，暑中コンクリートで35℃以下。

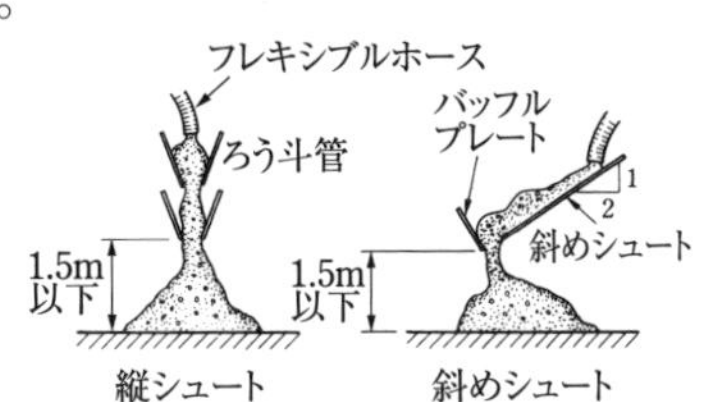


シュートによる打込み

| 1-2 | 土木一般 | コンクリート | 打継目 | ★★★ |
|---|---|---|---|---|

**フォーカス** コンクリートの打継目については，位置，打ち継ぎ方法などの基本事項を覚えておく。

**23** コンクリートの打継目に関する次の記述のうち，**適当なもの**はどれか。

(1) 打継目は，できるだけせん断力の大きな位置に設け，打継面を部材の圧縮力の作用方向と直交させるのを原則とする。

(2) 鉛直打継目の表面処理は，旧コンクリートの表面をワイヤブラシなどで削ったり，表面を粗にしたのち十分乾燥させる。

(3) 水平打継目の処理としては，打継表面の処理時期を大幅に延長できる処理剤を散布することもある。

(4) 海洋構造物の打継目は，塩分による被害を受けるおそれがあるので，できるだけ多く設ける。

**解 答** (1) 打継目は，できるだけせん断力の大きな位置を避ける。

(2) 鉛直打継目の表面処理は，旧コンクリートの表面をワイヤブラシなどで削ったり，表面を粗にしたのち十分に湿潤させる。

(4) 海洋構造物の打継目は，塩分による被害を受けるおそれがあるので，できるだけ設けない。

(3)は，記述のとおり**適当である**。 **答** (3)

**24** コンクリートの水平打継目の施工に関する次の記述のうち，**適当でないもの**はどれか。

(1) コンクリートを打ち継ぐ場合，打継面に敷くモルタルの水セメント比は，使用コンクリートの水セメント比より大きくする。

(2) 水平打継目が型枠に接する線は，できるだけ水平な直線になるようにする。

(3) コンクリートを打ち継ぐ場合は，既に打ち込まれたコンクリートの表面のレイタンス，緩んだ骨材粒などを完全に除き，十分に吸水させる。

(4) 打継目は，できるだけせん断力の小さい位置に設ける。

**解 答** コンクリートを打ち継ぐ場合，打継面に敷くモルタルの水セメント比は，使用コンクリートの水セメント比より小さくする。

したがって，(1)は**適当でない**。 **答** (1)

| 1-2 | 土木一般 | コンクリート | 養生・仕上げ | ★★ |
|---|---|---|---|---|

**フォーカス**　コンクリートの養生の基本である湿潤養生について，要点を覚えておく。

**25**　コンクリートの仕上げと養生に関する次の記述のうち，**適当でないものは**どれか。

(1)　滑らかで密実な表面を必要とする場合には，コンクリート打込み後，固まらないうちにできるだけ速やかに，木ごてでコンクリート上面を軽く押して仕上げる。

(2)　養生は，十分硬化するまで衝撃や余分な荷重を加えずに風雨，霜，直射日光から露出面を保護することである。

(3)　打上り面の表面仕上げは，コンクリートの上面に，しみ出た水がなくなるか又は上面の水を取り除いてから行う。

(4)　湿潤養生は，打込み後のコンクリートを十分に保護し，硬化作用を促進させるとともに乾燥によるひび割れなどができないようにする。

**解答**　滑らかで密実な表面を必要とする場合には，コンクリート打込み後，作業が可能な範囲でできるだけ遅い時期に，金ごてでコンクリート上面を強く押して仕上げる。

したがって，(1)は**適当でない**。　**答**　(1)

**26**　コンクリートの養生に関する次の記述のうち，**適当でないものはどれか**。

(1)　コンクリートの露出面は，表面を荒らさないで作業ができる程度に硬化した後に養生用マットで覆うか，又は散水等を行い湿潤状態に保つ。

(2)　コンクリート打込み後，セメントの水和反応を促進するために，風などにより表面の水分を蒸発させる。

(3)　コンクリートは，十分に硬化が進むまで急激な温度変化等を防ぐ。

(4)　コンクリートは，十分に硬化が進むまで衝撃や余分な荷重を加えない。

**解答**　コンクリート打込み後，セメントの水和反応を促進するために，風などにより表面の水分を蒸発させないようにし，十分に湿潤状態を保つ。

したがって，(2)は**適当でない**。　**答**　(2)

| 1-2 | 土木一般 | コンクリート | 型枠・支保工 | ★★ |
|---|---|---|---|---|

**フォーカス** 型枠の条件，組立ての際の注意事項，取外し順序などを覚えておく。

**27** 下図は木製型枠の固定器具であるが，次の(イ)～(ニ)に示す名称として**適当でないもの**はどれか。

(1) (イ)
(2) (ロ)
(3) (ハ)
(4) (ニ)



**解 答** フォームタイは，横ばた(鋼管)を押さえている金具のこと。(ニ)の矢印が示しているのはPコーンである。

したがって，(ニ)は**適当でない**。 **答** (4)

**28** 型枠の施工に関する次の記述のうち，**適当でないもの**はどれか。

(1) 型枠のすみの面取り材設置は，供用中のコンクリートのかどの破損を防ぐ効果がある。
(2) 型枠内面には，流動化剤を塗布することにより型枠の取外しを容易にする効果がある。
(3) 型枠の施工は，所定の精度内におさまるよう加工及び組立をする。
(4) コンクリート打込み中は，型枠のはらみ，モルタルの漏れなどの有無の確認をする。

**解 答** 型枠内面には，はく離剤を塗布することにより型枠の取外しを容易にする効果がある。

したがって，(2)は**適当でない**。 **答** (2)

**29**　コンクリート構造物の型枠及び支保工の施工に関する次の記述のうち，**適当でないもの**はどれか。

(1)　型枠は，ボルトや鋼棒などによって締め付け，角材や軽量形鋼などによって連結し補強する。

(2)　型枠は，コンクリートの自重に対して必要な強度と剛性を有し，構造物の形状寸法にずれがないように施工する。

(3)　型枠及び支保工の取外しの時期を判定する場合は，20℃の水中養生を行ったコンクリート供試体の圧縮強度を用いる。

(4)　型枠及び支保工の取外しは，構造物に害を与えないように，荷重を受けない部分から順に静かに取り外す。

**解 答**　型枠及び支保工の取外しの時期を判定する場合は，現場と同じ条件で養生を行ったコンクリート供試体の圧縮強度を用いる。

したがって，(3)は**適当でない**。　　**答**　(3)

## 試験によく出る重要事項

### 型枠・支保工

a．型枠の取外し順序：まず，荷重を受けない部分を取外し，次に鉛直部材さらに水平部材を取外す。

b．スペーサ：型枠に接するスペーサはモルタル製またはコンクリート製を用いる。

c．型枠の組立て：ボルトや鋼棒で堅固に組み立てる。

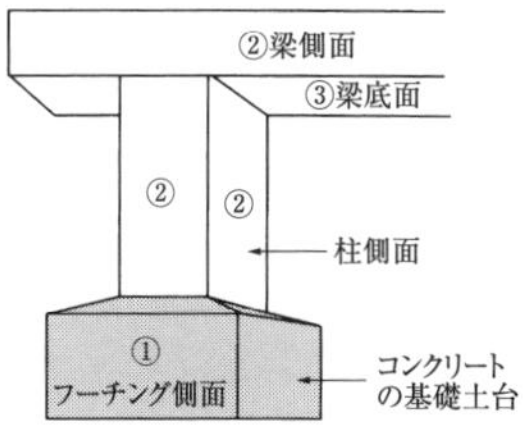

外枠の取外し順序

### 鉄筋の加工・組立て

a．鉄筋は，常温で加工する。やむを得ず加熱する場合は，急冷してはならない。

b．交点は，0.8 mm 以上の焼きなまし鉄線，または，クリップで緊結する。

## 1-2 土木一般 コンクリート 鉄筋の加工・組立 ★★

フォーカス 鉄筋の加工・組立てについては，過去問から，曲げ加工の原則，スペーサの使用条件を覚えておく。

**30** 鉄筋の加工及び組立に関する次の記述のうち，**適当でないものはどれか。**

(1) 径の太い鉄筋などを熱して加工するときは，加熱温度を十分管理し加熱加工後は急冷させる。
(2) 型枠に接するスペーサーは，モルタル製あるいはコンクリート製を使用することを原則とする。
(3) 曲げ加工した鉄筋を曲げ戻すと材質を害するおそれがあるため，曲げ戻しはできるだけ行わないようにする。
(4) 組み立てた鉄筋が長時間大気にさらされる場合には，鉄筋の防せい(錆)処理を行うことを原則とする。

**解答** 径の太い鉄筋などを熱して加工するときは，加熱温度を十分管理し加熱加工後はゆっくり冷却させる。
したがって，(1)は**適当でない。** **答** (1)

**31** 鉄筋の組立に関する次の記述のうち**適当でないものはどれか。**

(1) 型枠に接するスペーサは，原則として鋼製あるいはプラスチック製を使用する。
(2) 鉄筋を加工する場合には，太い鉄筋でも，原則として常温で加工する。
(3) 鉄筋の組立は，0.8 mm 以上の焼きなまし鉄線又は適切なクリップで鉄筋の交点部を緊結しなければならない。
(4) 鉄筋のかぶりを正しく保つためのスペーサの数は，はり，床版で1 $m^2$ あたり4個程度を配置する。

**解答** 型枠に接するスペーサは，原則としてコンクリート製あるいはモルタル製を使用する。
したがって，(1)は**適当でない。** **答** (1)

| 1-2 | 土木一般 | コンクリート | 各種コンクリート | ★★ |
|---|---|---|---|---|



**フォーカス** 水中コンクリート・マスコンクリートなど，各種コンクリートについての問題が出題されるようになった。過去問で取り上げられた各種コンクリートについて，要点を覚えておく。

**32** 各種コンクリートに関する次の記述のうち，**適当でないものはどれか。**

(1) 暑中コンクリートは，材料を冷やすこと，日光の直射から防ぐこと，十分湿気を与えることなどに注意する。

(2) 部材断面が大きいマスコンクリートでは，セメントの水和熱による温度変化に伴い温度応力が大きくなるため，コンクリートのひび割れに注意する。

(3) 膨張コンクリートは，膨張材を使用し，おもに乾燥収縮にともなうひび割れを防ごうとするものである。

(4) 寒中コンクリートは，ポルトランドセメントと AE 剤を使用するのが標準で，単位水量はできるだけ多くする。

**解答** 寒中コンクリートは，ポルトランドセメントと AE 剤を使用するのが標準で，単位水量はできるだけ少なくする。

したがって，(4)は**適当でない。**　**答** (4)

**33** 各種コンクリートに関する次の記述のうち，**適当でないものはどれか。**

(1) 水中コンクリートの打込みには，静水中で材料が分離しないよう，原則としてトレミー管を用いる。

(2) 流動化コンクリートは，単位水量を増大させないで，流動化剤の添加によりコンクリートの打込み，締固めをし易くしたコンクリートである。

(3) マスコンクリートでは，セメントの水和熱による構造物の温度変化によるひび割れに対する注意が必要である。

(4) 寒中コンクリートは，セメントを直接加熱し，打込み時に所定のコンクリートの温度を得るようにする。

**解答** 寒中コンクリートで打込み時に所定のコンクリートの温度を得るようにするため，材料を加熱する場合，水または骨材を加熱することとし，セメントはどんな場合でも直接熱してはならない。

したがって，(4)は**適当でない。**　**答** (4)

# 第3章 基 礎 工

**●出題傾向分析**（出題数3問）

| 出題事項 | 設問内容 | 出題頻度 |
|---|---|---|
| 場所打ち杭 | 工法名と使用資機材，掘削方法，各工法の特徴，孔壁保護方法 | 毎年 |
| 既製杭 | 工法名と施工概要，施工の留意事項 | 毎年 |
| 土留め工 | 土留め工法名と構造・特徴，各部の名称 | 5年に4回程度 |
| 直接基礎 | 基礎地盤掘削の留意事項，基礎地盤の処理 | 5年に1回程度 |

**◎学習の指針**

1．基礎工は，場所打ち杭工法と既製杭工法が，毎年出題されている。

2．場所打ち杭については，リバースサーキュレーション工法・オールケーシング工法・アースドリル工法・深礎工法など，過去に出題された工法について，使用資機材，掘削方法，特徴，孔壁保護方法などを覚えておく。

3．既製杭は，打込み工法・バイブロハンマ工法・中掘り杭工法・プレボーリング工法などについて，概要と特徴などを覚えておく。

4．土留め工は，ほぼ毎年出題されている。親杭横矢板・鋼矢板・鋼管矢板・連続地中壁などの工法について，構造，施工の概要，特徴，施工の留意事項などを覚えておく。

5．直接基礎は，基礎地盤となる岩盤と砂地盤について，掘削方法および処理方法を覚えておく。

| 1-3 | 土木一般 | 基礎工 | 場所打ち杭 | ★★★ |
|---|---|---|---|---|



**フォーカス**　場所打ち杭は，毎年出題されている。これまで出題された各工法について，掘削機械・孔壁保護などの施工方法の概要・特徴を覚えておく。

**1**　場所打ち杭の「工法名」と「孔壁保護の主な資機材」に関する次の組合せのうち，**適当でないもの**はどれか。

［工法名］　［孔壁保護の主な資機材］
(1)　オールケーシング工法 ……………………… ケーシングチューブ
(2)　アースドリル工法 …………………………… 安定液(ベントナイト水)
(3)　リバースサーキュレーション工法 ………… セメントミルク
(4)　深礎工法 ……………………………………… 山留め材(ライナープレート)

**解答**　リバースサーキュレーション工法の孔壁保護は，スタッドパイプと自然泥水で行う。

したがって，(3)は**適当でない**。　**答**　(3)

**2**　場所打ち杭をオールケーシング工法で施工する場合，使用しない機材は次のうちどれか。

(1)　掘削機
(2)　スタンドパイプ
(3)　ハンマグラブ
(4)　ケーシングチューブ

**解答**　スタンドパイプは，リバースサーキュレーション工法に使用する機材である。　**答**　(2)

**3**　場所打ち杭工法の特徴に関する次の記述のうち，**適当でないもの**はどれか。

(1)　材料の運搬などの取扱いや長さの調節が難しい。
(2)　施工時の騒音と振動が一般に小さい。
(3)　掘削土により，中間層や支持層の土質が確認できる。
(4)　大口径の杭を施工することにより，大きな支持力が得られる。

**解答**　材料の運搬などの取扱いや長さの調節が容易である。

したがって，(1)は**適当でない**。　**答**　(1)

**4** 場所打ちコンクリート杭工法の工法名とその掘削や孔壁の保護に使用される主な機材との次の組合せのうち，**適当でないもの**はどれか。

[工法名]　　[主な機材]

(1) オールケーシング工法 ……………………… ハンマーグラブ，ケーシングチューブ

(2) 深礎工法 ……………………………………… 掘削機械，土留材

(3) アースドリル工法 …………………………… アースドリル，ケーシング

(4) リバースサーキュレーション工法 ………… 削孔機，ケーシング

**解 答** リバースサーキュレーション工法 ……… 回転ビット，スタンドパイプ

したがって，(4)は**適当でない**。　**答** (4)

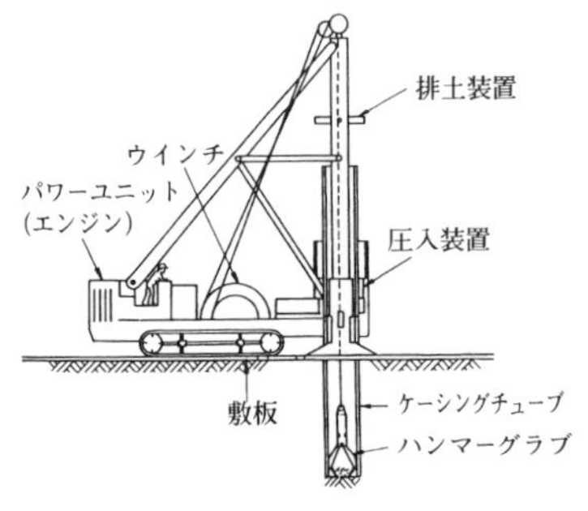


オールケーシング工法

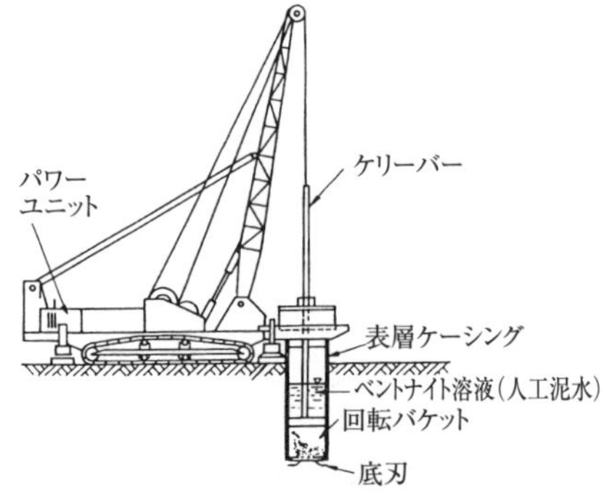


アースドリル工法

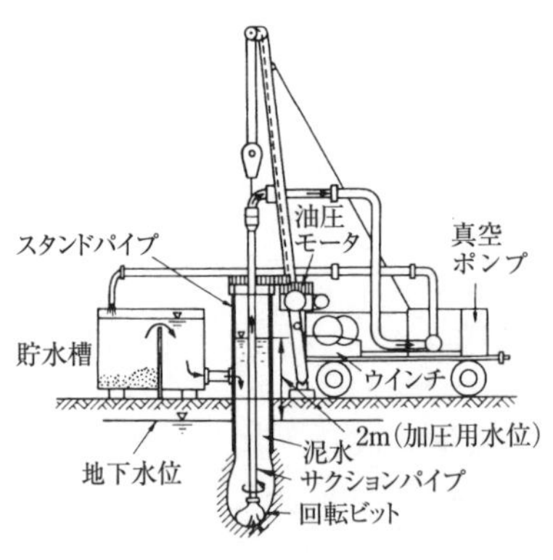


リバースサーキュレーション工法

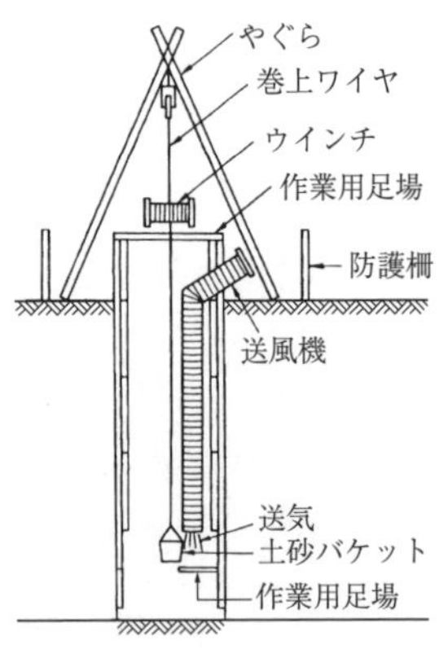


深礎工法

**5** 場所打ち杭の「工法名」と「掘削方法」に関する次の組合せのうち，**適当でないもの**はどれか。

[工法名] [掘削方法]

(1) リバースサーキュレーション工法……掘削孔に満たした水の圧力で孔壁を保護しながら，水を循環させて削孔機で掘削する。

(2) アースドリル工法…………掘削孔に満たした水の圧力で孔壁を保護しながら，ドリリングバケットで掘削する。

(3) オールケーシング工法……ケーシングチューブを挿入して孔壁の崩壊を防止しながら，ハンマーグラブで掘削する。

(4) 深礎工法……………………掘削孔が自立する程度掘削して，ライナープレートを用いて孔壁の崩壊を防止しながら，人力又は機械で掘削する。

**解答** アースドリル工法……掘削孔に満たしたベントナイト溶液の圧力で孔壁を保護しながら，ドリリングバケットで掘削する。

したがって，(2)は**適当でない**。 **答** (2)

## 試験によく出る重要事項

### 場所打ち杭工法の概要

| 工法名 | オールケーシング工法 | リバースサーキュレーション工法 | アースドリル工法 | 深礎工法 |
|---|---|---|---|---|
| 掘削・排土方式の概要 | ケーシングを揺動・圧入させながらハンマグラブで掘削・排土する。 | ドリルパイプ先端のビットを回転させて掘削し，自然泥水の逆還流によって排土する。 | 掘削孔内に安定液を満たしながら，回転バケットで掘削・排土する。 | ライナープレートやナマコ板などをせき板とし，人力等で掘削・排土する。 |
| 掘削方式 | ハンマグラブ | 回転ビット | 回転バケット | 人力等 |
| 孔壁保護方法 | ケーシングチューブ | スタンドパイプ，自然泥水 | ベントナイト安定液（表層ケーシング） | せき板と土留リング |
| 付帯設備 | ―――― | 自然泥水関係の設備（スラッシュタンク） | 安定液関係の設備 | やぐら，バケット巻上用ウインチ |

## 1-3 土木一般 基礎工 既製杭 ★★★

**フォーカス** 杭打ち時の注意事項，打込み(打撃)工法と中堀杭工法や場所打ち杭工法との比較が多く出題されている。打込み工法は，図を参照して理解しておく。

**6** 既製杭の打込み杭工法に関する次の記述のうち，**適当でないものはどれか。**

(1) 杭は打込み途中で一時休止すると，時間の経過とともに地盤が緩み，打込みが容易になる。

(2) 一群の杭を打つときは，中心部の杭から周辺部の杭へと順に打ち込む。

(3) 打込み杭工法は，中掘り杭工法に比べて一般に施工時の騒音・振動が大きい。

(4) 打込み杭工法は，プレボーリング杭工法に比べて杭の支持力が大きい。

**解 答** 杭は打込み途中で一時休止すると，時間の経過とともに地盤が締まり，打込みが難しくなる。

したがって，(1)は**適当でない。** **答** (1)

**7** 既製杭の施工に関する次の記述のうち，**適当でないものはどれか。**

(1) 打撃工法は，既製杭の杭頭部をハンマで打撃して地盤に貫入させるものである。

(2) 中掘り杭工法は，既製杭の中空部をアースオーガで掘削しながら杭を地盤に貫入させていくものである。

(3) バイブロハンマ工法は，振動機を既製杭の杭頭部に取り付けて地中に貫入させるものである。

(4) プレボーリング杭工法は，杭径より小さな穴を地盤にあけておき，その中に既製杭を機械で貫入させるものである。

**解 答** プレボーリング杭工法は，杭径より少し大きな穴を地盤にあけておき，その中に既製杭を機械で貫入させるものである。

したがって，(4)は**適当でない。** **答** (4)

**8** 既製杭の施工に関する次の記述のうち，**適当でないものはどれか。**

(1) 中掘り杭工法は，バイブロハンマ工法に比べて近接構造物に対する影響が小さい。

(2) バイブロハンマ工法は，打止め管理式などにより，簡易に支持力の確認が可能である。

(3)　中掘り杭工法では，泥水処理，排土処理が必要である。
(4)　バイブロハンマ工法は，中掘り杭工法に比べて騒音・振動が小さい。

**解 答**　バイブロハンマ工法は，中掘り杭工法に比べて騒音・振動が大きい。
したがって，(4)は**適当でない。**　**答**　(4)

**9**　既製杭の施工に関する次の記述のうち，**適当でないもの**はどれか。
(1)　打撃工法は，プレボーリング杭工法に比べて騒音・振動が大きい。
(2)　打撃工法では，打止め管理式などにより簡易に支持力の確認が可能である。
(3)　中掘り杭工法は，バイブロハンマ工法に比べて近接構造物に対する影響が大きい。
(4)　中掘り杭工法では，泥水処理，排土処理が必要である。

**解 答**　中掘り杭工法は，バイブロハンマ工法に比べて近接構造物に対する影響が小さい。
したがって，(3)は**適当でない。**　**答**　(3)

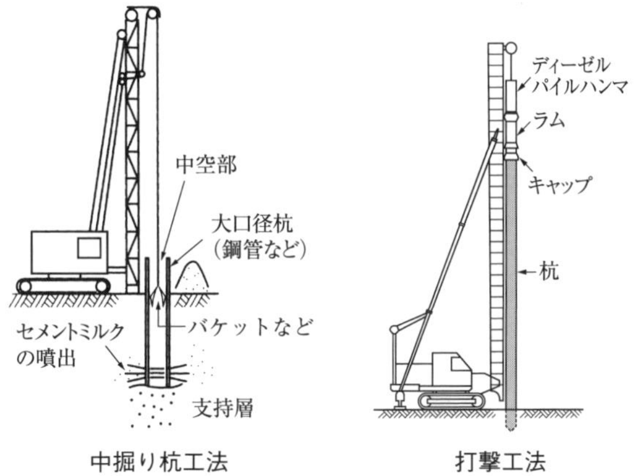

中掘り杭工法　　打撃工法

## 試験によく出る重要事項

### 打込み工法

① **正確性**：常に，杭のずれと傾斜に注意して施工。
② **連続打込み**：打込みは，途中で中断しないで，打ち止りまで連続施工。
③ **打止め**：打止めは，1打あたりの貫入量が2～10 mmを目安。
④ **特徴**：場所打ち杭や中堀り工法に比べて，騒音・振動が大。支持力が大。

### 中堀り杭工法

① **先端処理**：セメントミルク噴出方式と最終打撃方式とがある。
② 掘削・沈設中は，過大な先掘りや拡大掘りをしない。
③ セメントミルク噴出方式の先端根固め部は，先掘り・拡大掘りで築造する。

| 1-3 | 土木一般 | 基礎工 | 直接基礎 | ★★ |
|---|---|---|---|---|

**フォーカス** 岩盤，砂地盤など，基礎地盤の種類に応じた基礎底面の処理方法を覚えておく。

**10** 基礎地盤及び基礎工に関する次の記述のうち，**適当でないものはどれか。**

(1) 基礎工の施工にあたっては，周辺環境に与える影響にも十分留意する。
(2) 支持地盤が地表から浅い箇所に得られる場合には，直接基礎を用いる。
(3) 基礎地盤の地質・地層状況，地下水の有無については，載荷試験で調査する。
(4) 直接基礎は，基礎底面と支持地盤を密着させ，十分なせん断抵抗を有するよう施工する。

**解 答** 基礎地盤の地質・地層状況，地下水の有無については，標準貫入試験で調査する

したがって，(3)は**適当でない。** **答** (3)

**11** 直接基礎の基礎地盤面の施工に関する次の記述のうち，**適当でないものはどれか。**

(1) 基礎地盤が砂層の場合は，基礎地盤面に凹凸がないよう平らに整地し，その上に割ぐり石や砕石を敷き均す。
(2) 岩盤の基礎地盤を削り過ぎた部分は，基礎地盤面まで掘削した岩くずで埋め戻す。
(3) 岩盤の掘削が基礎地盤面に近づいたときは，手持ち式ブレーカなどで整形し，所定の形状に仕上げる。
(4) 基礎地盤が砂層の場合で作業が完了した後は，湧水・雨水などにより基礎地盤面が乱されないように，割ぐり石や砕石を敷並べる基礎作業を素早く行う。

**解 答** 岩盤の基礎地盤を削り過ぎた部分は，基礎地盤面まで掘削した岩くずで埋め戻さず，貧コンクリートで埋め戻す。

したがって，(2)は**適当でない。** **答** (2)

**12** 直接基礎の施工に関する次の記述のうち，**適当でないものはどれか。**

(1) 砂地盤では，標準貫入試験によるN値が10以上あれば良質な基礎地盤といえる。

(2)　基礎地盤の支持力は，平板載荷試験の結果から確認ができる。

(3)　基礎地盤が砂地盤の場合は，栗石や砕石とのかみ合いが期待できるようにある程度の不陸を残して整地し，その上に栗石や砕石を配置する。

(4)　基礎地盤が岩盤の場合は，構造物底面がかみ合うように，基礎地盤面に均しコンクリートを施工する。

**解答**　砂地盤では，標準貫入試験によるN値が30以上あれば，良質な基礎地盤といえる。

したがって，(1)は適当でない。　**答**　(1)

## 試験によく出る重要事項

### 直接基礎

a．支持層

ア．岩盤

イ．締まった砂礫層：標準貫入試験で，$N$値が30以上の砂層。ただし，支持層の厚さが直接基礎の幅より大きいこと。

ウ．粘性土層：洪積世の地盤で，$N$値が20以上。

b．基礎底面の処理

①　岩盤，締まった砂礫層では，掘削により生じた浮石などを除去し，均しコンクリートを打設し，貧配合のコンクリートで埋戻す。

②　岩盤の仕上げ面は，ある程度の不陸を残し，平滑な面としないようにする。

③　砂地盤では，ある程度の不陸を残して整地し，その上に栗石や砕石等を敷き均す。割栗石は砂層に十分たたき込む。その後，均しコンクリートを打設し，良質土で埋戻す。

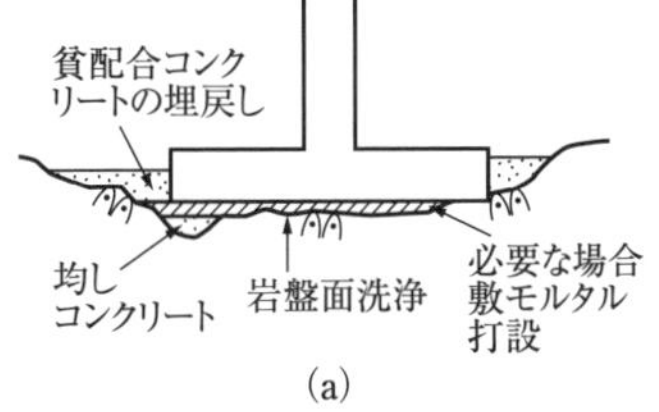

(a)

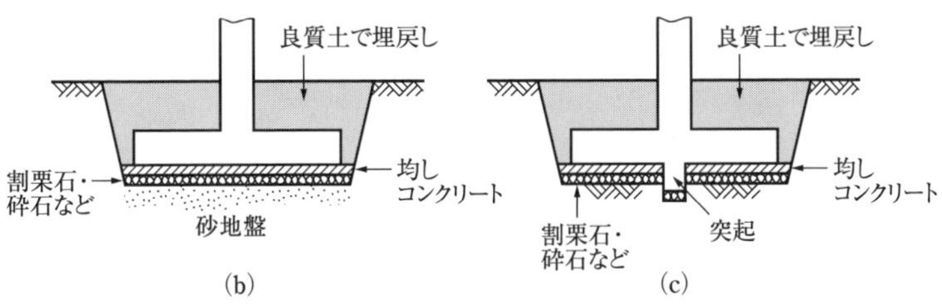

(b)　(c)

基礎底面の処理

## 1-3 土木一般 基礎工 土留め工 ★★★

**フォーカス** 各工法の特徴に関する出題が多い。そのため，各工法とその特徴を整理し，覚えておく。

**13** 土留め壁の「種類」と「特徴」に関する次の組合せのうち，**適当なもの**はどれか。

[種類]　　　　　　[特徴]

(1) 連続地中壁 ……………… あらゆる地盤に適用でき，他に比べ経済的である
(2) 鋼矢板 …………………… 止水性が高く，施工は比較的容易である
(3) 柱列杭 …………………… 剛性が小さいため，深い掘削にも適する
(4) 親杭・横矢板 ………… 止水性が高く，地下水のある地盤に適する

**解答** (1) 連続地中壁…… あらゆる地盤に適用できるが，他に比べ高額である
(3) 柱列杭…………… 剛性が大きいため，深い掘削にも適する
(4) 親杭・横矢板…… 止水性が劣るため，地下水のない地盤に適する
(2)は，記述のとおり**適当である。**　　**答** (2)

**14** 下図に示す土留め工法の(イ)，(ロ)の部材名称に関する次の組合せのうち，**適当なもの**はどれか。

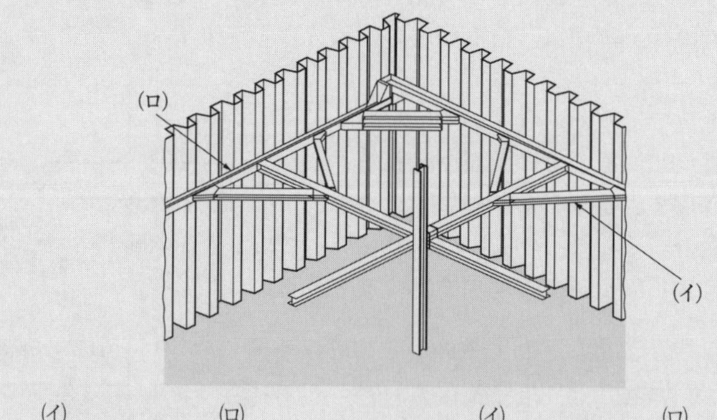


| | (イ) | (ロ) |
|---|---|---|
| (1) | 切ばり | 火打ちばり |
| (2) | 切ばり | 腹起し |
| (3) | 火打ちばり | 腹起し |
| (4) | 腹起し | 切ばり |

**解答** (イ)は火打ちばり，(ロ)は腹起しである。　　**答** (3)

**15**　土留め壁の特徴に関する次の記述のうち，**適当でないもの**はどれか。

(1)　鋼矢板壁は，止水性を有しているので地下水位の高い地盤に用いられる。
(2)　連続地中壁は，止水性を有しているので大規模な開削工事に用いられる。
(3)　親杭横矢板壁は，止水性を有しているので軟弱地盤に用いられる。
(4)　軽量鋼矢板壁は，止水性が良くないので小規模な開削工事に用いられる。

**解答**　親杭横矢板壁は，止水性を有していないので軟弱地盤に用いられない。
したがって，(3)は**適当でない**。　**答**　(3)

**16**　掘削時の土留め仮設工に関する次の記述のうち，**適当でないもの**はどれか。

(1)　土留め壁は，土圧や水圧などが作用するので鋼矢板などを用いてこれらを十分支える構造としなければならない。
(2)　切ばりは，地盤の掘削時に土留め壁に作用する土圧や水圧などの外力を支えるための水平方向の支持部材として用いられる。
(3)　土留めアンカーは，切ばりによる土留めが困難な場合や掘削断面の空間を確保する必要がある場合に用いる。
(4)　親杭横矢板土留め工法に用いる土留め板は，土圧を親杭に伝えるとともに止水を目的とするものである。

**解答**　親杭横矢板土留め工法に用いる土留め板は，土圧を親杭に伝えるとともに土留めを目的とするものである。止水性はない。
したがって，(4)は**適当でない**。　**答**　(4)

## 試験によく出る重要事項

### 土留め工法の種類

①　鋼矢板工法：止水性はあるが，壁体の変形が大きい。
②　親杭横矢板壁工法：止水性はないが，施工が比較的容易。
③　地中連続壁工法：止水性がよく，剛性が大きい。施工時の騒音・振動が小さい。工事費が高い。
④　鋼管矢板壁工法：止水性があり，剛性が比較的大きい。

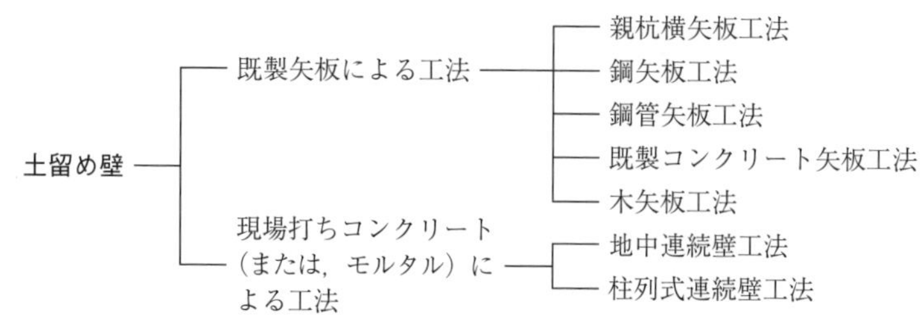


土留め壁の分類

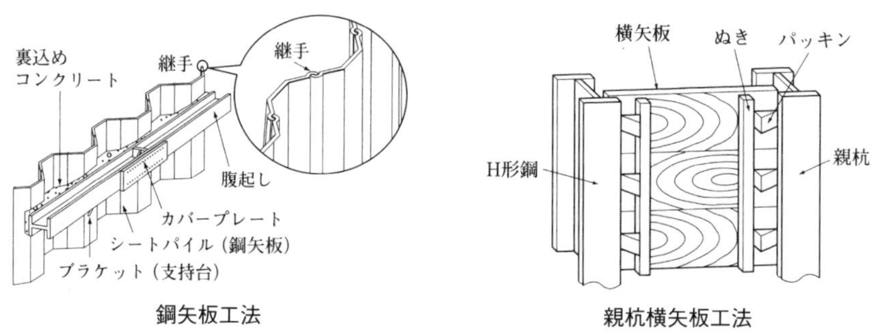


鋼矢板工法　　親杭横矢板工法

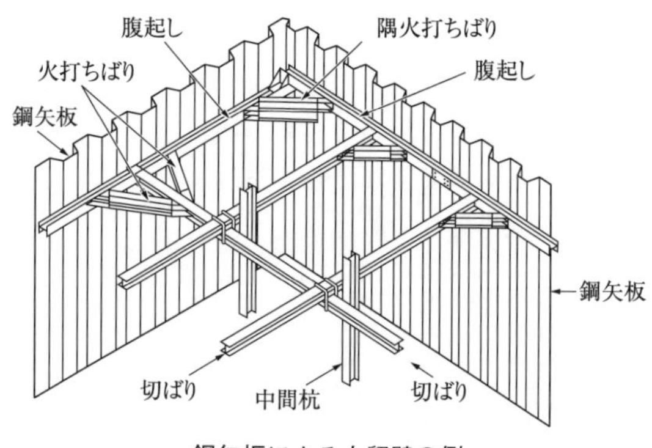


鋼矢板による土留壁の例

# 第２編　専門土木

第１章　構　造　物……………………………52
第２章　河川・砂防……………………………67
第３章　道路・舗装……………………………79
第４章　ダム・トンネル………………………97
第５章　海岸・港湾……………………………106
第６章　鉄道，地下構造物……………………116
第７章　上下水道………………………………127

専門土木は，上記，各章に示される７分野から，20問出題され，６問を解答します。

勉強は，全ての分野を覚えるのではなく，答えられそうな分野を四つ程度にしぼり，集中的に行い，確実に得点できるようにして下さい。

**専門土木は，得意分野をつくって集中学習しましょう。**

# 第1章 構 造 物

## ●出題傾向分析（出題数３問）

| 出題事項 | 設問内容 | 出題頻度 |
|---|---|---|
| 鋼材の特性，鋼材の知識 | 鋼材の種類と用途，特性，応力―ひずみ曲線 | 隔年程度 |
| 鋼材の接合 | 高力ボルト接合の締付け方法，検査，溶接接合の方法，留意事項 | 隔年程度 |
| 鋼橋架設 | 架設工法名と施工概要，工法採用の条件 | ほぼ毎年 |
| コンクリートの耐久性・劣化 | 劣化機構と劣化対策，劣化要因 | 毎年 |

## ◎学習の指針

1．構造物の問題は，鋼材についての基礎知識，鋼材の接合方法としての溶接の施工と高力ボルトの施工，鋼橋の架設工法，コンクリートの劣化と耐久性などについて，基本事項が出題されている。

2．鋼材については，炭素鋼の種類と用途，ダクタイル鋳鉄管，線材の種類などを覚えておく。過去問の演習で，要点を整理しておくとよい。

3．鋼材の接合では，開先溶接・すみ肉溶接，溶接の姿勢，溶接における留意事項などを覚えておく。高力ボルトについては，締付けの留意事項，トルシア型ボルトの施工概要，検査方法などを覚えておく。

4．鋼橋の架設については，過去に出題された架設工法について，工法名と架設方法の概要および特徴を覚えておく。

5．コンクリートの劣化と耐久性では，コンクリートの劣化機構を理解し，耐久性の高いコンクリートを造るための条件について，基本的事項を覚えておく。共通工学や施工管理の問題を解く場合にも有効である。

## 2-1　専門土木　構造物　鋼材の種類と特性　★★★



**フォーカス**　鋼材の基本的性質を問う問題が隔年程度で出題される。
低炭素鋼・高炭素鋼・耐候性鋼材などについて基本的な事項を覚えておく。

**1**　下図は，一般的な鋼材の応力度とひずみの関係を示したものであるが，次の記述のうち，**適当でないものはどれか。**

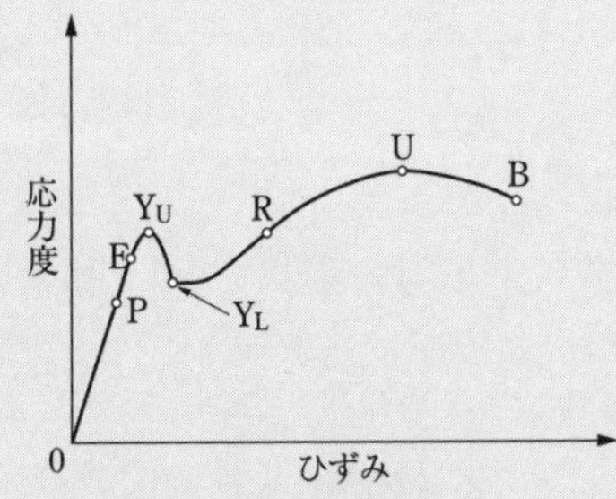


(1)　点Pは，応力度とひずみが比例する最大限度である。
(2)　点Eは，弾性変形をする最大限度である。
(3)　点 $Y_U$ は，応力度が増えないのにひずみが急激に増加しはじめる点である。
(4)　点Uは，応力度が最大となる破壊点である。

**解答**　点Uは，引張り強さが最大となる点である。
したがって，(4)は**適当でない。**　**答**　(4)

**2**　鋼材の特性に関する次の記述のうち，**適当でないものはどれか。**

(1)　低炭素鋼は，展性，延性に富み溶接など加工性が優れているので橋梁などに広く用いられている。
(2)　耐候性鋼は，大気中での耐食性を高めたもので，塗装の補修費用を節減する橋梁などに用いられている。
(3)　高炭素鋼は，炭素量の増加に伴ってじん性が優れ硬度が得られるので，表面硬さが必要なキー，ピン，工具などに用いられている。
(4)　ステンレス鋼は，構造用材料としての使用は少ないが，耐食性が特に問題となる分野で用いられている。

**解答**　**高炭素鋼**は，炭素量の増加に伴ってじん性が小さくなり，硬度が得られるので，表面硬さが必要なキー，ピン，工具などに用いられている。
したがって，(3)は**適当でない。**　**答**　(3)

**3**

鋼材の特性，用途に関する次の記述のうち，**適当でないものはどれか。**

(1) 防食性の高い耐候性鋼材には，ニッケルなどが添加されている。
(2) つり橋や斜張橋のワイヤーケーブルには，軟鋼線材が用いられる。
(3) 表面硬さが必要なキー・ピン・工具には，高炭素鋼が用いられる。
(4) 温度の変化などによって伸縮する橋梁の伸縮継手には，鋳鋼などが用いられる。

**解答** つり橋や斜張橋のワイヤーケーブルには，硬鋼線材が用いられる。
したがって，(2)は**適当でない。** **答** (2)

**4**

「鋼材の種類」と「主な用途」に関する次の組合せのうち，**適当でないものはどれか。**

| | [鋼材の種類] | [主な用途] |
|---|---|---|
| (1) | 棒鋼………………… | 異形棒鋼，丸鋼，PC 鋼棒 |
| (2) | 鋳鉄………………… | 橋梁の伸縮継手 |
| (3) | 線材………………… | ワイヤーケーブル，蛇かご |
| (4) | 管材………………… | 基礎杭，支柱 |

**解答** 鋳鉄は，ダクタイル鋳鉄管として水道本管などに使用される。
したがって，(2)は**適当でない。** **答** (2)

**5**

下図は一般的な鋼材の応力度とひずみの関係を示したものであるが，次の記述のうち，**適当でないものはどれか。**

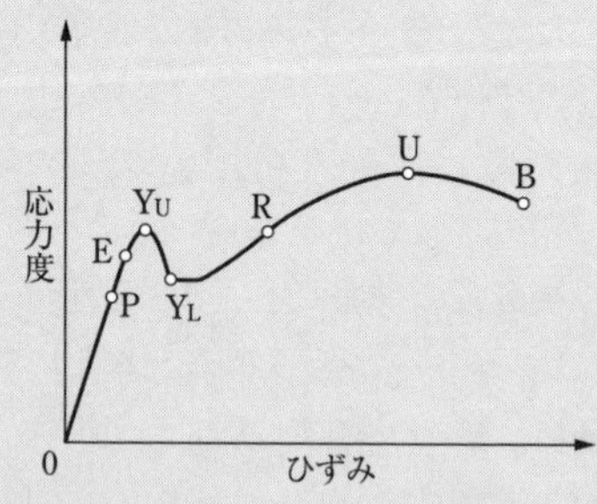


(1) 点Ｐは，応力度とひずみが比例する最大限度という。
(2) 点Ｅは，弾性変形をする最大限度という。
(3) 点Ｂは，最大応力度の点という。
(4) 点 Yu は，応力度が増えないのにひずみが急激に増加しはじめる点という。

**解答** 点Bは，破断する点という。

したがって，(3)は**適当でない**。 **答** (3)

**6** 鋼材に関する下記の文章の［　　］中の(イ)～(ニ)に当てはまる適切な語句として，次の組合せのうち**適当なもの**はどれか。

炭素鋼は，炭素を3.0～5.0%含んだ銑鉄からリンや硫黄などの不純物を取り除き，炭素を0.008～2.0%にしたもので，展性・延性に富み加工性が優れている。しかし，炭素量が［(イ)］なると引張強さ・硬さが増加し，展性・延性が［(ロ)］なる。

炭素鋼の種類は，炭素の含有量により，低炭素鋼(0.30%以下)，中炭素鋼(0.30～0.50%)，高炭素鋼(0.50%以上)に分けられる。このうち，［(ハ)］はピン・軸・工具等の鋼材として，［(ニ)］は橋梁・建築等の一般鋼材として用いられる。

| | (イ) | (ロ) | (ハ) | (ニ) |
|---|---|---|---|---|
| (1) | 多く | 小さく | 低炭素鋼 | 高炭素鋼 |
| (2) | 多く | 小さく | 高炭素鋼 | 低炭素鋼 |
| (3) | 少なく | 大きく | 低炭素鋼 | 高炭素鋼 |
| (4) | 少なく | 大きく | 高炭素鋼 | 低炭素鋼 |

**解答** 炭素鋼は，炭素量が［(イ) 多く］なると引張強さ・硬さが増加し，展性・延性が［(ロ) 小さく］なる。

炭素鋼のうち，［(ハ) 高炭素鋼］はピン・軸・工具等の鋼材として，［(ニ) 低炭素鋼］は橋梁・建築等の一般鋼材として用いられる。

したがって，(2)は**適当である**。 **答** (2)

## 試験によく出る重要事項

### 鋼材の性質・特性

a．低炭素鋼：橋梁・建築等の一般鋼材。冷間加工性，溶接性がよい。

b．高炭素鋼：高強度，低靭性。焼入れで硬化性がさらに大きくなる。

c．ステンレス鋼：さびにくくするために，鉄・クロム・ニッケルを混合した合金鋼。

d．耐候性鋼；表面に緻密なさび(保護性さび・安定さび)を形成させ，塗装せずにそのまま使用できるようにした合金鋼。

e．応力―ひずみ曲線；比例限度→弾性限度→上降伏点→下降伏点→引張強さ→破断　の順に変化する。

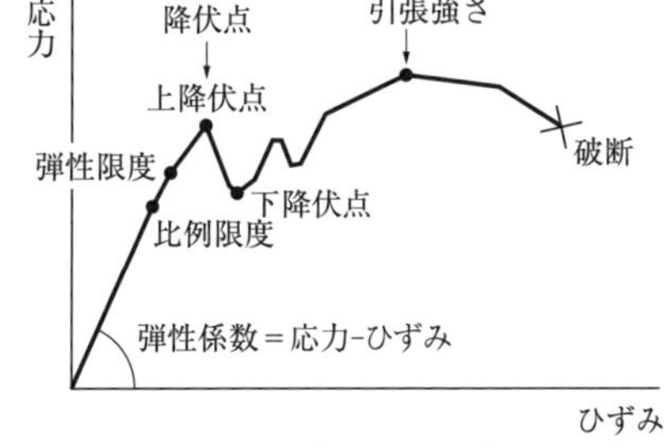

応力-ひずみ曲線(軟鋼)

## 2-1 専門土木 構造物 鋼橋の架設工法と特徴 ★★★

**フォーカス** ベント式工法・ケーブルクレーン工法など，過去の問題に出てきた架設工法の概要と採用の条件を覚えておく。

**7** 鋼道路橋の「架設工法」と「架設方法」に関する次の組合せのうち，**適当でないもの**はどれか。

| [架設工法] | [架設方法] |
|---|---|
| (1) 片持式工法……… | 隣接する場所であらかじめ組み立てた橋桁を手延べ機で所定の位置に押し出して架設する。 |
| (2) ケーブルクレーン工法……… | 鉄塔で支えられたケーブルクレーンで桁をつり込んで受ばり上で組み立てて架設する。 |
| (3) 一括架設工法……… | 組み立てられた橋梁を台船で現場までえい航し，フローティングクレーンでつり込み架設する。 |
| (4) ベント式工法……… | 橋桁部材を自走クレーン車などでつり上げ，ベントで仮受けしながら組み立てて架設する。 |

**解答** 片持式工法は，側径間等をアンカー支間とし，トラベラクレーンで，中央径間を順次片持ち架設する。(1)の架設方法の説明は，押し出し工法である。したがって，(1)は**適当でない**。 **答** (1)

**8** 鋼道路橋の架設工法に関する次の記述のうち，**適当なもの**はどれか。

(1) クレーン車によるベント式架設工法は，橋桁をベントで仮受けしながら部材を組み立てて架設する工法で，自走クレーン車が進入できる場所での施工に適している。

(2) フローティングクレーンによる一括架設式工法は，船にクレーンを組み込んだ起重機船を用いる工法で，水深が深く流れの強い場所の架設に適している。

(3) ケーブルクレーン工法は，鉄塔で支えられたケーブルクレーンで橋桁をつり込んで架設する工法で，市街地での施工に適している。

(4) 送出し工法は，すでに架設した桁上に架設用クレーンを設置して部材をつりながら片持ち式に架設する工法で，桁下の空間が使用できない場合に適している。

**解 答**　(2)　フローティングクレーンによる一括架設式工法は，船にクレーンを組み込んだ起重機船を用いる工法で，水深が深く流れの弱い場所の架設に適している。

(3)　ケーブルクレーン工法は，鉄塔で支えられたケーブルクレーンで橋桁をつり込んで架設する工法で，峡谷などでの施工に適している。

(4)　片持式工法は，すでに架設した桁上に架設用クレーンを設置して部材をつりながら片持ち式に架設する工法で，桁下の空間が使用できない場合に適している。

(1)は，記述のとおり**適当である**。　**答**　(1)



**9**　鋼橋の架設工法に関する次の記述のうち，**適当でないもの**はどれか。

(1)　クレーン車によるベント式架設工法は，自走式クレーン車で橋桁をつり上げて所定の位置に架設するもので，自走式クレーン車が進入でき，桁下にベントを設置できる場合などに用いられる。

(2)　手延桁による押出し工法は，エレクションガーダーと呼ばれる架設用の桁に部材をつり下げ所定の位置に押し出すもので，桁下の空間が利用できない場合に用いられる。

(3)　ケーブルクレーンによる直吊り工法は，部材をケーブルクレーンでつり込み，受けばり上で組み立てて架設するもので，深い谷間でベントが設置できない場合などに用いられる。

(4)　トラベラークレーンによる片持ち式架設工法は，すでに架設した桁上に架設用クレーンを設置して部材をつり上げながら架設するもので，桁下の空間が利用できない場合に用いられる。

**解 答**　手延桁による押出し工法は，**手延機**と呼ばれる架設用の桁に部材を**接続**し所定の位置に押し出すもので，桁下の空間が利用できない場合に用いられる。

したがって，(2)は**適当でない**。　**答**　(2)

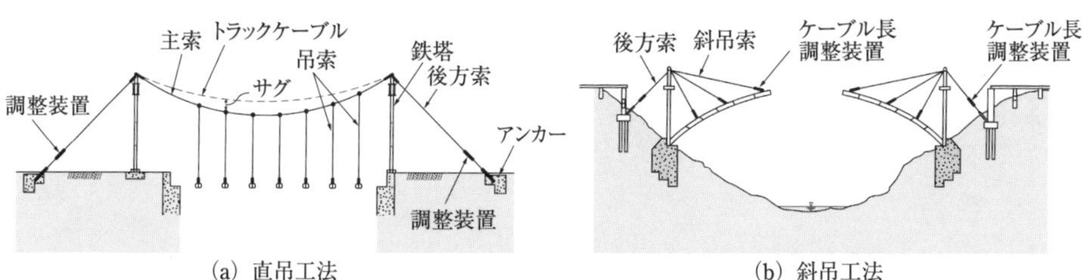


ケーブルクレーン工法(例)

**10** 鋼道路橋の架設工法に関する次の記述のうち，市街地や平坦地で桁下空間が使用できる現場において用いる工法として**適当なもの**はどれか。

(1) トラベラークレーンによる片持ち式工法
(2) 自走クレーン車によるベント式工法
(3) フローティングクレーンによる一括架設工法
(4) ケーブルクレーンによる直吊り工法

**解答** (1) トラベラークレーンによる片持ち式工法は，河川などの部分の架設に用いられる。

(3) フローティングクレーンによる一括架設工法は，河口部・海上など，水上を利用できる部分に用いられる。

(4) ケーブルクレーンによる直吊り工法は，谷・渓谷などを渡す架設に用いられる。

(2)は，記述の通り**適当である**。 **答** (2)

**11** 鋼橋の架設工法に関する次の記述のうち，**適当でないもの**はどれか。

(1) ケーブルクレーン架設工法は，ケーブルクレーンを用い橋桁の部材を吊り込み架設する。
(2) フローティングクレーンによる一括架設工法は，組み立てられた橋桁を起重機船でつり上げ架設する。
(3) ベント式架設工法は，桁下に仮設の支柱を利用して橋桁を組み立てながら架設する。
(4) トラベラークレーンによる片持ち式架設工法は，既に架設した橋桁上に架設桁を連結し，その部材を送り出して架設する。

**解答** トラベラークレーンによる片持ち式架設工法は，既に架設している桁部分をカウンターウエイトとし，架設しようとする桁を先端に継ぎ足して逐次はね出していく工法である。

したがって，(4)は**適当でない**。 **答** (4)

## 試験によく出る重要事項

### 鋼橋架設工法の概要

a．片持式工法：既設の桁部分をカウンターウエイトとして，桁を先端に逐次継足していく工法。

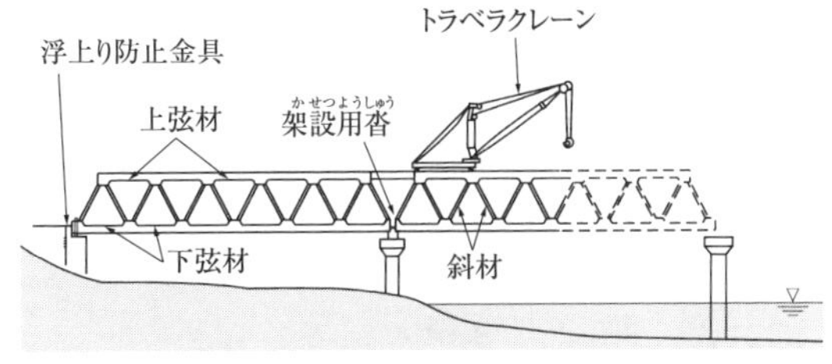

トラス橋の片持式工法

b．ケーブル式架設工法：橋桁をケーブル・鉄塔などの支持設備で支えながら架設する方法。

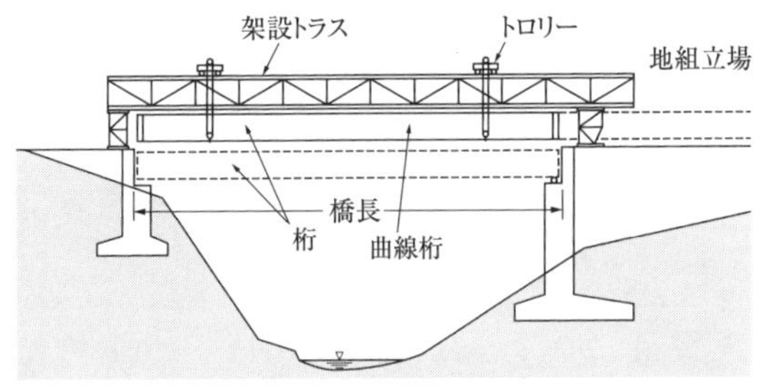

架設桁（トラス）工法

c．ベント式架設工法：橋桁部材をベントで直接支えながら組み立てる方法。架設管理が容易である。桁下にベントを設置できる空間等がある場合に用いる。

d．フローティングクレーンによる一括架設工法：起重機船によって，橋梁を一括して吊り上げて架設する工法。

e．引き出し式架設工法：手延べ機を連結して架設する方法は手延機工法・送り出し工法・押出し工法ともいう。

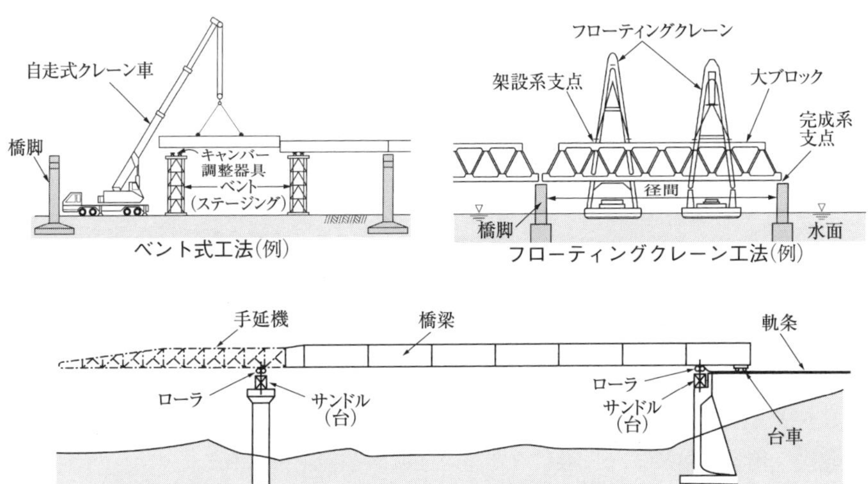

ベント式工法（例）

フローティングクレーン工法（例）

送り出し（押出し・引き出し）工法

## 2-1 専門土木 構造物 鋼材の溶接 ★★★

**フォーカス** 鋼材の溶接は，のど厚・有効長などの意味や，開先溶接(グルーブ溶接)，および，すみ肉溶接の記号の見方を覚えておく。溶接記号は，共通工学の分野でも出題されるので，併せて過去問で演習しておく。

**12** 鋼橋の溶接接合に関する次の記述のうち，**適当でないものはどれか。**

(1) 溶接の始端と終端部分は，溶接の乱れを取り除くためにスカラップを取り付けて溶接する。

(2) 溶接を行う部分は，溶接に有害な黒皮，さび，塗料，油などを除去する。

(3) 溶着金属の線が交わる場合は，応力の集中を避けるため，片方の部材に扇状の切欠きを設ける。

(4) 軟鋼用被覆アーク溶接棒は，吸湿がはなはだしいと欠陥が生じるので十分に乾燥させる。

**解 答** 溶接の始端と終端部分は，溶接の乱れを取り除くためにエンドタブを取り付けて溶接する。

したがって，(1)は**適当**でない。 **答** (1)

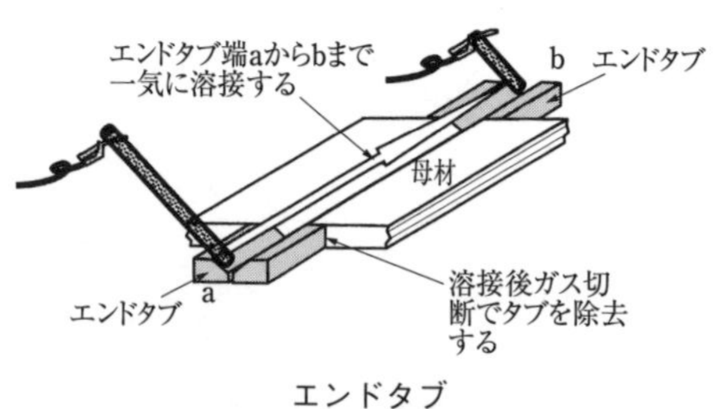

エンドタブ

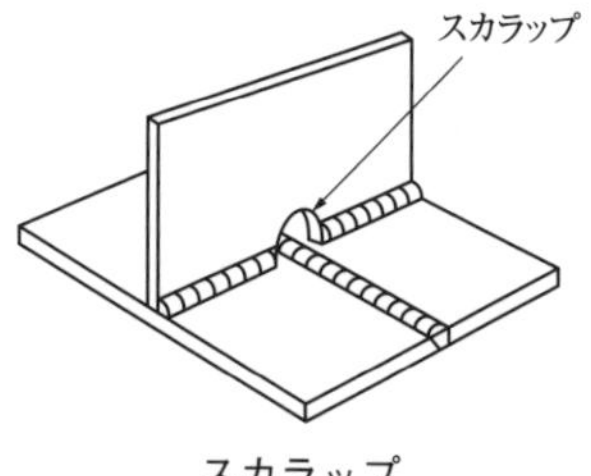

スカラップ

**13** 鋼橋の溶接に関する次の記述のうち，**適当でないものはどれか。**

(1) グルーブ溶接は,溶接する部分を加工してすきまをつくり溶接する継手である。

(2) 橋梁の溶接は，一般にスポット溶接が多く用いられる。

(3) すみ肉溶接には，重ね継手とT継手がある。

(4) 溶接部の強さは，溶着金属部ののど厚と有効長によって求められる。

**解 答** 橋梁の溶接は，一般にグルーブ溶接が多く用いられる。

したがって，(2)は**適当**でない。 **答** (2)

**14**　鋼橋の溶接継手に関する次の記述のうち，**適当でないもの**はどれか。

(1)　溶接を行う部分には，溶接に有害な黒皮，さび，塗料，油などがあってはならない。
(2)　応力を伝える溶接継手には，開先溶接又は連続すみ肉溶接を用いなければならない。
(3)　溶接継手の形式には，突合せ継手，十字継手などがある。
(4)　溶接を行う場合には，溶接線近傍を十分に湿らせてから行う。

**解答**　溶接を行う場合には，溶接線近傍を十分に乾燥させてから行う。
したがって，(4)は**適当でない**。　**答**　(4)

専門土木

## 試験によく出る重要事項

### 溶　接

① 開先溶接(グルーブ溶接)：溶接する部分にすきま(開先)をつくり，溶接する。
② 被覆アーク溶接棒：乾燥・吸湿しないように保管・管理する。
③ 溶接姿勢：下向き姿勢で行うと，溶接中の溶融プールが流れ落ちる危険性が少ない。
④ 溶接部の強さ：のど厚と有効長によって決まる。

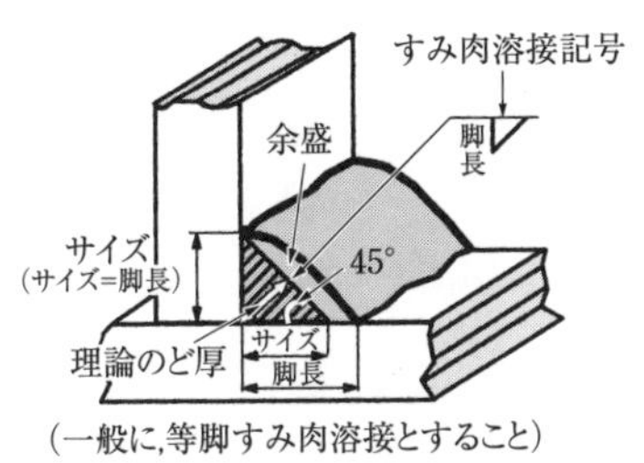

すみ肉溶接(T 継手)

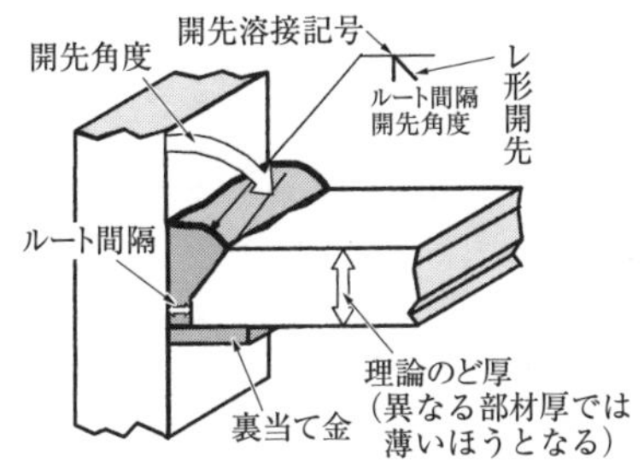

開先溶接(グルーブ溶接)――レ形開先の例

| 2-1 | 専門土木 | 構造物 | ボルト接合 | ★★ |
|---|---|---|---|---|

**フォーカス** ボルト接合は，締付順序や締付方法，検査の名称，トルシア形高力ボルトなどについて，基本的事項を覚えておく。

**15** 鋼道路橋に用いる高力ボルトに関する次の記述のうち，**適当でないもの**はどれか。

(1) 高力ボルト摩擦接合は，高力ボルトの締付けで生じる部材相互の摩擦抵抗で応力を伝達する。
(2) 高力ボルトの締付けは，各材片間の密着を確保し，十分な応力の伝達がなされるように行う。
(3) 高力ボルトの締付けは，継手の端部から順次中央のボルトに向かって行う。
(4) 高力ボルト摩擦接合による継手は，重ね継手と突合せ継手がある。

**解答** 高力ボルトの締付けは，中央のボルトから順次端部に向かって行う。
したがって，(3)は**適当でない**。 **答** (3)

**16** 鋼道路橋における高力ボルトの締付けに関する次の記述のうち，**適当でないもの**はどれか。

(1) ボルト軸力の導入は，ナットを回して行うのを原則とする。
(2) ボルトの締付けは，各材片間の密着を確保し，応力が十分に伝達されるようにする。
(3) トルシア形高力ボルトの締付けは，本締めにインパクトレンチを使用する。
(4) ボルトの締付けは，設計ボルト軸力が得られるように締め付ける。

**解答** トルシア形高力ボルトの締付けは，本締めにシャーレンチを使用する。
したがって，(3)は**適当でない**。 **答** (3)

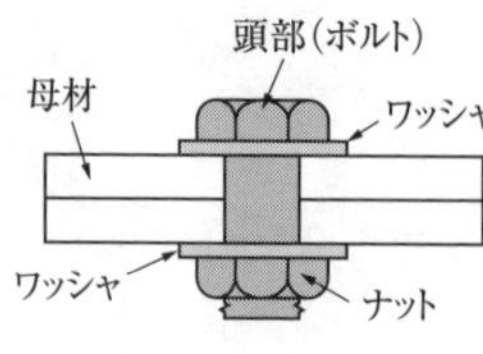

(a) 高力ボルト

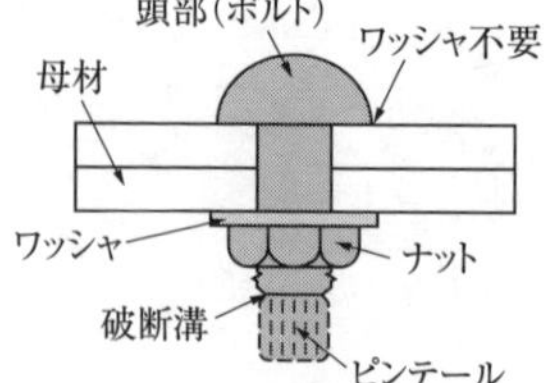

(b) トルシア形高力ボルト

**17** 鋼道路橋に高力ボルトを使用する際の確認する事項に関する次の記述のうち，**適当でないものはどれか。**

(1) 鋼材隙間の開先の形状

(2) 高力ボルトの等級と強さ

(3) 摩擦面継手方法

(4) 締め付ける鋼材の組立形状

**解答** 鋼材隙間の開先の形状は，溶接接合を行う際の確認事項である。
したがって，(1)は**適当でない。** **答** (1)

**18** 鋼橋のボルトの締付けに関する次の記述のうち，**適当でないものはどれか。**

(1) ボルトの締付けにあたっては，設計ボルト軸力が得られるように締付ける。

(2) ボルトの締付けは，各材片間の密着を確保し，十分な応力を伝達させるようにする。

(3) ボルト軸力の導入は，ボルトの頭部を回して行うことを原則とする。

(4) トルシア形高力ボルトを使用する場合は，本締めに専用締付け機を使用する。

**解答** ボルト軸力の導入は，ナットを回して行うことを原則とする。
したがって，(3)は**適当でない。** **答** (3)

## 試験によく出る重要事項

### ボルト接合

a．ボルト接合の接触面の表面処理：接触面を塗装しない場合は，黒皮を除去して粗面とし，接触面の浮錆びや油・泥などを除去する。塗装する場合は，厚膜型無機ジンクリッチペイントを用いる。

b．肌すき処理：肌すきとは，異なる板厚の接合で生じるすき間のことをいう。肌すきは，応力の伝達や防錆・防食上好ましくないので，右図に示すテーパーやフイラーを取り付ける。

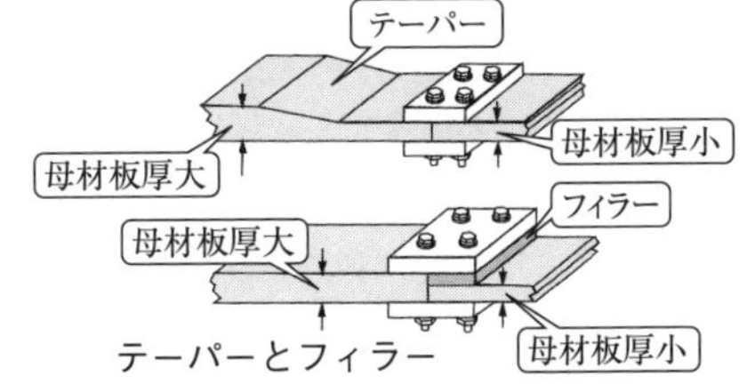

テーパーとフィラー

c．高力ボルトの締付け順序：ボルト群の中央から端部に向かつて締め付ける。

## 2-1 専門土木 構造物 コンクリートの耐久性・劣化対策 ★★★

**フォーカス** コンクリートの耐久性は，毎年出題されている。中性化・凍害・塩害などの劣化について，その要因と対策を理解しておく。



**19** コンクリート構造物の耐久性を向上させる対策に関する次の記述のうち，**適当でないものはどれか。**

(1) 塩害対策として，速硬エコセメントを使用する。
(2) 塩害対策として，水セメント比をできるだけ小さくする。
(3) 凍害対策として，吸水率の小さい骨材を使用する。
(4) 凍害対策として，AE 剤を使用する。

**解答** 塩害対策として，高炉セメントＢ種を使用する。
したがって，(1)は**適当でない。** **答** (1)

**20** 耐久性の優れたコンクリート構造物をつくるための対策に関する次の記述のうち，**適当でないものはどれか。**

(1) 凍害に関する対策のひとつとしては，コンクリート中の空気量を 6%程度にする。
(2) 塩害に伴う鉄筋腐食に関する対策のひとつとしては，水セメント比が大きいコンクリートを使用する。
(3) 化学的侵食に関する対策のひとつとしては，かぶりを厚くする。
(4) アルカリシリカ反応に関する対策のひとつとしては，高炉セメントＢ種を使用する。

**解答** 塩害に伴う鉄筋腐食に関する対策のひとつとしては，水セメント比が小さいコンクリートを使用する。
したがって，(2)は**適当でない。** **答** (2)

**21** 耐久性・水密性に優れたコンクリート構造物をつくるための対策に関する次の記述のうち，**適当でないものはどれか。**

(1) 化学的侵食対策として，かぶりを大きくする。
(2) 塩害対策として，かぶりを大きくする。
(3) アルカリ骨材反応対策として，水セメント比を小さくする。
(4) 水密性対策として，水セメント比を小さくする。

**解答** アルカリ骨材反応対策では，水セメント比は関係ない。

したがって，(3)は**適当でない**。 **答** (3)

**22** コンクリート構造物の劣化現象に関する次の記述のうち，**適当でないもの**はどれか。

(1) アルカリシリカ反応は，コンクリートのアルカリ性が空気中の炭酸ガスの浸入などにより失われていく現象である。

(2) 塩害は，コンクリート中に浸入した塩化物イオンが鉄筋の腐食を引き起こす現象である。

(3) 凍害は，コンクリートに含まれる水分が凍結し，氷の生成による膨張圧などによりコンクリートが破壊される現象である。

(4) 化学的侵食は，硫酸や硫酸塩などによりコンクリートが溶解する現象である。

**解答** (1) コンクリートのアルカリ性が空気中の炭酸ガスの浸入などにより失われていく現象は，中性化である。

したがって，(1)は**適当でない**。 **答** (1)

**23** コンクリート構造物の耐久性を向上させる対策に関する次の記述のうち，**適当でないもの**はどれか。

(1) 凍結融解に対する抵抗性を向上させるために，AE 剤を用いる。

(2) 塩害対策として，鉄筋のかぶりを大きくとる。

(3) アルカリシリカ反応対策として，高炉セメント B 種を使用する。

(4) 耐久性を高めるために，吸水率の大きい骨材を使用する。

**解答** 耐久性を高めるために，吸水率の小さい骨材を使用する。

したがって，(4)は**適当でない**。 **答** (4)

**24** コンクリートの劣化機構とその要因の組合せのうち，**適当でないもの**はどれか。

| | [劣化機構] | [劣化要因] | | [劣化機構] | [劣化要因] |
|---|---|---|---|---|---|
| (1) | 凍害 | 凍結融解作用 | (3) | 中性化 | 二酸化炭素 |
| (2) | 化学的侵食 | 反応性骨材 | (4) | 塩害 | 塩化物イオン |

**解答** 化学的侵食とは，コンクリート構造物が化学物質の作用によって腐食し，健全な機能を失うこと。反応性骨材は，骨材がコンクリート中のアルカリと化学反応して異常に膨張し，コンクリートのひび割れなどを起こす。

したがって，(2)は**適当でない**。 **答** (2)

試験によく出る重要事項

## コンクリートの劣化と対策

a．耐久性の照査項目(コンクリート標準示方書による)：①コンクリートの中性化に伴う鋼材腐食，②塩害，③アルカリ骨材反応，④凍害，⑤化学的侵食。



b．コンクリートの中性化：空気中の二酸化炭素で，コンクリートが中性化する現象。中性化によって内部の鉄筋が腐食し，ひび割れ，かぶりが剥がれるなどの状況が生じる。

対策：水セメント比を50%以下とし，かぶりを30 mm 以上とる。無筋コンクリートは性能に影響がない。

c．塩害(塩化物イオンの侵入)：海岸付近などの構造物が，塩化物イオンの侵入によって鉄筋などが腐食し，コンクリートのひび割れが発生する現象。

対策：水セメント比の小さい，密実なコンクリートとする。かぶりを大きくする。エポキシ樹脂鉄筋の使用，表面被覆，電気防食を行うなど。

d．凍害(凍結融解作用)：コンクリート中の水分が凍結によって膨張し，微細なひび割れやポップアウトなどの状況が発生する。

対策：AE コンクリートとする。必要な品質が得られる最も小さな水セメント比を採用する。

e．化学的侵食：強酸・強アルカリの水などによる侵食で，コンクリートが変質・劣化する現象。

対策：コンクリートの表面被覆，かぶりを大きくする。密実なコンクリートとする。

f．アルカリ骨材反応(アルカリシリカ反応)：骨材のシリカ分が，コンクリートのアルカリ性に反応して膨張し，コンクリートに亀甲状のひび割れ，ゲル化・変色を発生させる現象。

対策：アルカリシリカ反応試験(モルタルバー法・化学法)で区分 A「無害」となった骨材を使う。コンクリート中のアルカリ総量を，酸化ナトリウム換算で 3.0 kg/$m^3$ 以下にする。高炉セメントやフライアッシュセメントを使用する。

# 第2章　河川・砂防

## ●出題傾向分析

**河川**（出題数2問）

| 出題事項 | 設問内容 | 出題頻度 |
|---|---|---|
| 護岸工事 | 護岸各部の名称・機能，施工の留意事項 | 毎年 |
| 河川堤防の施工 | 堤防盛土，材料，基礎工，施工の留意事項 | 毎年 |

**砂防**（出題数2問）

| 出題事項 | 設問内容 | 出題頻度 |
|---|---|---|
| 砂防えん堤 | えん堤各部の機能，施工の留意事項，基礎地盤の処理 | 毎年 |
| 地すべり防止工 | 防止工の種類と概要・特徴，施工の留意事項 | 毎年 |

## ◎学習の指針

1．河川の問題は，堤体の盛土材料の要件，施工の留意事項が高い頻度で出題されている。道路盛土との比較で整理し，覚えておくとよい。

2．堤防各部の名前と機能については，堤内地・堤外地の考え方を踏まえて覚えておく。

3．護岸工事は，根固め工などの構造各部の名称と機能，および施工の留意事項を覚えておく。

4．砂防えん堤では，水通しなどのえん堤各部の名称と機能を覚えておく。施工順序や基礎地盤の処理も，高い頻度で出題されるので覚えておく。

5．地すべり防止工は，抑止工と抑制工の違いと，それぞれの工法の名称と概要を覚えておく。

6．堤防盛土の留意事項は，土工や道路の盛土，施工管理の分野でも出題されるので，注意しておくこと。

## 2-2 専門土木 河川・砂防 護岸各部の構造・機能 ★★★

**フォーカス** 護岸各部の名称・機能の問題は，毎年，出題されている。低水護岸の各部の名称・構造・機能を覚えておく。

**1** 河川護岸の法覆工に関する次の記述のうち，**適当でないものはどれか。**

(1) コンクリートブロック張工は，工場製品のコンクリートブロックを法面に敷設する工法である。

(2) コンクリート法枠工は，法勾配の急な場所では施工が難しい工法である。

(3) コンクリートブロック張工は，一般に法勾配が急で流速の大きい場所では平板ブロックを用いる工法である。

(4) コンクリート法枠工は，法面のコンクリート格子枠の中にコンクリートを打設する工法である。

**解答** コンクリートブロック張工は，一般に法勾配が急で流速の大きい場所では間知ブロックを用いる工法である。

したがって，(3)は**適当でない**。 **答** (3)

**2** 河川護岸に関する次の記述のうち，**適当でないものはどれか。**

(1) 間知ブロックを法覆工として使用する箇所は，法勾配が急な場所である。

(2) コンクリート法枠工は，法勾配が急な場所では施工が難しい。

(3) 石材を用いた護岸の施工方法としては，法勾配が急な場合は石張工，緩い場合は石積工を用いる。

(4) かご系護岸は，屈とう性があり，かつ，空隙があり，覆土による植生の復元も早い。

**解答** 石材を用いた護岸の施工方法としては，法勾配が緩い場合は石張工，急な場合は石積工を用いる。

したがって，(3)は**適当でない**。 **答** (3)

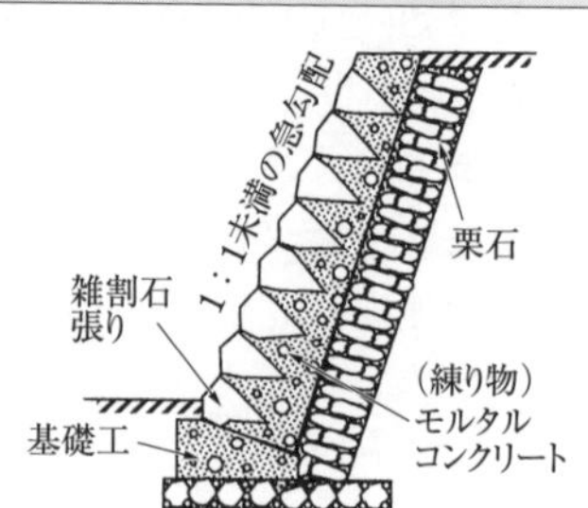


石積工（練石積みの場合）

**3**　河川護岸に関する次の記述のうち，**適当でないもの**はどれか。

(1)　低水護岸の天端保護工は，流水によって護岸の裏側から破壊しないように保護するものである。

(2)　根固工は，法覆工の上下流の端部に施工して護岸を保護し，将来の延伸を容易にするものである。

(3)　基礎工は，法覆工を支える基礎であり，洗掘に対する保護や裏込め土砂の流出を防ぐものである。

(4)　法覆工には，主にコンクリートブロック張工やコンクリート法枠工などがあり，堤防及び河岸の法面を被覆し保護するものである。

**解 答**　根固工は，基礎工前面に施工して河床の洗堀を防ぎ，基礎工・法覆工を保護するものである。設問文はすり付け工の記述である。

したがって，(2)は**適当でない**。　**答**　(2)

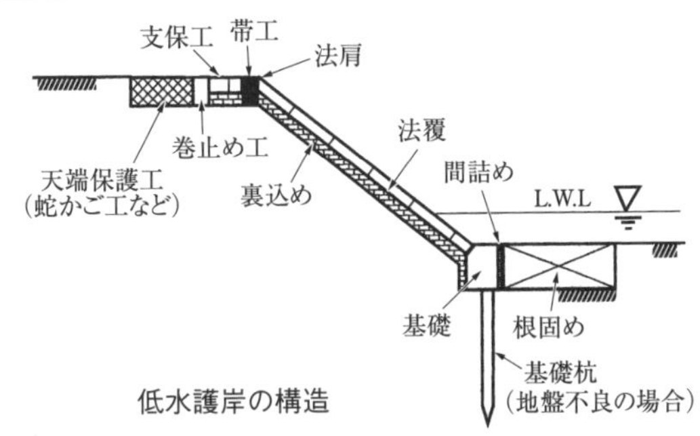


低水護岸の構造

## 試験によく出る重要事項

### 護岸各部の構造・機能

a．**根固工**：基礎工・法覆工を保護する。洗掘に追随できる屈撓（くっとう）性のある構造とする。

b．**基礎工**：計画河床高，または，現況河床高の低いものより低くする。

c．**法覆工**：堤防および河岸が，流水に直接接し，洗掘されるのを防ぐ。

d．**天端保護工**：護岸が，裏側から破壊されるのを防ぐ。

e．**すり付け工**：侵食により，護岸が上下流から破壊されることを防ぐ。

f．**小口止工**：法覆工の上下流端に設置し，護岸を保護する。

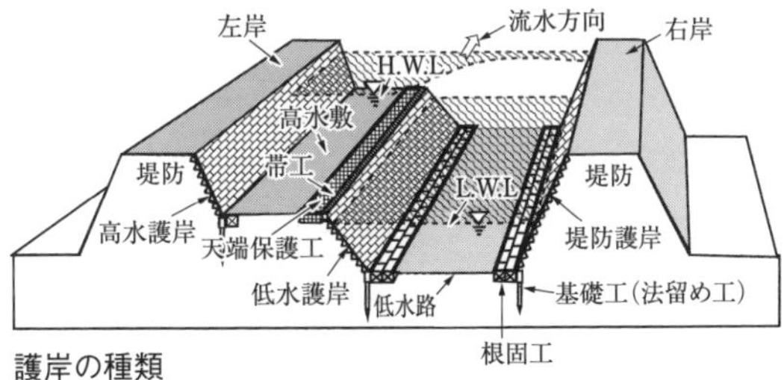


護岸の種類

## 2-2 専門土木 河川・砂防 河川堤防の施工 ★★

**フォーカス** 堤防各部の名称，盛土施工における材料，締固め方法，既設堤防とのすりつけなどについて，過去問から要点を覚えておく。

**4** 河川堤防に用いる土質材料に関する次の記述のうち，**適当なものはどれか。**

(1) 有機物及び水に溶解する成分を含む材料がよい。
(2) 締固めにおいて，単一な粒度の材料がよい。
(3) できるだけ透水性が大きい材料がよい。
(4) 施工性がよく，特に締固めが容易な材料がよい。

**解答** (1) 有機物及び水に溶解する成分を含まない材料がよい。
(2) 締固めにおいて，単一な粒度の材料は避ける。
(3) できるだけ透水性が小さい材料がよい。
(4)は，記述のとおり適当である。

**答** (4)

**5** 河川に関する次の記述のうち，**適当でないものはどれか。**

(1) 河川の流水がある側を堤外地，堤防で守られる側を堤内地という。
(2) 河川において，下流から上流を見て右側を右岸，左側を左岸という。
(3) 堤防の法面は，河川の流水がある側を表法面，その反対側を裏法面という。
(4) 河川堤防の断面で一番高い平らな部分を天端という。

**解答** 河川において，上流から下流を見て右側を右岸，左側を左岸という。したがって，(2)は**適当でない**。

**答** (2)

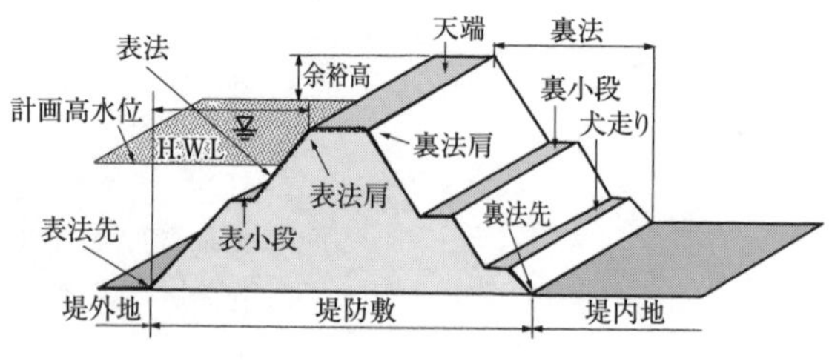


標準的な堤防断面の名称

**6** 河川堤防の施工に関する次の記述のうち，**適当でないもの**はどれか。

(1) 築堤した堤防の法面保護は，一般に草類の自然繁茂により行う。
(2) 腹付けは，旧堤防との接合を高めるために階段状に段切りを行う。
(3) 堤防の基礎地盤が軟弱な場合は，地盤改良などの対策を行う。
(4) 堤防の拡幅の腹付けは，安定している旧堤防の裏法面に行う。

**解 答** 築堤した堤防の法面保護は，一般に芝などの植生工により行う。
したがって，(1)は**適当でない**。 **答** (1)



**7** 河川堤防の施工に関する次の記述のうち，**適当でないもの**はどれか。

(1) 旧堤拡築工事は，かさ上げと腹付けを同時に行うことが多く，腹付けは一般に旧堤防の裏法面に行う。
(2) 河川堤防の工事において基礎地盤が軟弱な場合は，地盤改良を行う。
(3) 築堤した堤防への芝付けは，総芝，筋芝などの種類があるが，総芝は芝を表法面全体に張ったものをいう。
(4) 引堤工事を行った場合の旧堤防は，新堤防が完成後，直ちに撤去する。

**解 答** 引堤工事を行った場合の旧堤防は，新堤防が完成後，直ちに撤去してはいけない。新堤防が安定するまで，通常，3年は新旧を併存させる。
したがって，(4)は**適当でない**。 **答** (4)

**8** 河川堤防に用いる土質材料に関する次の記述のうち，**適当でないもの**はどれか。

(1) 堤体の安定に支障を及ぼすような圧縮変形や膨張性がないものであること。
(2) できるだけ透水性があること。
(3) 有害な有機物及び水に溶解する成分を含まないこと。
(4) 施工性がよく，特に締固めが容易であること。

**解 答** できるだけ透水性がないこと。
したがって，(2)は**適当でない**。 **答** (2)

専門土木

**9** 河川堤防の施工に関する次の記述のうち，**適当でないもの**はどれか。

(1) 堤体盛土の締固め中は，盛土内に雨水の滞水や浸透などが生じないように表面に3～5%程度の横断勾配を設けて施工する。

(2) 既設堤防に腹付けを行う場合は，新旧の法面をなじませるため，階段状に段切りを行って施工する。

(3) 浚渫工事による土を築堤などに利用する場合は，高水敷などに仮置きし，水切りなど十分行った後運搬して締め固める。

(4) 既設堤防に腹付けして堤防断面を大きくする場合は，1層の締固め後の仕上り厚さを50 cmで施工する。

**解答** 既設堤防に腹付けして堤防断面を大きくする場合は，1層の締固め後の仕上り厚さを30 cm以下で施工する。

したがって，(4)は**適当でない**。 **答** (4)

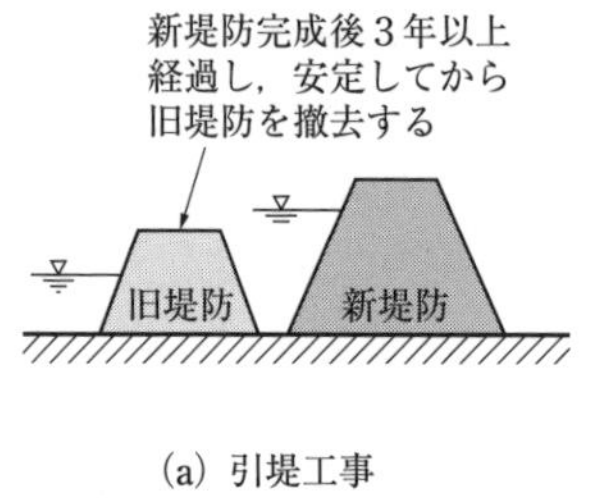

(a) 引堤工事

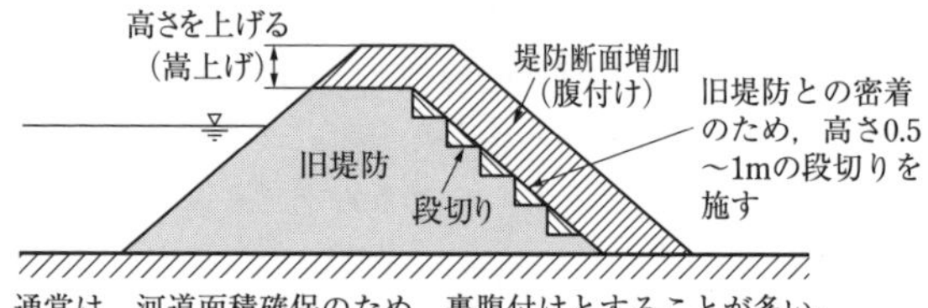

(b) 嵩上げと腹付け工事

築堤工事の種類

試験によく出る重要事項

## 堤防盛土の施工

a．堤防拡築：堤防断面を増加する腹付けは，旧堤防法面部を幅0.5～1.0 mに段切りし，盛り立てる。

b．腹付け：旧堤防の裏法面に行う裏腹付が原則である。

c．締固め：1層の締固め後の仕上り厚さは，30 cm以下。

d．施工中の雨水対策：堤防の横断方向に3～5%程度の排水勾配を設ける。

e．盛土材料：締固めが容易で，高い密度が得られる粒度分布のもの。圧縮変形や膨張性がない，せん断強度が大きいもの。できるだけ不透水性であること。

## 2-2　専門土木　河川・砂防　地すべり防止工　★★★

**フォーカス**　地すべり防止工には，抑制工と抑止工とがある。抑止工の杭工やシャフト工，抑制工の水路工，横ボーリング工，排土工，押え盛土工などについて，工法の概要を覚えておく。

**10**　地すべり防止工の工法に関する次の記述のうち，**適当でないものはどれか。**

(1)　押え盛土工とは，地すべり土塊の下部に盛土を行うことにより，地すべりの滑動力に対する抵抗力を増加させる工法である。
(2)　排水トンネル工とは，地すべり土塊内にトンネルを設け，ここから帯水層に向けてボーリングを行い，トンネルを使って排水する工法である。
(3)　杭工における杭の建込み位置は，地すべり土塊下部のすべり面の勾配が緩やかな場所とする。
(4)　集水井工の排水は，原則として，排水ボーリングによって自然排水を行う。

**解答**　排水トンネル工とは，地すべり土塊下の不動地盤内にトンネルを設け，ここから帯水層に向けてボーリングを行い，トンネルを使って排水する工法である。

したがって，(2)は**適当でない**。　**答**　(2)

**11**　地すべり防止工に関する次の記述のうち，**適当でないものはどれか。**

(1)　抑制工は，地すべりの地形や地下水の状態などの自然条件を変化させることにより，地すべり運動を停止又は緩和させる工法である。
(2)　地すべり防止工では，抑止工，抑制工の順に施工するのが一般的である。
(3)　抑止工は，杭などの構造物を設けることにより，地すべり運動の一部又は全部を停止させる工法である。
(4)　地すべり防止工では，抑止工だけの施工は避けるのが一般的である。

**解答**　地すべり防止工では，抑制工，抑止工の順に施工するのが一般的である。

したがって，(2)は**適当でない**。　**答**　(2)

**12** 地すべり防止工に関する次の記述のうち，**適当でないもの**はどれか。

(1) 杭工とは，鋼管などの杭を地すべり斜面に建込み，斜面の安定性を高めるものである。
(2) シャフト工とは，大口径の井筒を地すべり斜面に設置し，鉄筋コンクリートを充てんして，シャフト(杭)とするものである。
(3) 排土工とは，地すべり頭部に存在する不安定な土塊を排除し，土塊の滑動力を減少させるものである。
(4) 集水井工とは，地下水が集水できる堅固な地盤に，井筒を設けて集水孔などで地下水を集水し，原則としてポンプにより排水を行うものである。

**解答** 集水井工とは，地下水が集水できる堅固な地盤に，井筒を設けて集水孔などで地下水を集水し，原則としてボーリングにより排水を行うものである。
したがって，(4)は**適当でない**。 **答** (4)

**13** 地すべり防止工に関する次の記述のうち，**適当なもの**はどれか。

(1) シャフト工は，地すべり頭部などの不安定な土塊を排除し，土塊の活動力を減少させる工法である。
(2) 杭工は，鋼管などの杭を地すべり土塊の下層の不動土層に打ち込み，斜面の安定を高める工法である。
(3) 横ボーリング工は，地すべり斜面に向かって水平よりやや下向きに施工する。
(4) 水路工は，地すべり地周辺の地表水を速やかに地すべり地内に集水する工法である。

**解答** (1) 排土工は，地すべり頭部などの不安定な土塊を排除し，土塊の活動力を減少させる工法である。
(3) 横ボーリング工は，地すべり斜面に向かって水平よりやや上向きに施工する。
(4) 水路工は，地すべり地内の地表水を速やかに地すべり地外に排水する工法である。
(2)は，記述のとおり**適当である**。 **答** (2)

## 試験によく出る重要事項

### 地すべり防止工

地すべり防止工は，抑制工→抑止工の順に行う。抑止工だけの施工は避ける。

a．抑制工：地すべり発生地の地形，地下水の状態などの自然条件を変え，地すべり運動を停止または緩和させることを目的として行う。

b．抑止工：構造物自体の抑止力により，地すべりの運動を停止させる。

c．杭　工：鋼管などの杭を地すべり面を貫いて不動土塊まで挿入し，斜面の安定度を高める工法。

d．排土工：地すべり頭部などの不安定な土砂を排除する。

e．シャフト工：直径 2.5 ～ 6.5 m 程度の井筒に鉄筋コンクリートを充てんして，抑止杭とする。

f．水路工：地すべり周囲の地表水を速やかに集水し，地すべり地外に排除する。

g．横ボーリング工：帯水層をねらってボーリングを行い，地下水を排除する工法。排水を考えて上向き勾配とする。

h．排水トンネル工：すべり面の下にある安定した土塊にトンネルを設け，ここから滞水層へボーリングを行い，トンネルを使って排水する。

i．グランドアンカー工：地すべり末端部に擁壁を設け，PC 鋼材によるアンカーを取付け，土塊を安定させる。

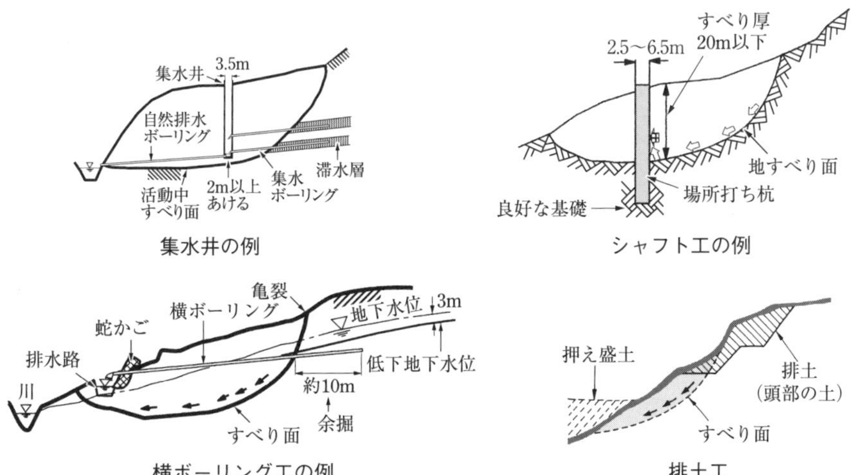


集水井の例

シャフト工の例

横ボーリング工の例

排土工

## 2-2 専門土木 河川・砂防 砂防えん堤 ★★★

フォーカス 砂防えん堤については，各部の名称と機能，施工の順序などを覚えておく。



**14** 砂防えん堤の構造に関する次の記述のうち，**適当でないものはどれか。**

(1) 本えん堤の水通しは，矩形断面とし，本えん堤を越流する流量に対して十分な大きさとする。

(2) 本えん堤の袖は，洪水を越流させないようにするため，両岸に向かって上り勾配とする。

(3) 側壁護岸は，水通しからの落下水が左右の渓岸を侵食することを防ぐための構造物である。

(4) 前庭保護工は，本えん堤を越流した落下水による洗掘を防止するための構造物である。

**解答** 本えん堤の水通しは，台形断面とし，本えん堤を越流する流量に対して十分な大きさとする。

したがって，(1)は**適当でない。** **答** (1)

**15** 砂防えん堤に関する次の記述のうち，**適当でないものはどれか。**

(1) 本えん堤の基礎の根入れは，岩盤では0.5 m以上で行う。

(2) 砂防えん堤は，強固な岩盤に施工することが望ましい。

(3) 本えん堤下流の法勾配は，越流土砂による損傷を避けるため一般に1：0.2程度としている。

(4) 砂防えん堤は，渓流から流出する砂礫の捕捉や調節などを目的とした構造物である。

**解答** 本えん堤の基礎の根入れは，岩盤では1.0 m以上で行う。

したがって，(1)は**適当でない。** **答** (1)

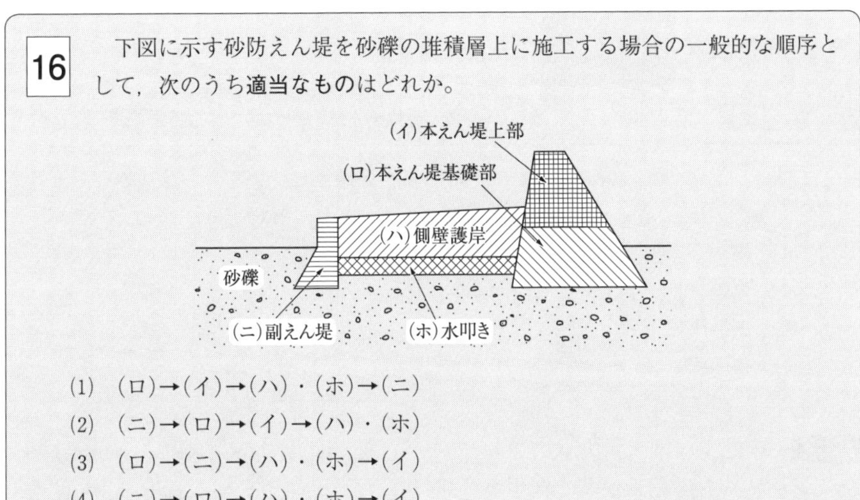

**16**　下図に示す砂防えん堤を砂礫の堆積層上に施工する場合の一般的な順序として，次のうち**適当なもの**はどれか。



(1)　(ロ)→(イ)→(ハ)・(ホ)→(ニ)

(2)　(ニ)→(ロ)→(イ)→(ハ)・(ホ)

(3)　(ロ)→(ニ)→(ハ)・(ホ)→(イ)

(4)　(ニ)→(ロ)→(ハ)・(ホ)→(イ)

**解答**　砂防えん堤の施工は，本えん堤基礎部→副えん堤→側壁護岸・水叩き→本えん堤上部の順に行う。　**答**　(3)

## 試験によく出る重要事項

### 砂防えん堤

a．施工順序：本えん堤基礎部→副えん堤→側壁→水叩き→本えん堤上部。

b．水抜き：堆砂後の浸透水の排除，施工中の流水の切替え。

c．前庭保護工：洗掘防止のために設ける。本えん堤下流部に設ける副えん堤と水叩き側壁護岸などからなる。

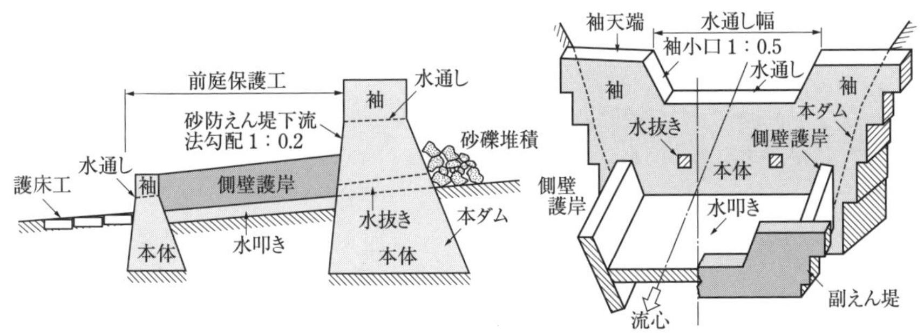



砂防えん堤の構造

| 2-2 | 専門土木 | 河川・砂防 | 渓流保全工 | ★ |
|---|---|---|---|---|

**フォーカス** 渓流保全工では，各部の名称と機能について，概要を覚えておく。

**17** 渓流保全工の床固工として，最も多く採用されているものは次のうちどれか。

(1) 蛇かご床固工
(2) コンクリート床固工
(3) 鋼製床固工
(4) 枠床固工

**解答** 床固工には，重力式のコンクリート床固工が多く採用されている。 **答** (2)

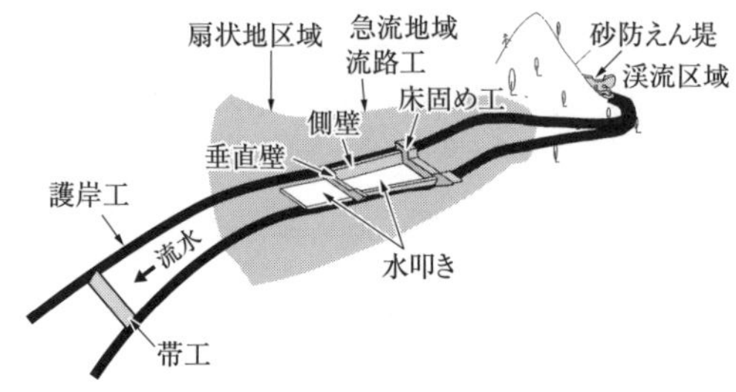


流路工の配置図

**18** 砂防の渓流保全工の施工に関する次の記述のうち**適当でないもの**はどれか。

(1) 渓流保全工は，一般に床固工と護岸工を併用して施工することを原則とする。
(2) 渓流保全工の施工にあたっては，橋梁，配水管等の横断構造物はなるべく少なくする。
(3) 渓流保全工計画区域の下流端には，原則としてえん堤もしくは床固工を施工する。
(4) 渓流保全工は，流路の是正による乱流防止及び縦断勾配の規制による縦・横侵食防止を目的として施工する。

**解答** 渓流保全工計画区域の上流端には，原則としてえん堤もしくは床固工を施工する。

したがって，(3)は**適当でない**。 **答** (3)

# 第３章　道路・舗装

**●出題傾向分析**（出題数４問）

| 出題事項 | 設問内容 | 出題頻度 |
|---|---|---|
| 路床・路盤 | 施工の留意事項，安定処理の概要，施工の留意事項 | ほぼ毎年 |
| 表層・基層 | 温度，敷均し・締固めなどについて，施工の留意事項 | 毎年 |
| プライムコート・タックコート | 種類と目的，撒布量 | 単独または組合せで隔年程度 |
| 各種舗装 | 排水性舗装など，各種舗装の種類と概要 | 数年に１回程度 |
| 破損・補修 | 破損の種類と原因，補修工法名と概要 | ほぼ毎年 |
| コンクリート舗装 | 種類，締固め・仕上など，施工の概要，目地の施工，使用機械と対応作業 | 毎年 |

**◎学習の指針**

1．路床と路盤では，敷均し厚さや締固め機械などについて，施工の概要と留意事項が高い頻度で出題されている。路床・路盤の安定処理工法の名称と概要についても覚えておく。

2．表層・基層は，敷均しから締固め，交通開放までの順序や各段階の温度管理，使用機械などについて，作業の概要と留意事項を覚えておく。

3．プライムコート・タックコートは，使用目的と撒布量を覚えておく。

4．各種舗装は，排水性舗装と透水性舗装について特徴と概要を覚えておく。

5．破損・補修については，アスファルト舗装の破損状況とそれに対する補修工法を覚えておく。

6．コンクリート舗装は，毎年１問出題されている。コンクリート舗装の種類，施工の概要，使用する機械などを覚えておく。

## 2-3 専門土木 道路・舗装 路床の施工 ★★★

フォーカス 路床に関する問題は単独のほか，下層路盤と合わせて出題される。安定処理の方式，1層の仕上がり厚など，施工時の留意事項を覚えておく。



**1** 道路のアスファルト舗装における構築路床の安定処理に関する次の記述のうち，**適当でないもの**はどれか。

(1) 粒状の生石灰を用いる場合は，混合させたのち仮転圧し，ただちに再混合をする。

(2) 安定材の散布に先立って，不陸整正を行い必要に応じて雨水対策の仮排水溝を設置する。

(3) セメント又は石灰などの安定材は，所定量を散布機械又は人力により均等に散布をする。

(4) 混合終了後は，仮転圧を行い所定の形状に整形したのちに締固めをする。

**解答** 粒状の生石灰を用いる場合は，混合させたのち仮転圧して放置し，生石灰の消化を待ってから再混合をする。

したがって，(1)は**適当でない**。 **答** (1)

**2** 道路のアスファルト舗装における路床に関する次の記述のうち，**適当でないもの**はどれか。

(1) 盛土路床の層の敷均し厚さは，仕上り厚で20 cm以下を目安とする。

(2) 切土路床の場合は，表面から30 cm程度以内にある木根や転石などを取り除いて仕上げる。

(3) 構築路床は，交通荷重を支持する層として適切な支持力と変形抵抗性が求められる。

(4) 路床の安定処理は，原則として中央プラントで行う。

**解答** 路床の安定処理は，原則として路上混合方式で行う。

したがって，(4)は**適当でない**。 **答** (4)

**3** 道路のアスファルト舗装の路床・路盤の施工に関する次の記述のうち，**適当でないもの**はどれか。

(1) 下層路盤材料は，粒径が大きいと施工管理が難しいので最大粒径を原則100 mm以下とする。

(2) 路床が切土の場合は，表面から30 cm程度以内にある木根，転石などを取り除いて仕上げる。

(3) 盛土路床の1層の敷き均し厚さは，仕上り厚で20 cm以下を目安とする。

(4) 路上混合方式による石灰安定処理路盤の1層の仕上り厚は，15～30 cmを標準とする。



**解 答** 下層路盤材料は，粒径が大きいと施工管理が難しいので最大粒径を原則50 mm以下とする。

したがって，(1)は**適当でない**。 **答** (1)

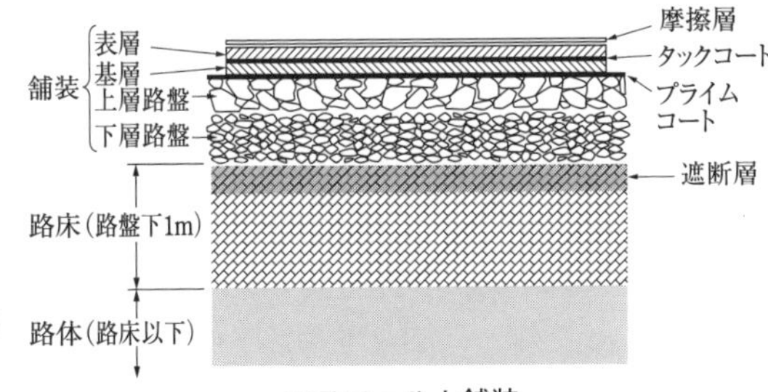


アスファルト舗装

**4** 道路の路床の施工に関する次の記述のうち，**適当でないものはどれか。**

(1) 安定処理工法には，セメントや石灰などの安定材が用いられる。

(2) 路床を盛土する場合には，使用する盛土材の性質をよく把握したうえで，均一に敷均し，締め固める。

(3) 安定処理を行う場合には，原則として中央プラントで混合する。

(4) 盛土の1層の敷均し厚さは，仕上り厚で20 cm以下を目安とする。

**解 答** 路床の安定処理を行う場合には，原則として路上混合方式である。

したがって，(3)は**適当でない**。 **答** (3)

## 試験によく出る重要事項

### 路床の施工

a．路　床：路盤の下，約1 mの土の部分。

b．盛土路床1層の敷均し厚さ：仕上り厚で20 cm以下。

c．安定処理：原則として，路上混合方式。

d．遮断層：路床土の路盤への侵入を防ぐため，路床の上部に砂で設ける。

## 2-3 専門土木 道路・舗装 下層路盤 ★★★

**フォーカス** 下層路盤は，路床と組み合わせた出題もある。粒状路盤，セメント安定処理，石灰安定処理の区別，材料の品質，1層の仕上がり厚などを覚えておく。



**5** 道路のアスファルト舗装の路床及び下層路盤の施工に関する次の記述のうち，**適当でないものはどれか。**

(1) 下層路盤に粒状路盤材料を使用した場合の1層の仕上り厚さは，30 cm 以下とする。

(2) 路床が切土の場合であっても，表面から 30 cm 程度以内にある木根，転石などを取り除いて仕上げる。

(3) 路床盛土の1層の敷均し厚さは，仕上り厚で 20 cm 以下とする。

(4) 下層路盤の粒状路盤材料の転圧は，一般にロードローラと 8 ～ 20 t のタイヤローラで行う。

**解 答** 下層路盤に粒状路盤材料を使用した場合の1層の仕上り厚さは，20 cm 以下とする。

したがって，(1)は**適当でない**。 **答** (1)

**6** アスファルト舗装道路の下層路盤の施工に関する次の記述のうち，**適当でないものはどれか。**

(1) 下層路盤材料は，一般に施工現場近くで経済的に入手できるものを選択し，品質規格を満足するものを用いる。

(2) セメント安定処理工法に用いるセメントは，ポルトランドセメント，高炉セメントなどいずれを用いてもよい。

(3) 粒状路盤の転圧は，材料分離に注意し一般にモーターグレーダとタイヤローラを用いて行う。

(4) 石灰安定処理工法における強度の発現は，セメント安定処理工法に比べて遅いが長期的には耐久性及び安定性が期待できる。

**解 答** 粒状路盤の転圧は，材料分離に注意し一般にロードローラとタイヤローラを用いて行う。

したがって，(3)は**適当でない**。 **答** (3)

**7**　道路舗装の下層路盤に関する次の記述のうち，**適当でないもの**はどれか。

(1)　粒状路盤工法は，クラッシャラン，砂利あるいは砂などを用いる工法である。
(2)　セメント安定処理工法は，路盤の強度を高めるとともに，路盤の不透水性を増し，乾燥，湿潤及び凍結などの気象作用に対して耐久性を向上させる。
(3)　石灰安定処理工法は，セメント安定処理に比べて強度の発現は遅いが，長期的には耐久性及び安定性が期待できる。
(4)　セメント安定処理工法には，普通ポルトランドセメントを使用し，高炉セメントは使用してはならない。



**解答**　セメント安定処理工法では，高炉セメントも使用する。
したがって，(4)は**適当でない**。　**答**　(4)

## 試験によく出る重要事項

### 下層路盤の築造工法

粒状路盤工法，セメント安定処理工法，石灰安定処理工法がある。路上混合方式が一般的。

a．材　料：施工現場近くで経済的に入手できる材料を用いる。
b．粒状路盤工法：クラッシャラン・砂利・砂などを用いる。修正 CBR20% 以上，最大粒径 50 mm 以下。
c．セメント安定処理工法：現地材料に普通ポルトランドセメント・高炉セメントなどを添加して処理する。
d．石灰安定処理工法：現地材料に石灰を添加して処理する。セメント安定処理工法よりも強度の発現は遅いが，長期的には，耐久性・安定性が期待できる。
e．仕上がり厚：1 層の仕上がり厚さは 20 cm 以下。

## 2-3 専門土木 道路・舗装 上層路盤 ★★

**フォーカス** 上層路盤では，粒度調整工法，セメント安定処理工法，石灰安定処理工法，瀝青安定処理工法の概要，及び，材料の品質や1層の仕上がり厚などを理解し，覚えておく。

**8** 道路のアスファルト舗装における上層路盤の施工に関する次の記述のうち，**適当でないものはどれか。**

(1) 加熱アスファルト安定処理は，1層の仕上り厚を10 cm以下で行う工法とそれを超えた厚さで仕上げる工法とがある。

(2) 粒度調整路盤は，材料の分離に留意しながら路盤材料を均一に敷き均し締め固め，1層の仕上り厚は，30 cm以下を標準とする。

(3) 石灰安定処理路盤材料の締固めは，所要の締固め度が確保できるように最適含水比よりやや湿潤状態で行うとよい。

(4) セメント安定処理路盤材料の締固めは，敷き均した路盤材料の硬化が始まる前までに締固めを完了することが重要である。

**解答** 粒度調整路盤は，材料の分離に留意しながら路盤材料を均一に敷き均し締め固め，1層の仕上り厚は，**15 cm**以下を標準とする。

したがって，(2)は**適当でない。** **答** (2)

**9** 道路のアスファルト舗装の上層路盤の施工に関する次の記述のうち，**適当でないものはどれか。**

(1) 瀝青安定処理工法は，骨材に瀝青材料を添加して処理する工法で，平たん性がよく，たわみ性や耐久性に富む特長がある。

(2) 加熱アスファルト安定処理に使用する舗装用石油アスファルトは，通常，ストレートアスファルト60～80又は80～100を用いる。

(3) 粒度調整工法は，良好な粒度になるように調整した骨材を用いる工法で，剛性を有する特長がある。

(4) 粒度調整路盤が1層の仕上り厚さ20 cmを超える場合においては，所要の締固め度が保証される施工方法が確認されていれば，その仕上り厚さを用いてもよい。

**解 答**　粒度調整工法は，良好な粒度になるように調整した骨材を用いる工法で，強度，耐久性を向上させるものであり，剛性としての特長は有しない。
したがって，(3)は**適当でない**。　**答**　(3)

**10**　アスファルト舗装道路の上層路盤工の施工に関する次の記述のうち，**適当でないもの**はどれか。

(1)　加熱アスファルト安定処理には，1層の仕上り厚を10 cm以下で行う工法と，それを超えた厚さで仕上げるシックリフト工法とがある。

(2)　粒度調整路盤の1層の仕上り厚は，20 cm以下を標準とするが，振動ローラを用いる場合は一般に上限を30 cmとしてよい。

(3)　石灰安定処理路盤材料の締固めは，最適含水比よりやや湿潤状態で施工するとよい。

(4)　セメント安定処理路盤の1層の仕上り厚は，10～20 cmを標準とするが，振動ローラを用いる場合は30 cm以下で所要の締固め度が確保できる厚さとしてもよい。

**解 答**　粒度調整路盤の1層の仕上り厚は，15 cm以下を標準とするが，振動ローラを用いる場合は，一般に，上限を20 cmとしてよい。
したがって，(2)は**適当でない**。　**答**　(2)

専門土木

## 試験によく出る重要事項

### 上層路盤の築造工法

中央混合方式が一般的。以下の各工法がある。

a．粒度調整工法：1層の仕上り厚は，15 cm以下を標準とする。振動ローラを用いる場合は，20 cmを上限とする。

b．セメント安定処理工法：1層の仕上り厚は，10～20 cmを標準とする。振動ローラを用いる場合は，25 cmを上限とする。

c．石灰安定処理工法：最適含水比よりやや湿潤状態で締固める。1層の仕上り厚は，10～20 cmを標準とする。振動ローラを用いる場合は，25 cmを上限とする。

d．瀝青安定処理工法：一般工法の1層の仕上がり厚さは，10 cm以下。シックリフト工法では，10 cm以上とする。

## 2-3 専門土木 道路・舗装 アスファルト舗装 ★★★

**フォーカス** アスファルト舗装は，毎年出題されている。転圧順序，アスファルト混合物の温度管理，敷均し・締固め機械の概要などを覚えておく。



**11** 道路のアスファルト舗装の施工に関する次の記述のうち，**適当でないもの**はどれか。

(1) アスファルト混合物の現場到着温度は，一般に140〜150℃程度とする。
(2) 初転圧の転圧温度は，一般に110〜140℃とする。
(3) 二次転圧の終了温度は，一般に70〜90℃とする。
(4) 交通開放の舗装表面温度は，一般に60℃以下とする。

**解答** 交通開放の舗装表面温度は，一般に50℃以下とする。
したがって，(4)は**適当でない**。 **答** (4)

**12** 道路のアスファルト舗装における締固めの施工に関する次の記述のうち，**適当でないもの**はどれか。

(1) 初転圧は，ロードローラへの混合物の付着防止のため，ローラに少量の水を散布する。
(2) 仕上げ転圧は，平坦性をよくするためタンピングローラを用いる。
(3) 二次転圧は，一般にタイヤローラで行うが，振動ローラを用いることもある。
(4) 初転圧は，横断勾配の低い方から高い方向へ一定の速度で転圧する。

**解答** 仕上げ転圧は，平坦性をよくするためロードローラを用いる。
したがって，(2)は**適当でない**。 **答** (2)

**13** 道路のアスファルト舗装の施工に関する次の記述のうち，**適当なもの**はどれか。

(1) 加熱アスファルト混合物は，敷均し後ただちに初転圧，二次転圧，継目転圧，仕上げ転圧の順序で締め固める。
(2) 加熱アスファルト混合物は，基層面や古い舗装面上に舗装をする場合，既設舗装面との付着をよくするためプライムコートを散布する。

(3)　加熱アスファルト混合物は，現場に到着後ただちにブルドーザにより均一な厚さに敷き均す。

(4)　加熱アスファルト混合物は，よく清掃した運搬車を用い，温度低下を防ぐため保温シートなどで覆い品質変化しないように運搬する。

**解 答**　(1)　加熱アスファルト混合物は，敷均し後ただちに継目転圧，初転圧，二次転圧，仕上げ転圧の順序で締め固める。

(2)　加熱アスファルト混合物は，基層面や古い舗装面上に舗装をする場合，既設舗装面との付着をよくするためタックコートを散布する。

(3)　加熱アスファルト混合物は，現場に到着後ただちにアスファルトフィニッシャにより均一な厚さに敷き均す。

(4)は，記述のとおり**適当である**。　**答**　(4)

## 試験によく出る重要事項

### アスファルト舗装

a．転圧順序：継目転圧→初転圧→二次転圧→仕上げ転圧。

b．アスファルト混合物の温度管理

ア．**敷均し温度**…110℃を下回らない。

イ．**初転圧温度**…110～140℃。

ウ．**二次転圧修了温度**…70～90℃。

エ．**交通開放時**…50℃以下。

c．敷均し・締固め機械

ア．**初転圧**…10～12 t のロードローラで2回(1往復)程度行う。

イ．**二次転圧**…8～20 t のタイヤローラで行う。6～10 t の振動ローラを用いてもよい。

ウ．**仕上げ転圧**…タイヤローラあるいはロードローラで2回(1往復)程度行う。

エ．敷均し中に雨が降り始めたときは，作業を中止し，敷均したアスファルト混合物を速やかに締め固める。

d．目地位置：上層と下層の目地を同じ位置にしない。

## 2-3 専門土木 道路・舗装 プライムコート・タックコート ★★★

**フォーカス** プライムコートおよびタックコートは，使用目的，材料名，標準散布量などを覚えておく。



**14** 道路のアスファルト舗装のプライムコート及びタックコートの施工に関する次の記述のうち，**適当でないもの**はどれか。

(1) プライムコートは，新たに舗設する混合物層とその下層の瀝青安定処理層，中間層，基層との接着をよくするために行う。

(2) プライムコートには，通常，アスファルト乳剤(PK 挨 3)を用いて，散布量は一般に 1 ～ 2 $l$/m² が標準である。

(3) タックコートの施工で急速施工の場合，瀝青材料散布後の養生時間を短縮するため，ロードヒータにより路面を加熱する方法を採ることがある。

(4) タックコートには，通常，アスファルト乳剤(PK 挨 4)を用いて，散布量は一般に 0.3 ～ 0.6 $l$/m² が標準である。

**解答** プライムコートは，新たに舗設する混合物層とその下層の瀝青安定処理層，中間層，基層とのなじみをよくするために行う。

したがって，(1)は**適当でない**。 **答** (1)

**15** 道路のアスファルト舗装の瀝青材料に関する次の記述のうち，**適当でないもの**はどれか。

(1) タックコートは，新たに舗設する混合物層と，その下層の瀝青安定処理層との透水性をよくする。

(2) プライムコートは，路盤表面部に散布し，路盤とアスファルト混合物とのなじみをよくする。

(3) プライムコートには，通常，アスファルト乳剤の PK-3 を用いる。

(4) 寒冷期の舗設では，アスファルト乳剤を散布しやすくするために，その性質に応じて加温しておく。

**解答** タックコートは，新たに舗設する混合物層と，その下層の瀝青安定処理層との付着をよくする。

したがって，(1)は**適当でない**。 **答** (1)

**16**　道路のアスファルト舗装におけるプライムコートに関する次の記述のうち，**適当なものはどれか。**

(1)　プライムコートは，基層から水分の蒸発を促進させる効果がある。
(2)　プライムコートを施工後やむを得ず交通解放する場合は，その上に砂を散布してはならない。
(3)　プライムコートは，基層と表層の接着性を高めることを目的としている。
(4)　プライムコートには，一般に，アスファルト乳剤(PK-3)を用いる。



**解 答**　(1)　プライムコートは，路盤から水分の蒸発を遮断させる効果がある。
(2)　プライムコートを施工後やむを得ず交通解放する場合は，その上に砂を散布する。
(3)　プライムコートは，路盤と上層の瀝青層の接着性を高めることを目的としている。基層と表層の接着性を高めることを目的としているものは，タックコートである。
(4)は，記述のとおり**適当である。**　　**答**　(4)

## 試験によく出る重要事項

### プライムコート・タックコート

a．プライムコート
ア．**目　的**…路盤とアスファルト混合物層とのなじみをよくする。路盤からの水分蒸発の防止，降雨による水分の浸透防止。
イ．**材　料**…アスファルト乳剤(PK-3)
ウ．**散布量**…1 $m^2$ あたり 1 ～ 2 $l$。寒冷期の舗設では，加温して散布しやすくする。

b．タックコート
ア．**目　的**…中間層や基層とアスファルト混合物層との付着や，瀝青安定処理層と混合物層との付着をよくする。
イ．**材　料**…アスファルト乳剤(PK-4)
ウ．**散布量**…1 $m^2$ あたり 0.3 ～ 0.6 $l$

## 2-3 専門土木 道路・舗装 補修工法 ★★

フォーカス アスファルト舗装道路の補修工法では，パッチング・オーバーレイ・打換えなど，各工法の概要を理解し，覚えておく。



**17** 道路のアスファルト舗装の補修工法に関する下記の説明文に該当するものは，次のうちどれか。

「不良な舗装の一部分又は全部を取り除き，新しい舗装を行う工法」

(1) オーバレイ工法　(3) 打換え工法
(2) 表面処理工法　(4) 切削工法

解答 不良な舗装の一部分又は全部を取り除き，新しい舗装を行う工法は打換え工法である。 **答** (3)

**18** 道路のアスファルト舗装の補修工法に関する次の記述のうち，**適当でないもの**はどれか。

(1) パッチングは，ポットホール，くぼみの応急的な措置に用いられる。
(2) 局部打換え工法は，既設舗装の破損が局部的に著しいときに路盤から局部的に打ち換える工法である。
(3) 切削工法は，路面の凸部を切削除去し，不陸や段差の解消に用いられる。
(4) わだち部オーバレイ工法は，流動によって生じたわだち掘れ箇所に用いられる。

解答 わだち部オーバレイ工法は，摩耗によって生じたわだち掘れ箇所に用いられる。

したがって，(4)は**適当でない**。 **答** (4)

**19** 道路のアスファルト舗装の補修工法と施工機械との次の組合せのうち，**適当でないもの**はどれか。

| | ［補修工法］ | ［施工機械］ |
|---|---|---|
| (1) | チップシール工法 | 表面処理機械 |
| (2) | オーバーレイ工法 | アスファルトフィニッシャ |
| (3) | 路上表層再生工法 | 路上破砕混合機械 |
| (4) | 線状切削打換え工法 | 線状切削機械 |

解答 路上表層再生工法には，再生用路面ヒータ・路上表層再生機械を用いる。路上破砕混合機械は，路上路盤再生工法に使用する。

したがって，(3)は**適当でない**。 **答** (3)

**20**　アスファルト舗装道路の補修に関する次の記述のうち，**適当でないもの**はどれか。

⑴　路面のたわみが大きい場合は，路床，路盤などを開削して調査し，その原因を把握したうえで補修工法の選定を行う。

⑵　ひび割れの程度が大きい場合は，路床，路盤の破損の可能性が高いので，一般に打換え工法よりもオーバーレイ工法を選定する。

⑶　切削工法は，路面の凸部などを切削し，不陸や段差を解消する工法である。

⑷　表面処理工法は，既設舗装の表面に薄い封かん層を設ける工法である。

**解 答**　ひび割れの程度が大きい場合は，路床，路盤の破損の可能性が高いので，一般に打換え工法を選定する。オーバーレイ工法は採用しない。

したがって，⑵は**適当でない**。　**答**　⑵

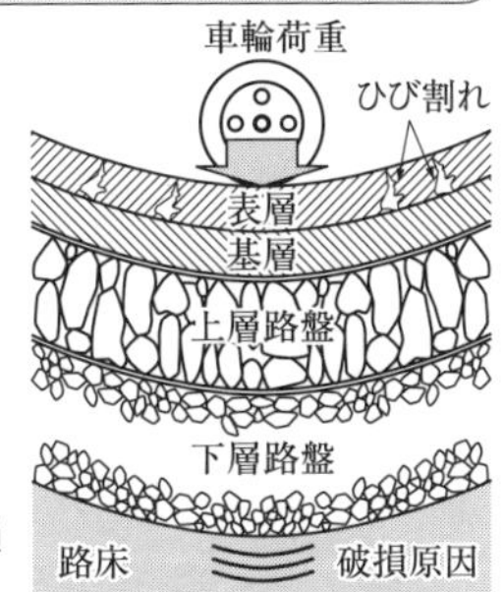

構造的な破損

## 試験によく出る重要事項

### アスファルト舗装補修工法

a．**打換え工法**：既設舗装を打ち換える。状況により，路床の入れ換えと路床または路盤の安定処理まで行う。

b．**表層・基層の打換え工法**：流動によるわだち掘れが大きい場合に，その原因となっている層を除去し，打換える。

c．**オーバーレイ工法**：既設舗装の上に，厚さ3 cm以上の加熱アスファルト混合物層を舗設する。

d．**切削工法**：路面の凸部等を切削除去し，不陸や段差を消去する。

e．**シール材注入工法**：比較的幅の広いひび割れに注入目地材等を充てんする。

f．**表面処理工法**：既設舗装の上に加熱アスファルト混合物以外の材料を使用して，3 cm未満の封かん層を設ける。

g．**パッチングおよび段差すり付け工法**：小穴（ポットホール）・くぼみ・段差などを応急的に充てんする。

## 2-3 専門土木 道路・舗装 アスファルト舗装の破損 ★★★

フォーカス アスファルト舗装の破損原因などの概要を覚える。補修工法との対比で覚えておくとよい。



**21** 道路のアスファルト舗装の破損に関する次の記述のうち，**適当でないもの**はどれか。

(1) 交差点部の道路縦断方向の凹凸は，走行車両の繰返しの制動，停止により発生する。

(2) 亀甲状のひび割れは，路床・路盤の支持力低下により発生する。

(3) ヘアクラックは，転圧温度の高過ぎ，過転圧などにより主に表層に発生する。

(4) わだち掘れは，表層と基層の接着不良により走行軌跡部に発生する。

**解答** わだち掘れは，表層混合物の塑性流動などにより走行軌跡部に発生する。
したがって，(4)は**適当でない**。 **答** (4)

**22** 道路のアスファルト舗装の破損に関する次の記述のうち，**適当でないもの**はどれか。

(1) 線状ひび割れは，長く生じるひび割れで路盤の支持力が不均一な場合や舗装の継目に生じる。

(2) ヘアクラックは，規則的に生じる比較的長いひび割れで主に表層に生じる。

(3) 縦断方向の凹凸は，道路の延長方向に比較的長い波長の凹凸でどこにでも生じる。

(4) わだち掘れは，道路横断方向の凹凸で車両の通過位置が同じところに生じる。

**解答** ヘアクラックは，幅 1 mm 程度の比較的短いひび割れで主に表層に生じる。
したがって，(2)は**適当でない**。 **答** (2)

### 試験によく出る重要事項

**破損の種類と主な原因**

a．線状ひび割れ：施工不良，切盛境の不等沈下，基層・路盤のひび割れ。

b．ポットホール：混合物の品質不良・転圧不足。

c．わだち掘れ：過大な大型車通行，混合物の品質不良。

## 2-3 専門土木 道路・舗装 各種舗装 ★★

**フォーカス** 排水舗装などの各種舗装について，種類と概要を覚えておく。

**23** 道路のアスファルト舗装の破損に関する次の記述のうち，**適当でないもの**はどれか。

(1) 路床・路盤の支持力低下や沈下及び混合物の劣化や老化により，亀甲状ひび割れが発生することがある。

(2) 表層と基層の接着不良などにより，交差点手前などに波長の長い道路縦断方向の凹凸が発生することがある。

(3) 路床・路盤の沈下や表層混合物の塑性流動などにより，走行軌跡部にわだち掘れが発生することがある。

(4) 初転圧時の混合物の過転圧などにより，おもに表層にヘアクラックが発生することがある。

**解 答** 表層と基層の接着不良などにより，交差点手前などに波長の短い道路縦断方向の凹凸が発生することがある。

したがって，(2)は**適当でない**。 **答** (2)

**24** 道路の排水性舗装に関する次の記述のうち，**適当でないもの**はどれか。

(1) 排水性混合物の仕上げ転圧には，タイヤローラを使用することにより，表面のきめを整え混合物の飛散を防止する効果が期待できる。

(2) 排水性混合物は，温度の低下が通常の混合物よりも早いため，敷均し作業はできるだけ速やかに行う。

(3) タックコートには，ゴム入りアスファルト乳剤を使用してはならない。

(4) 複数車線を1車線ずつ切削オーバーレイする場合は，切削くずで既設の排水機能層を，空隙づまりさせないように施工する。

**解 答** 排水性舗装のようなポーラスアスファルト混合物の舗設などで層間の接着力を高める場合は，ゴム入りアスファルト乳剤を使用する。

したがって，(3)は**適当でない**。 **答** (3)

## 2-3 専門土木 道路・舗装 コンクリート舗装 ★★★

**フォーカス** コンクリート舗装では，普通コンクリート舗装・連続鉄筋コンクリート舗装・転圧コンクリート舗装・プレキャストコンクリート舗装の，それぞれの違いや表面仕上げの順序，施工の留意事項などを理解し，覚えておく。



**25** 道路の普通コンクリート舗装に関する次の記述のうち，**適当でないものは**どれか。

(1) コンクリート舗装は，コンクリートの曲げ抵抗で交通荷重を支えるので剛性舗装ともよばれる。

(2) コンクリート舗装は，施工後，設計強度の50%以上になるまで交通開放しない。

(3) コンクリート舗装は，路盤の厚さが30 cm以上の場合は，上層路盤と下層路盤に分けて施工する。

(4) コンクリート舗装は，車線方向に設ける縦目地，車線に直交して設ける横目地がある。

**解答** コンクリート舗装は，施工後，設計強度の70%以上になるまで交通開放しない。

したがって，(2)は**適当でない**。 **答** (2)

**26** 道路のコンクリート舗装の施工で用いる「主な施工機械・道具」と「作業」に関する次の組合せのうち，**適当でないものは**どれか。

| | [主な施工機械・道具] | [作業] |
|---|---|---|
| (1) | アジテータトラック | コンクリートの運搬 |
| (2) | フロート | コンクリートの粗面仕上げ |
| (3) | コンクリートフィニッシャ | コンクリートの締固め |
| (4) | スプレッダ | コンクリートの敷均し |

**解答** フロートは，コンクリートの表面仕上作業に用いる。

したがって，(2)は**適当でない**。 **答** (2)

**27** 道路の普通コンクリート舗装に関する次の記述のうち，**適当でないものは**どれか。

(1) コンクリート舗装版の厚さは，路盤の支持力や交通荷重などにより決定する。

(2) コンクリート舗装の横収縮目地は，版厚に応じて8～10 m間隔に設ける。

(3) コンクリート舗装版の中の鉄網は，底面から版の厚さの$\frac{1}{3}$の位置に配置する。
(4) コンクリート舗装の養生には，初期養生と後期養生がある。

**解 答** コンクリート舗装版の中の鉄網は，表面から版の厚さの$\frac{1}{3}$の位置に配置する。

したがって，(3)は適当でない。 **答** (3)



試験によく出る重要事項

**コンクリート舗装**

a．コンクリート舗装(普通コンクリート版・連続コンクリート版)

① 厚さは，交通量の区分に応じて15～30 cm。
② 原則として，鉄網および縁部補強鉄筋を用いる。
③ 鉄網は，版の表面から$\frac{1}{3}$の深さの位置に設置する。
④ 鉄網の継手は，重ね継手が用いられる。
⑤ 締固めは，一般にコンクリートフィニッシヤで行う。

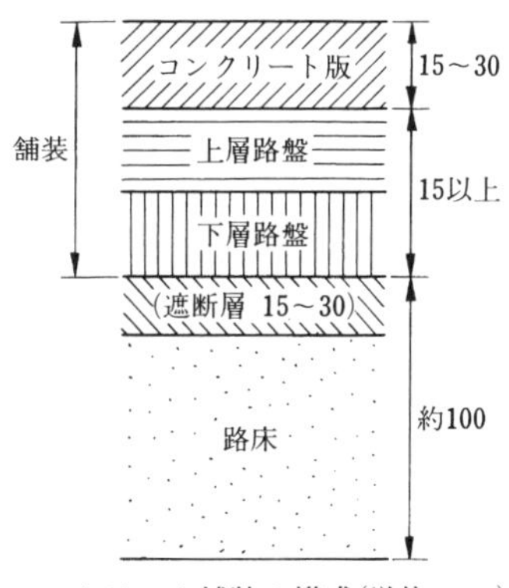

コンクリート舗装の構成(単位：cm)

⑥ 連続鉄筋コンクリート舗装では，横目地はつくらない。
⑦ 平坦仕上げは，機械やフロートでモルタル成分を浮き上がらせて平坦にする。
⑧ 粗面仕上げは，コンクリート版面のスリップ防止のため，仕上げの最後にブラシで粗面にする。

b．転圧コンクリート版：単位水量の少ない硬練りコンクリートを，アスファルト舗装用の舗設機械を用い，転圧・締固めてコンクリート版とする。

c．プレキャストコンクリート版舗装

① 工場製作のプレキャストコンクリート版を，バー等で結合し，舗装とする。
② 短期間で施工できる。
③ プレストレストコンクリート(PC)版と，鉄筋コンクリート(RC)版とがある。

## 2-3 専門土木 道路・舗装 コンクリート舗装の目地 ★★

フォーカス コンクリート舗装の，目地の種類と概要を覚えておく。



**28** 道路のコンクリート舗装のコンクリート版の種類と特徴に関する次の記述のうち，**適当でないもの**はどれか。

(1) 転圧コンクリート版は，コンクリート版にあらかじめ目地を設け，目地部にダウエルバーやタイバーを使用する。

(2) 連続鉄筋コンクリート版は，横目地を省いたもので，コンクリート版の横ひび割れを縦方向鉄筋で分散させる。

(3) 普通コンクリート版は，コンクリート版にあらかじめ目地を設け，コンクリート版に発生するひび割れを誘導する。

(4) プレキャストコンクリート版は，必要に応じて相互のコンクリート版をバーなどで結合する。

解答 転圧コンクリート版は，コンクリート版打設後に目地を設ける。目地部にダウエルバーやタイバーは使用しない。

したがって，(1)は**適当でない**。 **答** (1)

**29** 下図はコンクリート舗装の普通コンクリート版の横収縮目地(ダミー目地)の構造を示したものである。(イ)(ロ)(ハ)の名称の次の組合せのうち，**適当なもの**はどれか。

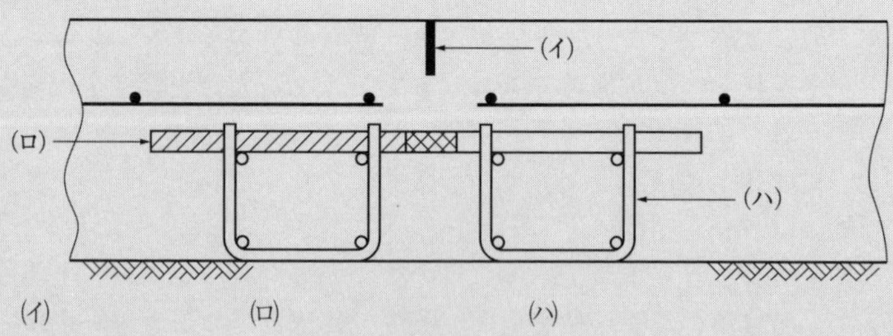


| | (イ) | (ロ) | (ハ) |
|---|---|---|---|
| (1) | 注入目地材 | クロスバー | チェア |
| (2) | チェア | ダウエルバー | クロスバー |
| (3) | チェア | クロスバー | ダウエルバー |
| (4) | 注入目地材 | ダウエルバー | チェア |

解答 (イ)注入目地材　(ロ)ダウエルバー　(ハ)チェア **答** (4)

# 第４章　ダム・トンネル

## ●出題傾向分析（出題数２問）

| 出題事項 | 設問内容 | 出題頻度 |
|---|---|---|
| ダムの施工 | 打設工法と概要・特徴，グラウチングの種類と目的，基礎地盤の処理 | 毎年 |
| 山岳トンネルの施工 | 掘削方式の種類と概要，支保工施工の留意事項，覆工の概要，計測方式と概要 | 毎年 |

## ◎学習の指針

1．ダムの問題は，1問のなかの選択肢が，基礎の掘削・処理，コンクリートの打設工法，養生など，施工における多様な項目で構成されているものが多い。いずれも基本的な事項なので，基礎を理解していれば解答できる内容である。

2．ダムでは，基礎地盤の処理，コンクリート打設でのブロック工法とRCD工法の施工方法と特徴・材料・養生を覚えておく。

3．グラウチングについては，名前と目的などを覚える。

4．山岳トンネルは，掘削方式，施工の概要と留意事項，支保工施工の種類と概要，掘削に伴う挙動と変位の計測などが出題されている。

　問題は，いずれも基本的な事項であり，過去問の演習で基礎を理解し，覚えることで解答できる。

## 2-4 専門土木 ダム・トンネル ダムコンクリートの打設工法 ★★★

フォーカス ダムコンクリートの打設工法では，面状工法・ブロック工法の概要を覚えておく。



**1** コンクリートダムのRCD工法に関する次の記述のうち，**適当でないもの**はどれか。

(1) コンクリートの運搬は，一般にダンプトラックを使用し，地形条件によってはインクライン方式などを併用する方法がある。

(2) 運搬したコンクリートは，ブルドーザなどを用いて水平に敷き均し，作業性のよい振動ローラなどで締め固める。

(3) 横継目は，ダム軸に対して直角方向に設け，コンクリートの敷き均し後，振動目地機械などを使って設置する。

(4) コンクリート打込み後の養生は，水和発熱が大きいため，パイプクーリングにより実施するのが一般的である。

解答 コンクリート打込み後の養生は，水和発熱が大きいため，スプリンクラーによる散水養生により実施するのが一般的である。

したがって，(4)は**適当でない**。 **答** (4)

**2** コンクリートダムに関する次の記述のうち，**適当でないもの**はどれか。

(1) ダム本体工事は，大量のコンクリートを打ち込むことから骨材製造設備やコンクリート製造設備をダム近傍に設置する。

(2) カーテングラウチングを行うための監査廊は，ダムの堤体上部付近に設ける。

(3) ダム本体の基礎の掘削は，大量掘削に対応できるベンチカット工法が一般的である。

(4) ダムの堤体工には，ブロック割りしてコンクリートを打ち込むブロック工法と堤体全面に水平に連続して打ち込むRCD工法がある。

解答 カーテングラウチングを行うための監査廊は，ダムの堤体下部付近に設ける。

したがって，(2)は**適当でない**。 **答** (2)

**3**　コンクリートダムのRCD工法に関する次の記述のうち，**適当でないもの**はどれか。

(1)　コンクリートの運搬には，一般にダンプトラックが使用される。

(2)　コンクリートの敷均しは，ブルドーザなどを用いて行うのが一般的である。

(3)　コンクリートの締固めは，バイブロドーザなどの内部振動機で締め固める。

(4)　コンクリートの横継目は，敷均し後に振動目地切り機などを使って設置する。

専門土木

**解答**　コンクリートの締固めは，振動ローラで締め固める。

したがって，(3)は**適当でない**。　**答**　(3)

## 試験によく出る重要事項

### 打設工法

a．ブロック工法(柱状工法)：縦継目と横継目を持つブロックを単位として柱状に打ち上げていく。

b．RCD工法(**R**oller **C**ompacted **D**am-Concrete)：ゼロスランプの超固練りコンクリートをブルドーザで敷き均し，振動ローラで締め固める。堤体水平面全体または数ブロックを一度に打込む面状工法に分類される。

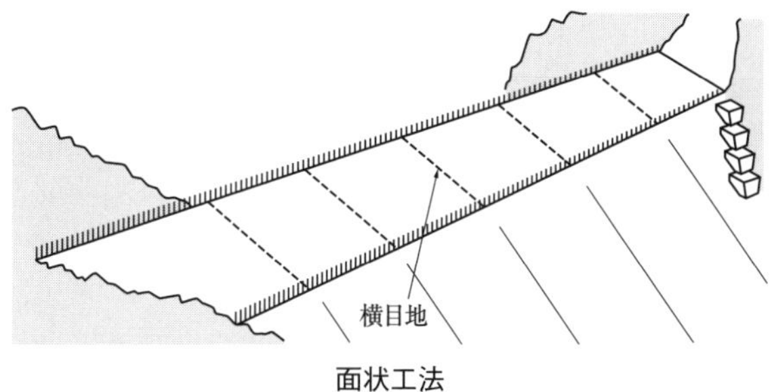


面状工法

## 2-4 専門土木 ダム・トンネル コンクリートダムの施工 ★★★

**フォーカス** ダムでは，コンクリートの打設工法，配合，ひび割れ対策，グラウチングなどについて，毎年，出題されている。打設工法別の相違点，ひび割れ防止などの概要を覚えておく。

**4** コンクリートダムに関する次の記述のうち，**適当でないものはどれか。**

(1) 基礎処理工は，コンクリートダムの基礎岩盤の状態が均一ではないことから，基礎岩盤として不適当な部分の補強，改良を行うものである。
(2) 転流工は，比較的川幅が狭く，流量が少ない日本の河川では仮排水トンネル方式が多く用いられている。
(3) RCD 工法は，単位水量が少なく，超硬練りに配合されたコンクリートを振動ローラで締め固める工法である。
(4) ダム本体の基礎掘削工は，基礎岩盤に損傷を与えることが少なく，大量掘削に対応できる全断面工法が一般的である。

**解 答** ダム本体の基礎掘削工は，基礎岩盤に損傷を与えることが少なく，大量掘削に対応できるベンチカット工法が一般的である。
したがって，(4)は**適当でない。** **答** (4)

**5** コンクリートダムに関する次の記述のうち，**適当でないものはどれか。**

(1) 転流工は，ダム本体工事期間中の河川の流れを一時迂回させるものであり，河川流量や地形などを考慮して仮排水路トンネル方式が多く用いられる。
(2) コンクリートの水平打継目に生じたレイタンスは，完全に硬化後，新たなコンクリートの打込み前に圧力水や電動ブラシなどで除去する。
(3) グラウチングは，ダムの基礎地盤などの遮水性の改良又は弱部の補強を主な目的として実施する。
(4) 基礎掘削は，計画掘削線に近づいたら発破掘削はさけ，人力やブレーカなどで岩盤が緩まないように注意して施工する。

**解 答** コンクリートの水平打継目に生じたレイタンスは，完全に硬化する前に，新たなコンクリートの打込み前に圧力水や電動ブラシなどで除去する。
したがって，(2)は**適当でない。** **答** (2)

**6**　ダムに関する次の記述のうち，**適当なもの**はどれか。

(1)　重力式ダムは，ダム自身の重力により水圧などの外力に抵抗する形式のダムである。

(2)　ダム堤体には一般に大量のコンクリートが必要となるが，ダム堤体の各部に使用されるコンクリートは，同じ配合区分のコンクリートが使用される。

(3)　ダムの転流工は，比較的川幅が狭く，流量が少ない日本の河川では，半川締切り方式が採用される。

(4)　コンクリートダムのRCD工法における縦継目は，ダム軸に対して直角方向に設ける。

**解 答**　(2)　ダム堤体には一般に大量のコンクリートが必要となるが，ダム堤体の各部に使用されるコンクリートは，それぞれの配合区分のコンクリートが使用される。

(3)　ダムの転流工は，比較的川幅が狭く，流量が少ない日本の河川では，仮排水トンネル方式が採用される。

(4)　コンクリートダムのRCD工法における横継目は，ダム軸に対して直角方向に設ける。

(1)は，記述のとおり**適当である**。　**答**　(1)

**7**　ダムコンクリートの品質として備えるべき重要な基本的性質に関する次の記述のうち，**適当でないもの**はどれか。

(1)　容積変化が大きいこと。　(2)　耐久性が大きいこと。

(3)　水密性が高いこと。　(4)　発熱量が小さいこと。

**解 答**　容積変化が小さいこと。

したがって，(1)は**適当でない**。　**答**　(1)

**8**　コンクリートダムの施工に関する次の記述のうち，**適当でないもの**はどれか。

(1)　ダム基礎掘削には，基礎岩盤に損傷を与えることが少なく，大量掘削が可能なベンチカット工法が用いられる。

(2) コンクリートの締固めは，ブロック工法ではバイブロドーザなどの内部振動機を用い，RCD 工法では振動ローラが一般に用いられる。

(3) RCD 工法での横継ぎ目は，一般にダム軸に対して直角方向には設置しない。

(4) 基礎岩盤のコンクリート打込み後の養生は，打込み時期あるいは打込み箇所に応じて散水やシートで覆うなど適切に行う。

**解 答** RCD 工法での横継ぎ目は，一般にダム軸に対して直角方向に設置する。したがって，(3)は**適当でない**。 **答** (3)

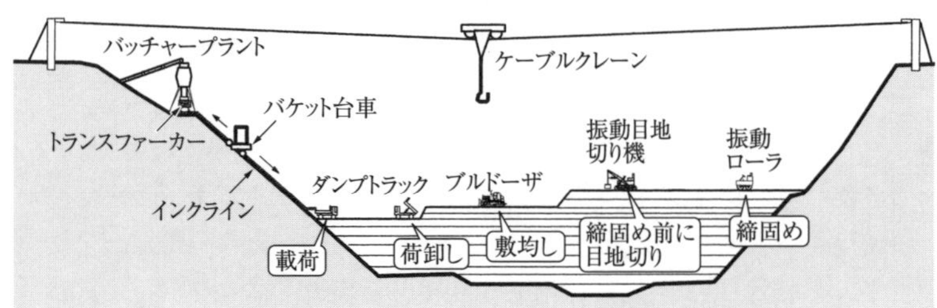


RCD 工法によるダムコンクリートの製造・運搬

## 試験によく出る重要事項

### ダムコンクリート

a．ダムコンクリートの配合：単位セメント量を少なくする。

b．使用セメント：中庸熱ポルトランドセメント・フライアッシュセメント。

c．リフトの高さ：ブロック工法では 1.5 ～ 2.0 m，RCD 工法では 0.75 ～ 1.0 m。

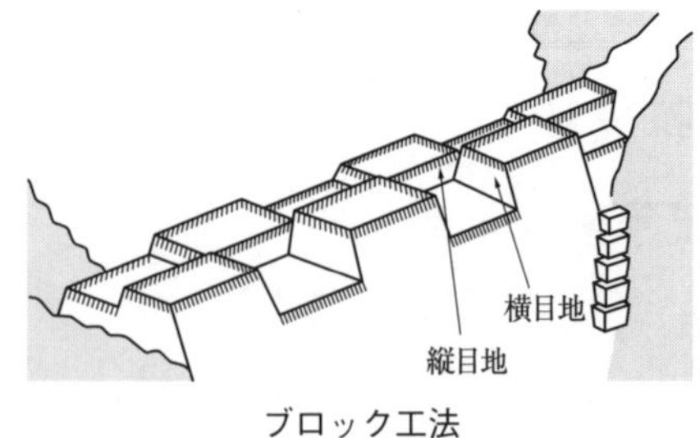


ブロック工法

d．転流工：河川の流れを工事期間中，一時迂回させる工事

e．グラウチング：岩盤の隙間にセメントミルクなどを注入して，水の浸透を防止したり，岩盤の補強をする。

## 2-4 専門土木 ダム・トンネル トンネルの施工 ★★★

**フォーカス** トンネルについては，掘削方式のベンチカット工法・導坑先進工法の種類と概要，および，地山条件による適用工法を覚えておく。支保工と覆工では，種類と概要，施工の留意事項を覚える。



**9** トンネルの山岳工法における掘削に関する次の記述のうち，**適当でないもの**はどれか。

(1) 機械掘削には，全断面掘削機と自由断面掘削機の2種類がある。

(2) 発破掘削は，地質が硬岩質などの場合に用いられる。

(3) ベンチカット工法は，トンネル断面を上半分と下半分に分けて掘削する方法である。

(4) 導坑先進工法は，トンネル全断面を一度に掘削する方法である。

**解答** 導坑先進工法は，小断面トンネルを先行して掘削する方法である。
したがって，(4)は**適当でない**。　**答** (4)

**10** トンネルの施工に関する次の記述のうち，**適当でないもの**はどれか。

(1) 鋼製支保工(鋼アーチ式支保工)は，一次吹付けコンクリート施工前に建て込む。

(2) 吹付けコンクリートは，吹付けノズルを吹付け面に直角に向けて行う。

(3) 発破掘削は，主に硬岩から中硬岩の地山に適用される。

(4) ロックボルトは，ベアリングプレートが吹付けコンクリート面に密着するように，ナットなどで固定しなければならない。

**解答** 鋼製支保工(鋼アーチ式支保工)は，一次吹付けコンクリート施工後に建て込む。
したがって，(1)は**適当でない**。　**答** (1)

**11** トンネルの山岳工法における支保工に関する次の記述のうち，**適当でないもの**はどれか。

(1) 支保工は，掘削後の断面を維持し，岩石や土砂の崩壊を防止するとともに，作業の安全を確保するために設ける。

(2) ロックボルトは，掘削によって緩んだ岩盤を緩んでいない地山に固定し，落下を防止するなどの効果がある。

(3) 吹付けコンクリートは，地山の凹凸を残すように吹き付けることで，作用する土圧などを地山に分散する効果がある。

(4) 鋼製(鋼アーチ式)支保工は，吹付けコンクリートの補強や掘削断面の切羽の早期安定などの目的で行う。

**解答** 吹付けコンクリートは，地山の凹凸を埋めるように吹き付けることで，作用する土圧などを地山に分散する効果がある。

したがって，(3)は**適当でない**。 **答** (3)

**12** 山岳トンネル施工時の観察・計測に関する次の記述のうち，**適当でないもの**はどれか。

(1) 観察・計測位置は，観察結果や各計測項目相互の関連性が把握できるよう，断面位置を合わせるとともに，計器配置をそろえる。

(2) 測定作業では，単に計器の読み取り作業やデータ整理だけでなく，常に，施工の状況とどのような関係にあるかを把握し，測定値の妥当性について検討する。

(3) 観察・計測結果は，トンネルの現状を把握し，今後の予測や設計，施工に反映しやすいように速やかに整理する。

(4) 観察・計測頻度は，切羽の進行を考慮し，掘削直後は疎に，切羽が離れるに従って密になるように設定する。

**解答** 観察・計測頻度は，切羽の進行を考慮し，掘削直後は密に，切羽が離れるに従って疎になるように設定する。

したがって，(4)は**適当でない**。 **答** (4)

**13** トンネル掘削方式のうち，側壁導坑先進工法を示した図は，次のうちどれか。なお，図中の丸数字は掘削の順序を示す。

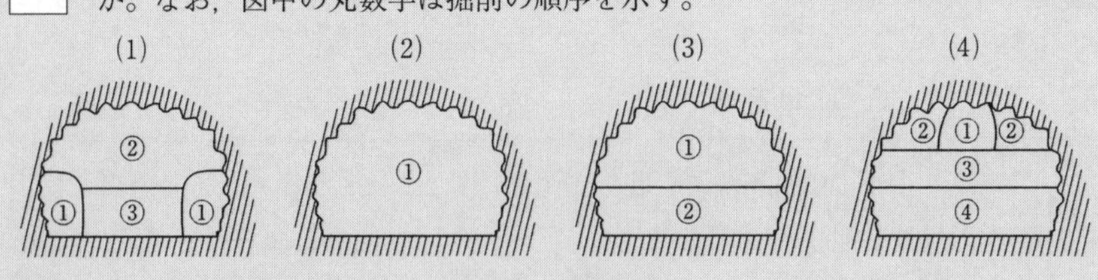


**解答** (1)：側壁導坑先進工法 (2)：全断面掘削工法 (3)：ベンチカット工法

(4)：頂設導坑先進工法 **答** (1)

**14** 山岳工法によるトンネルの掘削方式に関する次の記述のうち，**適当でないもの**はどれか。

(1) 機械掘削は，ブーム掘削機やバックホウ及び大型ブレーカなどによる全断面掘削方式とトンネルボーリングマシンによる自由断面掘削方式に大別できる。

(2) 発破掘削は，切羽の中心の一部を先に爆破し，これによって生じた新しい自由面を次の爆破に利用して掘削するものである。

(3) 機械掘削は，発破掘削に比べ，地山を緩めることが少なく，発破掘削の騒音や振動などの規制がある場合に有効である。

(4) 発破掘削では，発破孔の穿孔に削岩機を移動式台車に搭載したドリルジャンボがよく用いられる。

**解答** 機械掘削は，ブーム掘削機やバックホウ及び大型ブレーカなどによる自由断面掘削方式とトンネルボーリングマシンによる全断面掘削方式に大別できる。

したがって，(1)は**適当でない**。　**答** (1)



## 試験によく出る重要事項

### トンネル掘削工法

a．ベンチカット工法：断面を上下２分割してベンチ状に掘削する工法。切羽を増やす多段ベンチカット工法は，切羽の安定を確保しやすい。

b．発破掘削工法：硬岩から軟岩の地山に用いる。

c．導坑先進工法：地質が不安定な地山で採用される。導坑の位置により，底設・側壁・頂設などに分かれる。

d．全断面掘削工法：一般に，トンネルボーリングマシン(TBM)が使用される。

e．ナトム工法：吹付コンクリート，ロックボルト，鋼アーチ支保工によって地山を補強し，地山を構造材料としてトンネルの安定を確保する工法。

# 第5章　海岸・港湾

## ●出題傾向分析（出題数2問）

| 出題事項 | 設問内容 | 出題頻度 |
|---|---|---|
| 海岸堤防 | 堤防形式と特徴，各部の名称と機能，根固め工の施工，消波工の種類と特徴 | 毎年 |
| 防波堤 | 防波堤の形式と特徴，ケーソン式防波堤の施工，基礎工・根固工の施工と留意事項 | 隔年程度 |
| 浚　渫 | 浚渫船の種類と特徴 | 隔年程度 |

## ◎学習の指針

1．海岸堤防については，緩傾斜堤などの堤防形式と特徴，堤防各部の名称と機能，消波工の種類と概要および特徴などが，毎年出題されている。同じような問題が複数回出題されているので，過去問の演習で基本的事項を覚えておく。
2．防波堤は，ケーソン式混成堤などの防波堤の構造形式と特徴，施工の概要や留意事項を覚えておく。
3．過去に出題された根固め工などの堤防各部については，名称と機能および施工の留意事項を覚えておく。
4．浚渫については，浚渫船の種類と特徴を覚えておく。
5．水中コンクリートの，施工の留意事項が出題されることがある。過去問の演習で，基本事項を覚えておくとよい。

## 2-5　専門土木　海岸・港湾　離岸堤　★★

**1**　離岸堤の施工に関する次の記述のうち**適当なもの**はどれか。

(1)　汀線が後退しつつある場合に，護岸と離岸堤を新設しようとするときは，離岸堤を設置する前に護岸を施工する。

(2)　侵食区域の離岸堤の施工は，上手側(漂砂供給源に近い側)から着手し，順次下手側に施工するのを原則とする。

(3)　開口部あるいは堤端部は，波浪によって洗掘されることがあるので計画の1基分はなるべくまとめて施工する。

(4)　比較的浅い水深に離岸堤を設置する場合は，前面の洗掘が大きくなるので，基礎工にはマットやシート類は使用せず必ず捨石工を使用する。

**解答**　(1)　汀線が後退しつつある場合に，護岸と離岸堤を新設しようとするときは，離岸堤を設置してから護岸を施工する。

(2)　侵食区域の離岸堤は，下手側から着手し，順次，上手側(漂砂供給源に近い側)に施工するのを原則とする。

(4)　比較的浅い水深に離岸堤を設置する場合は，前面の洗掘がそれほど大きくないので，基礎工にはマットやシート類の使用を検討する。

(3)は，記述のとおり**適当である**。　**答**　(3)

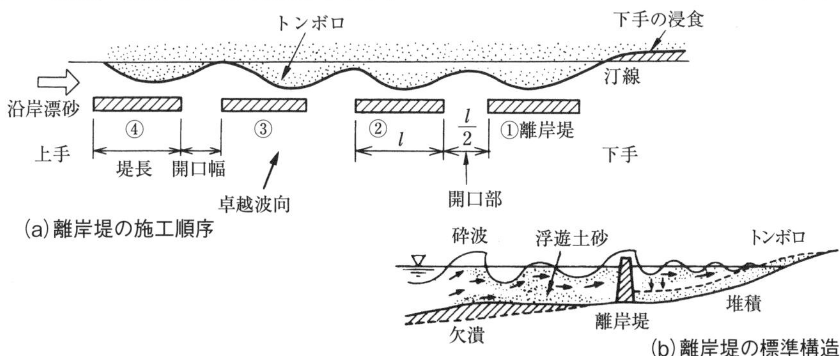

(a)離岸堤の施工順序

(b)離岸堤の標準構造

### 試験によく出る重要事項

**離岸堤**

a．目　的：消波または波高の減衰を図るものと，離岸堤背後に砂を貯えて浸食防止や海浜の造成を図るものとがある。

b．離岸堤と突堤：漂砂の卓越方向が一定せず，沖方向への移動が大きい所では，突堤より離岸堤が採用される。

## 2-5 専門土木 海岸・港湾 海岸堤防形式・構造 ★★★

**フォーカス** 海岸については，消波工，堤防形式及び堤防各部の名称と機能，施工に関する留意事項を覚えておく。



**2** 海岸における異形コンクリートブロックによる消波工に関する次の記述のうち，**適当でないものはどれか。**

(1) 異形コンクリートブロックを層積みで施工する場合は，据付けに手間がかかり，海岸線の曲線部などの施工が難しい。

(2) 異形コンクリートブロックは，海岸堤防の消波工のほかに，海岸の侵食対策としても多く用いられる。

(3) 異形コンクリートブロックを乱積みで施工する場合は，層積みに比べて据付け時の安定性がよい。

(4) 異形コンクリートブロックの据付け方には，一長一短があるので異形コンクリートブロックの特性や現地の状況などを調査して決める。

**解 答** 異形コンクリートブロックを乱積みで施工する場合は，層積みに比べて据付け時の安定性がわるい。

したがって，(3)は**適当でない。** **答** (3)

**3** 海岸における異形コンクリートブロックによる消波工に関する次の記述のうち，**適当でないものはどれか。**

(1) 消波工は，波の打上げ高さを小さくすることや，波による圧力を減らすために堤防の前面に設けられる。

(2) 異形コンクリートブロックは，ブロックとブロックの間を波が通過することにより，波のエネルギーを減少させる。

(3) 乱積みは，荒天時の高波を受けるたびに沈下し，徐々にブロックどうしのかみ合わせが悪くなり不安定になってくる。

(4) 層積みは，規則正しく配列する積み方で整然と並び外観が美しく，設計どおりの据付けができ安定性がよい。

**解 答** 乱積みは，荒天時の高波を受けるたびに沈下し，徐々にブロックどうしのかみ合わせが良くなり安定になってくる。

したがって，(3)は**適当でない。** **答** (3)

**4** 海岸堤防に関する次の記述のうち，**適当でないものはどれか。**

(1) 混成型は，水深が割合に深く比較的軟弱な基礎地盤に適する。

(2)　直立型は，天端や法面の利用は困難である。

(3)　直立型は，堤防前面の法勾配が1：1より急なものをいう。

(4)　緩傾斜堤は，堤防前面の法勾配が1：1より緩やかなものをいう。

**解答**　緩傾斜堤は，堤防前面の法勾配が1：3より緩やかなものをいう。
したがって，(4)は**適当でない**。　**答**　(4)

**5**　海岸堤防の形式に関する次の記述のうち，**適当でないものはどれか**。

(1)　親水性の要請が高い場合には，緩傾斜型が適している。

(2)　基礎地盤が比較的軟弱な場合には，直立型が適している。

(3)　堤防用地が容易に得られない場合には，直立型が適している。

(4)　堤防直前で砕波が起こる場合には，傾斜型が適している。

**解答**　基礎地盤が比較的軟弱な場合には，傾斜型が適している。
したがって，(2)は**適当でない**。　**答**　(2)

## 試験によく出る重要事項

### 海岸堤防

a．直立型堤防：設置用地が少なくてすむ。基礎地盤が良好であること。

b．傾斜型堤防：基礎地盤が軟弱でも，設置が可能である。砕波（さいは）に対応できる。

c．混成型堤防：水深が深いところや軟弱地盤でも，設置が可能である。

d．根固工：基礎工と縁切りする。

e．消波工：乱積みと層積みとがある。層積みは，据付け作業に手間がかかり，曲線部の施工がむずかしい。天端幅は，ブロック2個並び以上が必要である。

**消波工の天端高**　直立部の天端高より高すぎると，天端のブロックが不安定になるため，一般に，堤体直立部の天端に合わせる。

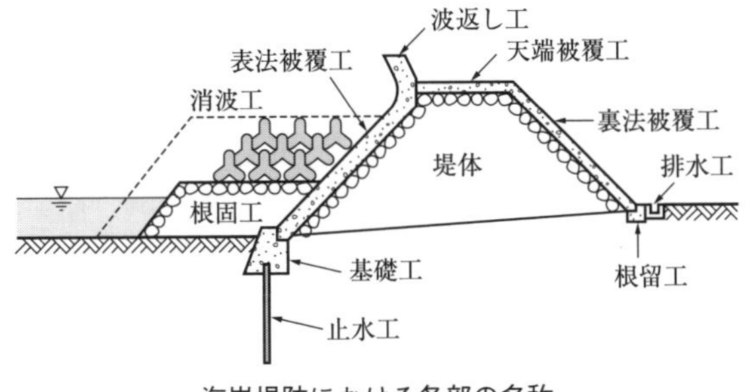


海岸堤防における各部の名称

| 2-5 | 専門土木 | 海岸・港湾 | 防波堤形式 | ★★ |
|---|---|---|---|---|

フォーカス　港湾防波堤については，形式と選定理由，各形式の特徴などを覚えておく。



**6**　港湾の防波堤に関する次の記述のうち，**適当でないもの**はどれか。

(1)　直立堤は，傾斜堤より使用する材料は少ないが，波の反射が大きい。

(2)　直立堤は，地盤が堅固で，波による洗掘のおそれのない場所に用いられる。

(3)　混成堤は，捨石部と直立部の両方を組み合わせることから，防波堤を小さくすることができる。

(4)　傾斜堤は，水深の深い大規模な防波堤に用いられる。

解 答　傾斜堤は，水深の浅い小規模な防波堤に用いられる。

したがって，(4)は**適当でない**。　　**答**　(4)

**7**　防波堤の施工に関する次の記述のうち**適当なもの**はどれか。

(1)　直立堤は，軟弱な地盤に用いられ，傾斜堤に比べ使用する材料の量は多く，波の反射は大きい。

(2)　傾斜堤は，水深の深い場所に用いられ，海底地盤の凹凸に関係なく施工できる。

(3)　ケーソンの構造は，えい航，浮上，沈設を行うため，ケーソン内の水位を調節しやすいように，それぞれの隔壁に通水孔を設ける。

(4)　根固工には，通常根固めブロックが使われ，ガット船による据付けが一般的である。

解 答　(1)　直立堤は，良好な地盤に用いられ，傾斜堤に比べ，使用する材料の量は少なく，波の反射は大きい。

(2)　傾斜堤は，水深の浅い場所に用いられ，海底地盤の凹凸に関係なく施工できる。

(4)　根固工には，通常，根固めブロックが使われ，起重機船による据付けが一般的である。

(3)は，記述のとおり**適当である**。　　**答**　(3)

**8** 港湾の防波堤の特徴に関する次の記述のうち，**適当でないもの**はどれか。

(1) 傾斜堤は，海底地盤の凹凸に関係なく施工できる。
(2) 直立堤は，地盤が堅固で波による洗掘のおそれのない場所に用いられる。
(3) 混成堤は，水深の浅い場所や軟弱地盤の場所などに用いられる。
(4) 混成堤は，防波堤を小さくする事ができるため経済的であり一般に多く用いられている。



**解 答** 混成堤は，水深の深い場所や軟弱地盤の場所などに用いられる。
したがって，(3)は**適当でない**。 **答** (3)

## 試験によく出る重要事項

### 防波堤形式

a．直立堤：良好な地盤に適する。
b．傾斜堤：水深が浅い場所，小規模な防波堤，軟弱地盤に適する。
c．混成堤：水深が深い場所，軟弱地盤に適する。捨石部と直立部との境界付近に波力が集中し，洗掘されやすい。

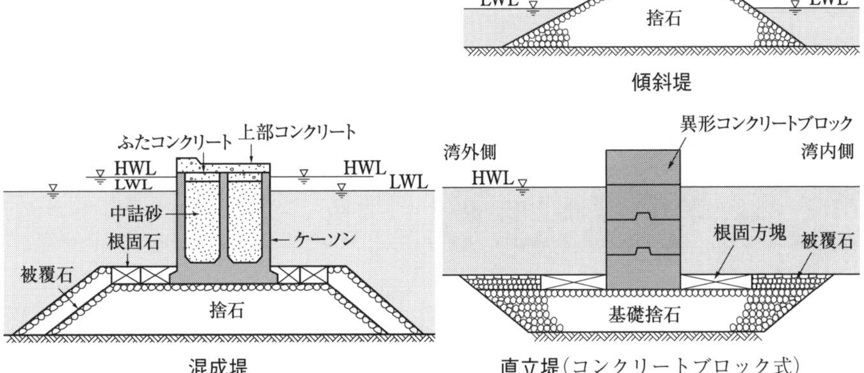


傾斜堤

混成堤

直立堤（コンクリートブロック式）

## 2-5 専門土木 海岸・港湾 防波堤の施工 ★★

**フォーカス** 防波堤の施工ではケーソンの曳航，据付け方法を覚えておく。

**9** ケーソン式混成堤の施工に関する次の記述のうち，**適当でないものはどれか。**

(1) ケーソンは，注水により据付ける場合には注水開始後，中断することなく注水を連続して行い速やかに据付ける。
(2) ケーソンは，海面がつねにおだやかで，大型起重機船が使用できるなら，進水したケーソンを据付け場所までえい航して据付けることができる。
(3) ケーソンは，据付け後すぐにケーソン内部に中詰めを行って質量を増し，安定を高めなければならない。
(4) ケーソンは，波の静かなときを選び，一般にケーソンにワイヤをかけて，引き船でえい航する。

**解答** ケーソンは，注水により据付ける場合には注水開始後，いったん注水を止め，位置を合わせた後，速やかに据付ける。

したがって，(1)は**適当でない。** **答** (1)

**10** ケーソン式混成堤の施工に関する次の記述のうち，**適当でないものはどれか。**

(1) ケーソンの底面が据付け面に近づいたら，注水を一時止め，潜水士によって正確な位置を決めたのち，ふたたび注水して正しく据え付ける。
(2) ケーソンの中詰め後は，波により中詰め材が洗い流されないように，ケーソンにふたとなるコンクリートを打設する。
(3) ケーソン据付け直後は，ケーソンの内部が水張り状態で重量が大きく安定しているので，できるだけ遅く中詰めを行う。
(4) ケーソンは，波浪や風などの影響でえい航直後の据付けが困難な場合には，波浪のない安定した時期まで沈設して仮置きする。

**解答** ケーソン据付け直後は，ケーソンの内部が水張り状態で重量が小さく安定していないので，できるだけ早く中詰めを行う。

したがって，(3)は**適当でない。** **答** (3)

**11** 港湾工事におけるケーソン堤やブロック堤の堤体基礎部を保護する根固ブロックの施工に関する次の記述のうち，**適当でないものはどれか。**

(1) 根固めの工法は，コンクリート方塊を堤体に密着させて敷き並べる方法又は異形ブロックを据え付ける方法等が一般的である。

(2) ブロック据付け手順は，港内側より施工するのが一般的である。

(3) ブロック据付けにあたっては，堤体とブロック及びブロック相互の目地間隔を極力小さくなるよう行う。

(4) ブロックの海上の運搬や据付け作業に使用する船舶機械は，起重機船，クレーン付台船，潜水士船等が一般に使用される。



**解答** ブロック据付け手順は，港外側より施工するのが一般的である。

したがって，(2)は**適当でない。** **答** (2)

**試験によく出る重要事項**

**ケーソンの据付け**

① ケーソンは，えい航・浮上・沈設を行うため，水位を調整しやすいように，それぞれの隔壁に通水孔を設ける。

② ケーソンの据付けは，据付け面の 10 ～ 20 cm 上でいったん注水を止め，据付け位置を確認して，一気に据付ける。据付けたケーソンは，すぐに内部に中詰めを行い，安定させる。中詰め後は，蓋となるコンクリートを打設する

③ 波浪や風などの影響で，ケーソンのえい航直後の据付けが困難な場合は，波浪のない安定した時期まで沈ませて仮置きする。

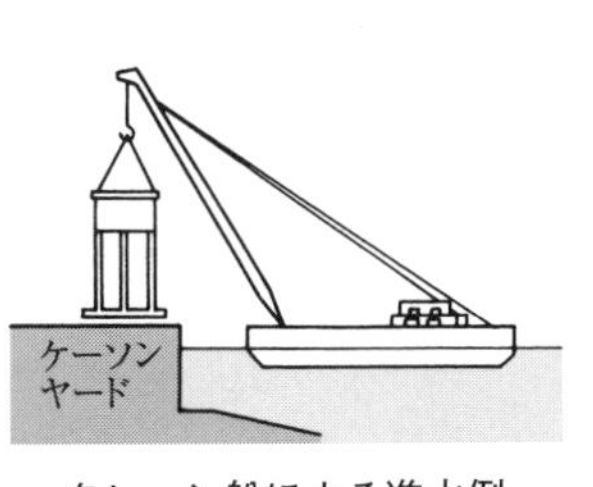

クレーン船による進水例

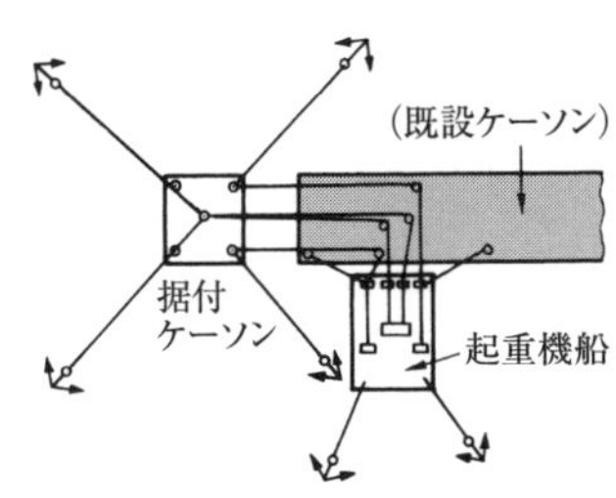

ケーソンの据付け

## 2-5 専門土木 海岸・港湾 浚 渫 ★★★

**フォーカス** 浚渫の問題は，2～5年程度の間隔で出題されている。グラブ浚渫船とポンプ浚渫船の概要および特徴を覚えておく。海底面の測量は，音響探深機で行うので，その概要も覚える。



**12** グラブ浚渫の施工に関する次の記述のうち，**適当なもの**はどれか。

(1) 出来形確認測量は，原則として音響測深機により，工事現場にグラブ浚渫船がいる間に行う。

(2) グラブ浚渫船は，岸壁など構造物前面の浚渫や狭い場所での浚渫には使用できない。

(3) 非航式グラブ浚渫船の標準的な船団は，グラブ浚渫船と土運船で構成される。

(4) グラブ浚渫船は，ポンプ浚渫船に比べ，底面を平たんに仕上げるのが容易である。

**解 答** (2) グラブ浚渫船は，岸壁など構造物前面の浚渫や狭い場所での浚渫に使用できる。

(3) 非航式グラブ浚渫船の標準的な船団は，グラブ浚渫船と土運船，曳舟で構成される。

(4) グラブ浚渫船は，ポンプ浚渫船に比べ，底面を平たんに仕上げるのが難しい。

(1)は，記述のとおり**適当**である。

**答** (1)

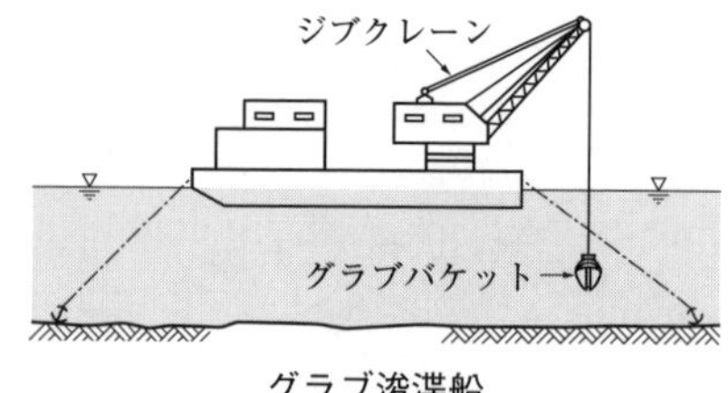


グラブ浚渫船

## 2-5 専門土木 海岸・港湾 水中コンクリートの施工 ★★

フォーカス 水中コンクリートは，土木一般のコンクリート工および施工管理でも出題される。ここで，要点を覚えておくとよい。

**13** 水中コンクリートの施工に関する次の記述のうち，**適当でないもの**はどれか。

(1) 打込みは静水中で材料が分離しないように原則としてトレミー又はコンクリートポンプを用いる。

(2) 打込みは，所定の高さ又は水面上に達するまで連続して打ち込む。

(3) トレミーで打ち込む場合は，管の先端を打設されたコンクリート面から上方に離した状態で打ち込む。

(4) 打込み中は，トレミーを固定してコンクリートをかき乱さないようにする。

解答 トレミーで打ち込む場合は，管の先端をコンクリート面から２ｍ程度挿入した状態で打ち込む。

したがって，(3)は**適当でない**。 **答** (3)

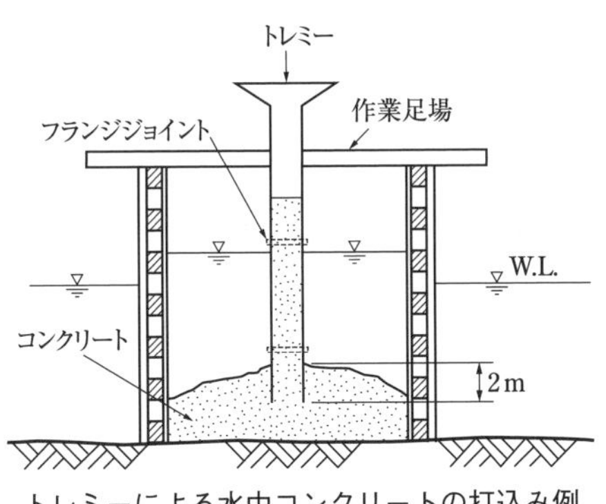


トレミーによる水中コンクリートの打込み例

### 試験によく出る重要事項

**水中コンクリート**

a．トレミー打設：先端をコンクリート内へ２ｍ程度挿入しておき，所定の高さ，または，水面上に達するまで，連続して打ち込む。

b．コンクリートの強度：水中コンクリートの配合強度は，標準供試体強度の0.6～0.8倍とみなして設計する。

専門土木

# 第6章　鉄道, 地下構造物

**●出題傾向分析**（出題数3問）

| 出題事項 | 設問内容 | 出題頻度 |
|---|---|---|
| 営業線近接工事 | 作業の一時中止，列車見張員，届け出 | 毎年 |
| 路床・路盤 | 鉄道盛土，砕石路盤，材料の要件 | 隔年程度 |
| 軌道の用語の知識 | カント・スラック・軌間変位，軌道の種類 | 隔年程度 |
| シールド工法 | 工法名と概要・特徴，シールド機械各部の名前と機能 | 毎年 |

**◎学習の指針**

1．営業線近接工事は，毎年出題されている。作業の一時中止となる状況についての設問が多い。また，列車見張員の配置，監督員への届け出などが出題されている。専門的な問題が出題される場合もあるので，過去問の演習でよく出る事項は覚えておくとよい。
2．鉄道の土木工事として，盛土と路床・路盤の問題が高い頻度で出題されている。道路盛土との違いに注意して，構造や施工の留意点などを覚えておく。
3．軌道の用語については，カント・スラックなどの用語について意味を整理しておく。
4．シールド工法は，毎年1問の出題である。泥水式シールドなどの工法の名前と概要や特徴，シールドマシンの各部の名称と機能などを覚えておくとよい。

## 2-6　専門土木　鉄道，地下構造物　営業線近接工事　★★★

**フォーカス**　営業線近接工事の問題は，ほぼ毎年，出題されている。列車見張員の配置，重機械の使用条件，事故発生又は発生のおそれがある場合の列車防護の方法などを整理して覚えておく。

専門土木

**1**　鉄道(在来線)の営業線内及びこれに近接した工事に関する次の記述のうち，**適当でないものはどれか。**

(1)　工事管理者は，「工事管理者資格認定証」を有する者でなければならない。

(2)　営業線に近接した重機械による作業は，列車の近接から通過の完了まで作業を一時中止する。

(3)　工事場所が信号区間では，バール・スパナ・スチールテープなどの金属による短絡(ショート)を防止する。

(4)　複線以上の路線での積おろしの場合は，列車見張員を配置し車両限界をおかさないように材料を置く。

**解答**　複線以上の路線での積おろしの場合は，列車見張員を配置し建築限界をおかさないように材料を置く。

したがって，(4)は**適当でない**。　**答**　(4)

**2**　鉄道(在来線)の営業線及びこれに近接した工事に関する次の記述のうち，**適当でないものはどれか。**

(1)　営業線に近接した重機械による作業は，列車の近接から通過の完了まで十分注意して行う。

(2)　重機械の運転者は，重機械安全運転の講習会修了証の写しを添えて，監督員などの承認を得る。

(3)　信号区間のときは，バール・スパナ・スチールテープなどの金属による短絡(ショート)を防止する。

(4)　列車見張員は，信号炎管・合図灯・呼笛・時計・時刻表・緊急連絡表を携帯しなければならない。

**解答**　営業線に近接した重機械による作業は，列車の近接から通過の完了まで中止する。

したがって，(1)は**適当でない**。　**答**　(1)

**3**　鉄道の営業線近接工事における工事従事者の任務に関する下記の説明文に該当する工事従事者の名称は，次のうちどれか。

「列車などが所定の位置に接近したときは，あらかじめ定められた方法により，作業員などに対し列車接近の合図をしなければならない。」

(1)　工事管理者　　(3)　列車見張員

(2)　誘導員　　(4)　主任技術者

**解答**　設問に該当するのは，列車見張員である。　**答**　(3)

**4**　重機械作業における営業線(在来線)近接工事の保安対策に関する次の記述のうち，**適当でないもの**はどれか。

(1)　重機械の使用を変更する場合は，必ず監督員等の承諾を受けて実施する。

(2)　き電線に接近する恐れのあるものは，所定の手続きによって電車等の停電手配をして作業する。

(3)　ダンプ荷台やクレーンブームはこれを下げたことを確認してから走行する。

(4)　列車接近合図を受けたら，安全を確認しながら作業する。

**解答**　列車接近合図を受けたら，作業を中止する。

したがって，(4)は**適当でない**。　**答**　(4)

**5**　鉄道(在来線)の営業線及びこれに近接して工事を施工する場合の安全設備に関する次の記述のうち，**適当でないもの**はどれか。

(1)　列車の運転保安及び旅客公衆などの安全確保のため指定されたもののほか，簡易な安全設備を必要に応じて設ける。

(2)　指定された安全設備は，図面，強度計算書などを添えて監督員などに届け出て承諾を受ける。

(3)　営業線の通路に接近した場所に材料の仮置きをする場合は，監督員などへの届け出は不要である。

(4)　工事の施工により支障のおそれのある構造物については，監督員などの立会いを受けその防護方法を定める。

**解答**　営業線の通路に接近した場所に材料の仮置きをする場合は，監督員へ届け出る。したがって，(3)は**適当でない**。　**答**　(3)

試験によく出る重要事項

## 営業線近接工事

a．工事の一時中止：乗務員に不安を与えるおそれのある工事は，列車の接近時から通過するまでの間，一時，施工を中止する。

b．線路閉鎖工事：定めた区間に列車を侵入させない保安処置をとった工事。

c．作業表示標識：列車進行方向の左側，乗務員の見やすい位置に建植（けんしょく）する。設置においては，建築限界を侵すことのないようにする。

d．列車見張員：上下すべての線に，それぞれ配置する。

e．作業員の歩行：接触事故を防止するため，施工基面上を列車に向かって歩かせる。

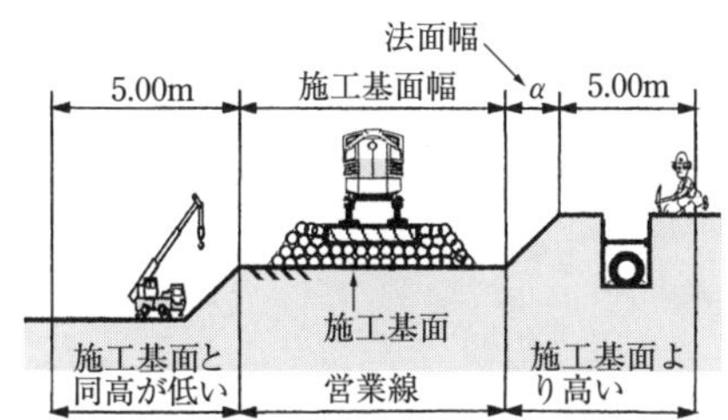


営業線近接工事の適用範囲

| 2-6 | 専門土木 | 鉄道，地下構造物 | 線路の変位，曲線部処理 | ★★★ |
|---|---|---|---|---|

**フォーカス** 曲線部処理，線路の変位は，カント，スラック，軌間変位等の内容を覚えておく。



**6** 鉄道線路の曲線に関する次の記述のうち，**適当でないもの**はどれか。

(1) 線路の曲線は，円曲線が最も合理的で，円曲線には単心曲線・複心曲線・反向曲線の３種類がある。

(2) スラックとは，曲線区間及び分岐器において車両の走行を容易にするために軌間を外方に拡大することをいう。

(3) カントとは，車両が遠心力により外方に転倒することを防止するために外側レールを内側レールより高くすることをいう。

(4) 本線路での曲線半径は，できるだけ大きいほうが望ましく，道路と同じように直線と曲線の間には緩和曲線を入れる。

**解答** スラックとは，曲線区間及び分岐器において車両の走行を容易にするために外側レールを基準に，軌間を内方に拡大することをいう。

したがって，(2)は**適当でない**。 **答** (2)

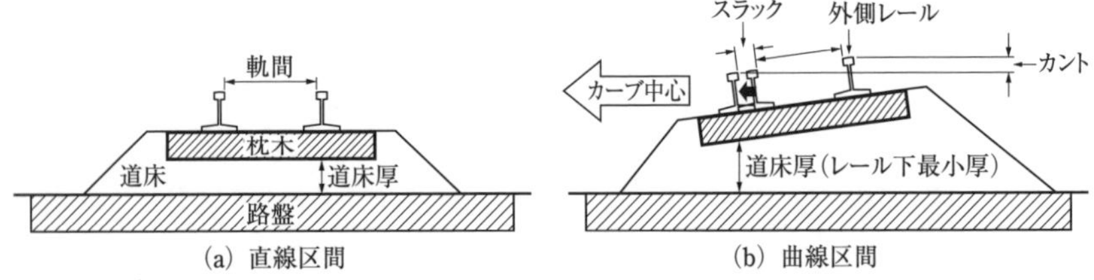


曲線区間の軌道構造

**7** 鉄道の「軌道の用語」と「説明」に関する次の組合せのうち，**適当でないもの**はどれか。

[軌道の用語] [説明]

(1) スラック …………… 曲線部において列車通過を円滑にするため軌間を拡大すること

(2) バラスト軌道 ……… プレキャストのコンクリート版を用いた軌道

(3)　緩和曲線 …………… 鉄道車両の走行を円滑にするため直線と円曲線，又は二つの曲線間に設けられた特殊な線形

(4)　カント ……………… 車両が曲線を通過するときに遠心力により外方に転倒することを防止するために外側のレールを高くすること

専門土木

**解答**　バラスト軌道………道床に砕石を用いた軌道のこと。プレキャストのコンクリート版を用いた軌道はスラブ軌道という。

したがって，(2)は**適当でない**。　**答**　(2)

**8**　軌道の変位に関する次の記述のうち，**適当でないもの**はどれか。

(1)　高低変位は，レール頭頂面の長さ方向での凹凸をいう。

(2)　軌間変位は，軌道の平面に対するねじれの状態をいう。

(3)　水準変位は，左右レールの高さの差をいう。

(4)　通り変位は，レール側面の長さ方向への凹凸をいう。

**解答**　軌間変位は，左右レールの間隔と基本寸法の差。軌道の平面に対するねじれの状態は，平面性変位という。

したがって，(2)は**適当でない**。　**答**　(2)

## 試験によく出る重要事項

### 軌道の変位など

a．カント：内側レールを基準に，外側レールを高くする。

b．スラック：外側レールを基準に，軌間を内方に拡大する。

c．高低変位：レール頭頂面の長さ方向での凹凸。

d．平面性変位：軌道の平面に対するねじれの状態。

e．水準変位：左右レールの高さの差。

f．通り変位：レール側面の長さ方向への凹凸。

g．マルチプルタイタンパ：道床つき固め用軌道車。軌道修正は，道床つき固めで行う。

h．線路こう上作業：こう上量が50 mm 以上となるときは，線路閉鎖を行う。

| 2-6 | 専門土木 | 鉄道，地下構造物 | 鉄道盛土 | ★★★ |
|---|---|---|---|---|



**フォーカス** 鉄道盛土は，隔年程度の頻度で出題されている。道路盛土と同じ点や異なる点を比較して，過去問から留意事項を覚えておく。

**9** 鉄道の道床，路盤，路床に関する次の記述のうち，**適当でないもの**はどれか。

(1) 線路は，レールや道床などの軌道とこれを支える基礎の路盤から構成される。

(2) 路盤は，使用する材料により良質土を用いた土路盤，粒度調整砕石を用いたスラグ路盤がある。

(3) バラスト道床の砕石は，強固で耐摩耗性に優れ，せん断抵抗角の大きいものを選定する。

(4) 路床は，路盤の荷重が伝わる部分であり，切取地盤の路床では路盤下に排水層を設ける。

**解答** 路盤は，使用する材料により良質土を用いた砕石路盤，粒度調整砕石を用いたアスファルト路盤がある。

したがって，(2)は**適当でない**。 **答** (2)

**10** 鉄道の砕石路盤の施工に関する次の記述のうち，**適当でないもの**はどれか。

(1) 敷き均した材料は，降雨などにより適正な含水比に変化を及ぼさないよう，原則として水平・平滑に締固めをその日のうちに完了させる。

(2) 敷均しは，モーターグレーダや人力により行い，1層の仕上り厚さが均等になるように敷き均す。

(3) 材料は，運搬やまき出しにより粒度が片寄ることがないように十分混合して均質な状態で使用する。

(4) 締固めは，ローラで一通り軽く転圧した後，再び整形して，形状が整ったらロードローラ，振動ローラ，タイヤローラなどを併用して十分に締め固める。

**解答** 敷き均した材料は，降雨などにより適正な含水比に変化を及ぼさないよう，原則として勾配をつけ，平滑に締固めをその日のうちに完了させる。

したがって，(1)は**適当でない**。 **答** (1)

**11**　鉄道の盛土の施工に関する次の記述のうち，**適当でないもの**はどれか。

(1)　盛土の小段は，上部盛土と下部盛土の境界及び6 m ごとに設けその幅は1.5 m を標準とする。

(2)　盛土の施工後には，路盤の施工開始までの間に盛土沈下の状況を考慮し，適切な放置期間を設けるものとする。

(3)　盛土の施工は，支持地盤の状態，盛土材料の種類，気象条件などを考慮し，安定，沈下などに問題が生じないようなものとする。

(4)　所定の締固めの程度を満足するための仕上り厚さは，60 cm 程度を標準とする。

**解答**　盛土の仕上り厚さは，30 cm 程度を標準とする。

したがって，(4)は**適当でない**。　**答**　(4)

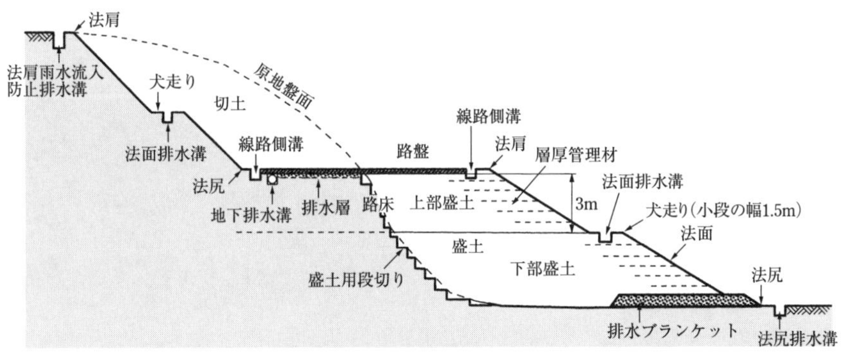


切土・盛土の施工

**12**　鉄道の路盤に関する次の記述のうち，**適当でないもの**はどれか。

(1)　路盤は，単一粒径の路盤材料を使用する。

(2)　路盤は，軌道に対し適切な剛性を有する。

(3)　路盤は，路床へ荷重を分散伝達するよう均質な層に仕上げる。

(4)　路盤は，軌道を十分強固に支持するよう締め固める。

**解答**　路盤は，粒度分布のよい路盤材料を使用する。

したがって，(1)は**適当でない**。　**答**　(1)

| 2-6 | 専門土木 | 鉄道，地下構造物 | シールド工法 | ★★★ |
|---|---|---|---|---|

フォーカス　シールド工法は，毎年1問が出題されている。土質条件と対応する工法，および，その概要，シールド機の各部の名称と役割などを覚えておく。



**13**　シールド工法に関する次の記述のうち，**適当でないもの**はどれか。

(1) 泥水式シールド工法は，巨礫の排出に適している工法である。

(2) 土圧式シールド工法は，切羽の土圧と掘削土砂が平衡を保ちながら掘進する工法である。

(3) 土圧シールドと泥土圧シールドの違いは，添加材注入装置の有無である。

(4) 泥水式シールド工法は，切削された土砂を泥水とともに坑外まで流体輸送する工法である。

解答　泥水式シールド工法は，巨礫の排出はできない。
したがって，(1)は**適当でない**。　**答**　(1)

**14**　シールド工法に関する次の記述のうち，**適当でないもの**はどれか。

(1) シールド工法は，シールドをジャッキで推進し，掘削しながらコンクリート製や鋼製のセグメントで覆工を行う工法である。

(2) 土圧式シールド工法は，切羽の土圧と掘削した土砂が平衡を保ちながら掘進する工法である。

(3) 泥土圧式シールド工法は，掘削した土砂に添加剤を注入して泥土状とし，その泥土圧を切羽全体に作用させて平衡を保つ工法である。

(4) 泥水式シールド工法は，泥水を循環させ切羽の安定を保つと同時に，切削した土砂をベルトコンベアにより坑外に輸送する工法である。

解答　泥水式シールド工法は，泥水を循環させ切羽の安定を保つと同時に，切削した土砂を排泥水管により坑外に輸送する工法である。
したがって，(4)は**適当でない**。　**答**　(4)

**15**　シールド工法に関する次の記述のうち，**適当でないもの**はどれか。

(1)　シールドマシンは，フード部，ガーダー部及びテール部の三つに区分される。

(2)　シールド推進後は，セグメントの外周に空げきが生じるためモルタルなどを注入する。

(3)　セグメントの外径は，シールドで掘削される掘削外径より大きくなる。

(4)　シールド工法は，コンクリートや鋼材などで作ったセグメントで覆工を行う。

**解答**　セグメントの外径は，シールドで掘削される掘削外径より小さくなる。

したがって，(3)は**適当でない**。　**答**　(3)

**16**　シールド工法に関する次の記述のうち，**適当なもの**はどれか。

(1)　シールドのガーダー部は，セグメントの組立て作業ができる。

(2)　シールドのフード部は，切削機構で切羽を安定させて掘削作業ができる。

(3)　シールドのテール部は，露出した地山を崩壊するのを防ぐための覆工に用いる部材である。

(4)　セグメントは，カッターヘッド駆動装置，排土装置やジャッキでの推進作業ができる。

**解答**　(1)　シールドのテール部は，セグメントの組立て作業ができる。

(3)　セグメントは，露出した地山を崩壊するのを防ぐための覆工に用いる部材である。

(4)　シールドのガーダー部は，カッターヘッド駆動装置，排土装置やジャッキでの推進作業ができる。

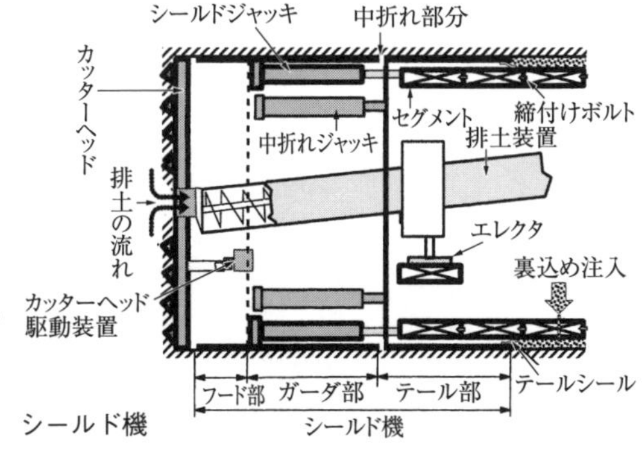

シールド機

(2)は，記述のとおり**適当**である。　**答**　(2)

**17** シールド工法に関する記述のうち，**適当でないもの**はどれか。

(1) シールド工法は，開削工法が困難な都市の下水道，地下鉄，道路工事などで多く用いられている。

(2) シールド工法に使用される機械は，フード部，ガーダー部，テール部からなる。

(3) 立坑は，一般にシールド機の掘削場所への搬入や土砂の搬出などのために必要となる。

(4) 土圧式シールド工法と泥水式シールド工法の切羽面の構造は，開放型シールドである。

**解答** 土圧式シールド工法と泥水式シールド工法の切羽面の構造は，密閉型シールドである。

したがって，(4)は**適当でない**。 **答** (4)

## 試験によく出る重要事項

### シールド工法

a．圧気式シールド：空気圧(圧気)を加えることによって，湧水を防止しながら推進する工法。透水性の低いシルトや粘土には効果的であるが，砂質土や砂礫の場合には，補助工法を用いないと湧水を止められない。

b．土圧式シールド：掘削した土砂を回転カッターヘッドに充満して，切羽土圧と均衡させながら推進し，スクリューコンベアで排土する。

c．泥水加圧式シールド：加圧された泥水により，切羽の崩壊や湧水を阻止する工法である。流水となった掘削土を泥水配水管で排出し，水と泥とを地上で分離し，再度，水をカッター前面へ圧送する。

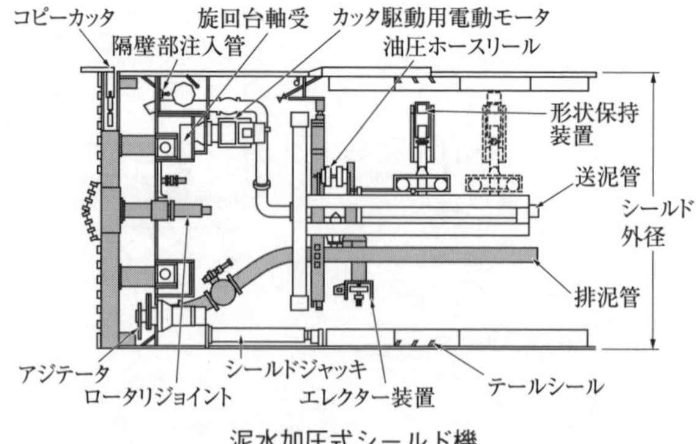


泥水加圧式シールド機

# 第7章　上下水道

## ●出題傾向分析（出題数2問）

| 出題事項 | 設問内容 | 出題頻度 |
|---|---|---|
| 上水道 | 管の種類と特徴，配水管継手の特徴，管布設の留意点 | 毎年 |
| 下水管 | 管きょ接合方式，耐震対策，布設地盤と基礎工の選定，継手の名称と特徴 | 毎年 |
| 小口径管推進工法 | 施工の留意点，各工法の特徴 | 5年に1回程度 |

## ◎学習の指針

1．上水道では，配水管布設の基礎的知識として，管の種類と特徴，継手の名称，継手部の切断方法などが，高い頻度で出題されている。

2．下水道については，管きょの接合方法，地盤状況と管きょの基礎工の選定，ヒューム管の継手方法などが，高い頻度で出題されている。

3．小口径管推進工法は，推進方式の種類と名称および特徴を覚えておく。ただし，近年は出題が減っている。

## 2-7 専門土木 上下水道 上水道管の施工 ★★★

フォーカス 上水道管の施工については，布設に関する留意事項の要点を過去問から覚えておく。



**1** 上水道管の布設工事に関する次の記述のうち，**適当でないもの**はどれか。

(1) ダクタイル鋳鉄管の据付けにあたっては，表示記号のうち，管径，年号の記号を上に向けて据え付ける。

(2) 一日の布設作業完了後は，管内に土砂，汚水などが流入しないよう木蓋などで管端部をふさぐ。

(3) 管の切断は，管軸に対して直角に行う。

(4) 管の布設作業は，原則として高所から低所に向けて行い，受口のある管は受口を低所に向けて配管する。

**解 答** 管の布設作業は，原則として低所から高所に向けて行い，受口のある管は受口を高所に向けて配管する。

したがって，(4)は**適当でない**。 **答** (4)

**2** 上水道管路の布設に関する次の記述のうち，**適当でないもの**はどれか。

(1) 栓止めした管を掘削する前に，手前の仕切弁が全閉であることを確認する。

(2) 既設管には，内圧がかかっている場合があるので，栓の正面には絶対立たない。

(3) 鋳鉄管の切断は，直管及び異形管ともに切断機で行うことを標準とする。

(4) 管の切断にあたっては，切断線の標線を管の全周にわたって入れる。

**解 答** 鋳鉄管の切断は，直管を切断機で行うことを標準とする。異形管は切断しない。したがって，(3)は**適当でない**。 **答** (3)

**3** 上水道管の据付けに関する次の記述のうち，**適当でないもの**はどれか。

(1) 管の据付けは，施工に先立ち十分に管体検査を行い，亀裂その他の欠陥がないことを確認する。

(2) 管を掘削溝内につりおろす場合は，溝内のつり荷の下に作業員を配置し，正確な据付けを行う。

(3)　管のつりおろし時に土留の切ばりを一時的に取り外す必要がある場合は，必ず適切な補強を施し安全を確認のうえ施工する。

(4)　鋼管の据付けは，管体保護のため基礎に良質の砂を敷き均す。

**解 答**　管を掘削溝内につりおろす場合は，溝内のつり荷の下に作業員を配置してはならない。

したがって，(2)は**適当でない**。　**答**　(2)



**4**　上水道の導水管布設に関する次の記述のうち，**適当でないもの**はどれか。

(1)　急勾配の道路に沿って管を布設する場合には，管体のずり上がり防止のための止水壁を設ける。

(2)　傾斜地などの斜面部でほぼ等高線に沿って管を布設する場合には，法面防護，法面排水などに十分配慮する。

(3)　軟弱地盤に管を布設する場合には，杭打ちなどにより管の沈下を抑制する。

(4)　砂質地盤で地下水位が高く，液状化の可能性が高いと判断される場所では，必要に応じ地盤改良などを行う。

**解 答**　急勾配の道路に沿って管を布設する場合には，管体のずり下がり防止のための止水壁を設ける。

したがって，(1)は**適当でない**。　**答**　(1)

## 試験によく出る重要事項

### 上水道

a．**配水本管の埋設**：道路の中央より，土かぶり 1.2 m 以上とし，やむを得ないときには 0.6 m 以上とする。表示記号の管径・年号を上に向ける。

b．**配水支管の埋設**：歩道，または，車道の片側に敷設する。歩道埋設の土かぶりは，90 cm 程度を標準とし，やむを得ない場合は，50 cm 以上とする。

c．**埋設物との間隔**：配水管が他の埋設物と接近する場合には，30 cm 以上あける。

d．**配水管の据付け**：据付けは，受口を上流に向け，下流(低所)から上流(高所)へ向かって施工する。

e．**ダクタイル鋳鉄管の切断**：管軸に直角とし，異形部を避ける。

## 2-7 専門土木 上下水道 配水管の種類と特徴 ★★

**フォーカス** 配水管の種類については，過去問からその特徴や取扱いなどについて，基本的事項を覚えておく。



**5** 上水道に用いる配水管と継手の特徴に関する次の記述のうち，**適当なもの**はどれか。

(1) 鋼管に用いる溶接継手は，管と一体化して地盤の変動に対応できる。
(2) 硬質塩化ビニル管は，質量が大きいため施工性が悪い。
(3) ステンレス鋼管は，異種金属と接続させる場合は絶縁処理を必要としない。
(4) ダクタイル鋳鉄管に用いるメカニカル継手は，伸縮性や可とう性がないため地盤の変動に対応できない。

**解答** (2) 硬質塩化ビニル管は，質量が小さいため施工性が良い。
(3) ステンレス鋼管は，異種金属と接続させる場合は絶縁処理を必要とする。
(4) ダクタイル鋳鉄管に用いるメカニカル継手は，伸縮性や可とう性があるため地盤の変動に対応できる。
(1)は，記述のとおり**適当である**。 **答** (1)

**6** 上水道の管きょの継手に関する次の記述のうち，**適当でないもの**はどれか。

(1) ダクタイル鋳鉄管の接合に使用するゴム輪を保管する場合は，紫外線などにより劣化するので極力室内に保管する。
(2) 接合するポリエチレン管を切断する場合は，管軸に対して切口が斜めになるように切断する。
(3) ポリエチレン管を接合する場合は，削り残しなどの確認を容易にするため，切削面にマーキングをする。
(4) ダクタイル鋳鉄管の接合にあたっては，グリースなどの油類は使用しないようにし，ダクタイル鋳鉄管用の滑剤を使用する。

**解答** 接合するポリエチレン管を切断する場合は，管軸に対して切口が直角になるように切断する。
したがって，(2)は**適当でない**。 **答** (2)

**7**　上水道の導水管や配水管の種類に関する次の記述のうち，**適当でないもの**はどれか。

(1)　鋼管は，管体強度が大きく，じん性に富み，衝撃に強く，外面を損傷しても腐食しにくい。

(2)　ダクタイル鋳鉄管は，管体強度が大きく，じん性に富み，衝撃に強く，施工性もよい。

(3)　硬質ポリ塩化ビニル管は，内面粗度が変化せず，耐食性に優れ，質量が小さく施工性がよい。

(4)　ステンレス鋼管は，管体強度が大きく，耐久性があり，ライニング，塗装を必要としない。



**解答**　鋼管は，管体強度が大きく，じん性に富み，衝撃に強い。外面を損傷した場合，腐食しやすい。

したがって，(1)は**適当でない**。　　**答**　(1)

## 試験によく出る重要事項

### 配水管の種類

a．鋳鉄管：強度が大きく，耐食性がある。管内部に錆こぶが発生する。

b．ダクタイル鋳鉄管：強度が大きく，耐食性がある。強靭性に富む。管内部に錆こぶが発生する。

c．鋼管：軽い。引張り強さやたわみ性が大。溶接が可能。ライニング管以外は腐食に弱い。

d．水道用硬質塩化ビニル管：耐食性が大で，価格が安い。電食の恐れがない。内面粗度が変化しない。衝撃・熱・紫外線に弱い。

e．ステンレス鋼管：管体強度が大きく，耐久性がある。ライニング・塗装が不要。

## 2-7 専門土木 上下水道 下水道管きょの接合 ★★

**フォーカス** 下水道管きょの問題では，接合方式の概要，接合における留意事項を覚えておく。

**8** 下水道管きょの接合方式に関する次の記述のうち，**適当でないものはどれか。**

(1) 水面接合は，管きょの中心を一致させ接合する方式である。

(2) 管頂接合は，管きょの内面の管頂部の高さを一致させ接合する方式である。

(3) 段差接合は，特に急な地形などでマンホールの間隔などを考慮しながら，階段状に接合する方式である。

(4) 管底接合は，管きょの内面の管底部の高さを一致させ接合する方式である。

**解答** 水面接合は，管きょ内の水位面を一致させ接合する方式である。
したがって，(1)は**適当でない**。 **答** (1)

**9** 下水道管きょの伏越しに関する次の記述のうち，**適当でないものはどれか。**

(1) 伏越しの構造は，障害物の両側に垂直な伏越し室を設ける。

(2) 伏越し室には，ゲート又は角落としのほか泥だめを設ける。

(3) 伏越し管きょは，一般に複数設置する。

(4) 伏越し管きょ内の流速は，断面を大きくし上流管きょ内の流速より遅くする。

**解答** 伏越し管きょ内の流速は，断面を小さくし，上流管きょ内の流速より早くする。
したがって，(4)は**適当でない**。 **答** (4)

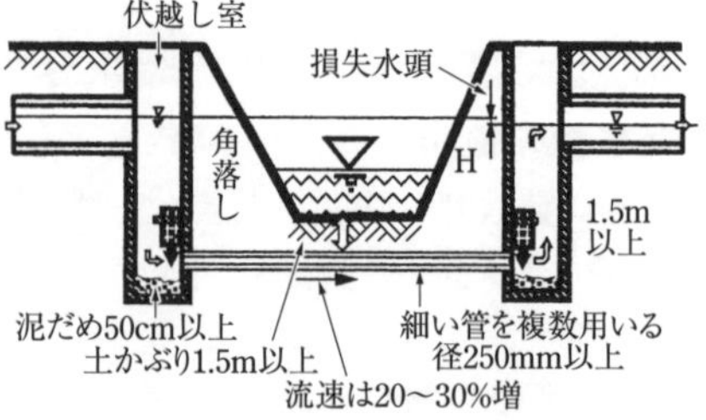

伏越し管(例)

**10** 下水道管きょの接合方式に関する次の記述のうち，**適当でないものはどれか。**

(1) 水面接合は，概ね計画水位を一致させて接合する。

(2) 管頂接合は，流水は円滑となり水理学的には安全な方法である。

(3) 管底接合は，上流部において動水勾配線が管頂より上昇する恐れがある。
(4) 階段接合は，一般に小口径管きょ又はプレキャスト製管きょに用いられる。

**解 答** 階段接合は，一般に大口径管きょや現場築造管きょに用いられる。
したがって，(4)は**適当でない**。 **答** (4)



**11** 下水道の管きょの接合に関する次の記述のうち，**適当でないもの**はどれか。

(1) 段差接合は，緩い勾配の地形でのヒューム管の管きょなどの接続に用いられる。
(2) 管底接合は，上流が上がり勾配の地形に適し，ポンプ排水の場合は有利である。
(3) 階段接合は，急な勾配の地形での現場打ちコンクリート構造の管きょなどの接続に用いられる。
(4) 管頂接合は，下流が下り勾配の地形に適し，下流ほど管きょの埋設深さが増して工事費が割高になる場合がある。

**解 答** 段差接合は，急な勾配の地形でのヒューム管の管きょなどの接続に用いられる。したがって，(1)は**適当でない**。 **答** (1)

## 試験によく出る重要事項

### 下水道管きょの接合方式

a．**水面接合**：計画水位を一致させる方法。合理的であるが，計算が煩雑である。
b．**管底接合**：管きょの底部の高さを一致させる方法。下流側の掘削深さが増加しない。
c．**管頂接合**：管きょの管頂の高さを一致させる方法。下流ほど埋設深さが増し，建設費がかさむ。
d．**段差接合**；地表勾配が急な場合に用いられ，適当な間隔にマンホールを設ける。

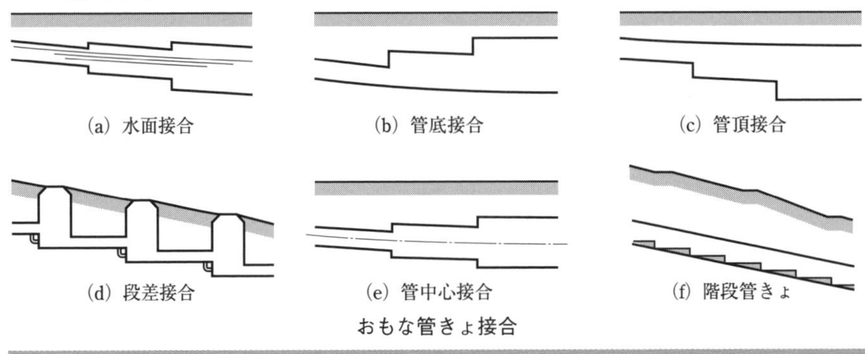

おもな管きょ接合

## 2-7 専門土木 上下水道 下水道管きょの施工 ★★

**フォーカス** 下水道管きょの施工は，地盤と対応する基礎型式，埋設工事の概要を覚える。管きょの埋設作業については，土工の掘削・土留め工の学習で解ける内容である。

**12** 下水道管きょの剛性管の施工における「地盤の土質区分」と「基礎工の種類」に関する次の組合せのうち，**適当でないもの**はどれか。

［地盤の土質区分］　［基礎工の種類］

(1) 非常にゆるいシルト及び有機質土……………… はしご胴木基礎
(2) シルト及び有機質土……………………………… コンクリート基礎
(3) 硬質粘土，礫混じり土及び礫混じり砂………… 鉄筋コンクリート基礎
(4) 砂，ローム及び砂質粘土………………………… まくら木基礎

**解答** 硬質粘土，礫混じり土及び礫混じり砂… 砂基礎
したがって，(3)は**適当でない**。 **答** (3)

**13** 下水道管きょなどの耐震性能を確保するための対策に関する次の記述のうち，**適当でないもの**はどれか。

(1) マンホールと管きょとの接続部に剛結合式継手の採用。
(2) セメントや石灰などによる地盤改良の採用。
(3) 応力変化に抵抗できる管材などの採用。
(4) 耐震性を考慮した管きょの更生工法の採用。

**解答** マンホールと管きょとの接続部に可とう性継手の採用。
したがって，(1)は**適当でない**。 **答** (1)

**14** 下水道管の埋設工事に用いる土留め工に関する次の記述のうち，**適当でないもの**はどれか。

(1) 地山が比較的良好で小規模工事の場合は，一般に，軽量で取扱いが簡単な軽量鋼矢板を使用する。
(2) 軟弱地盤で地下水位の高い場合は，鋼矢板継手のかみ合わせで湧水などの止水ができる水密性の高い鋼矢板を使用する。
(3) 湧水の浸入がある場合は，親杭横矢板工法を用いる。

(4)　小規模工事で，浅い掘削の土圧の小さい場合は，木矢板工法を用いることができる。

**解答**　湧水の浸入がある場合は，親杭横矢板工法を用いない。
したがって，(3)は**適当でない**。　**答**　(3)

## 試験によく出る重要事項

### 下水道管きょの施工

① 管きょ布設手順：掘削→管基礎→管のつりおろし→管布設→管接合→埋戻し

② 管きょ更生工法：老朽化した下水道管きょを非開削で，一体的に更生する方法。長寿命化，耐用年数の延伸などを目的に行われる。布設替えがむずかしいところに採用され，反転工法・形成工法・製管工法・さや管工法などがある。

③ 管きょ基礎工の種類例

a．**砂基礎**：礫混じり土および礫混じり砂の硬質土の地盤で用いる。
b．**砕石基礎**：比較的地盤のよい場所で岩盤の場合に用いる。
c．**コンクリート基礎**：管きょに働く外圧が大きい場合に用いる。
d．**はしご胴木基礎**：地盤が軟弱で地質や上載荷重が不均質な場合に用いる。
e．**鳥居基礎**：支持力が期待できない軟弱な地盤に用いる。

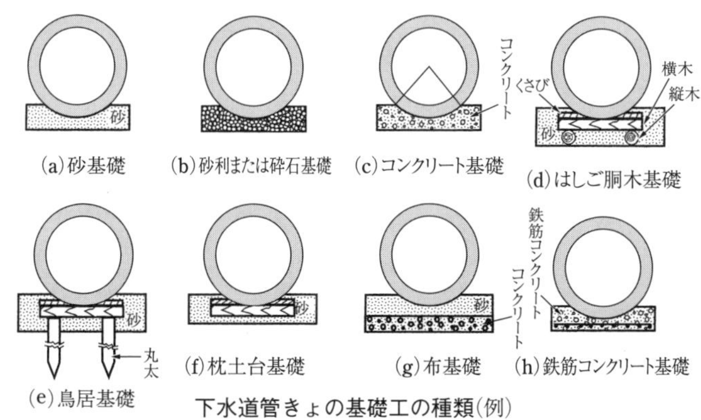


**下水道管きょの基礎工の種類**(例)

④ マンホールの耐震対策

a．マンホールと管きょとの接続部継手の可とう性化。
b．浮上がり対策(マンホールの重量化，過剰間隙水圧の抑制など)

## 2-7 専門土木 上下水道 推進工法 ★★

**フォーカス** 推進工法は種類が多い。過去に出題された推進工法および小口径推進工法を中心に，工法名と概要を覚えておく。

**15** 推進工法に関する次の記述のうち，**適当でないもの**はどれか。

(1) 刃口(元押し)推進工法は，50 m 以内ごとに立坑を設置し，後部の支圧壁を反力受けとして，ジャッキの推進力によって管を地中に押し込む工法である。

(2) 小口径推進工法の圧入方式は，パイロット管の中のオーガスクリュを回転させ，土砂を搬出しながら推進する方式である。

(3) セミシールド工法は，管の先端に動力で駆動するシールド機を用いて掘削したのち管を推進するので，施工精度が高い工法である。

(4) 中押し推進工法は，推進管の途中に元押し推進工法のジャッキのほかに，管と管の間に中押し用のジャッキを設けて地山に圧入する工法である。

**解答** 小口径推進工法の圧入方式は，先導体及び誘導管または布設管自体を圧入させる工法である。オーガスクリュを回転させ，土砂を搬出しながら推進する方式はオーガ方式である。

したがって，(2)は**適当でない**。 **答** (2)

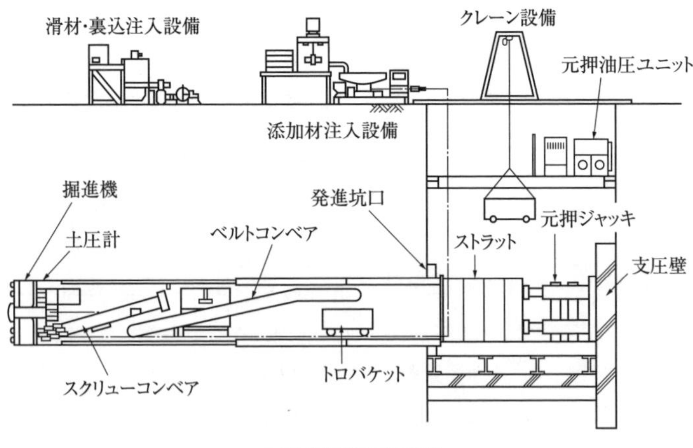


土圧式推進工法(例)

**16**　下記の条件の現場において，鉄筋コンクリート製の下水道管を推進工法で施工する場合，最も一般的に用いられる方式は，次のうちどれか。

［条件］

①管径(400 mm)　②1スパン推進延長(120 m)

③土質(N値3の滞水性砂質土)

(1)　ボーリング方式　(2)　圧入方式　(3)　オーガ方式　(4)　泥水方式

**解答**　泥水方式は，軟弱土・滞水性砂質土に適用され，推進延長は80～120 mである。

したがって，(4)が問題の条件で用いられる方式である。　**答**　(4)

(1)　ボーリング方式の推進延長は20～50 m。

(2)　圧入方式は，軟弱な粘性土に適用され，推進延長は20～60 m。

(3)　オーガ方式は，硬質な土に適用され，推進延長は40～80 m。

**17**　下水道の推進工法に関する次の記述のうち**適当なもの**はどれか。

(1)　中押し推進工法は，元押し推進用のジャッキと，管と管の間の中押し用のジャッキを設けてこれを交互に用いて地山に圧入する工法である。

(2)　小口径推進工法の圧入方式は，パイロット管の中のオーガースクリューを回転させ，土砂を搬出しながら推進する工法である。

(3)　刃口(元押し)推進工法は，100 m程度ごとに立坑を設置し，後部の支圧壁を反力受けとして，ジャッキの推進力によって管を地中に押し込む工法である。

(4)　セミシールド工法は，動力で駆動するシールド機を用いて掘削するもので，シールド機が掘削する前に管を推進する工法である。

**解答**　(2)　小口径推進工法の圧入方式は，パイロット管及び誘導管などの管体を圧入して推進する工法。

(3)　刃口(元押し)推進工法は，発進立坑後部の支圧壁を反力受けとして，ジャッキの推進力によって管を地中に押し込む工法。短距離の施工に用いる。中間立坑は設置しない。

(4)　セミシールド工法は，動力で駆動するシールド機を用いて掘削し，立坑ジャッキなどで管を推進する工法。

(1)は，記述のとおり**適当である**。　**答**　(1)

## 試験によく出る重要事項

### 推進工法

推進工法
- 刃口推進工法（2000～700 mm の管径が多い。）
  - 刃口推進工法(元押し)：圧入ジャッキを立抗のみで施工する。
  - 中押し推進工法：圧入ジャッキを管の途中にも数個設けて施工する。元押し装置と中押し装置を交互に作動させ，小さい摩擦力で1スパンの推進長を延ばすことができる。
  - セミシールド工法：管の先端にカッター付きシールドを付けて施工する。長距離掘削に向き，土質制限なし。
  - けん引工法：到達坑まで水平ボーリングで PC ワイヤを通し，管をけん引した後，管内土を排土する。けん引工法は，土かぶりの少ない長方形管に用いられ，50 m 程度までが限度である。
- 小口径管推進工法：700～400 mm までの管径が多く，下水道管を直接推進する1工程式と，誘導管の先端にオーガーなどの先導体を付け，遠隔操作で掘削ずり出し圧入する2工程式とがある。刃口推進工法では施工不可能な，小口径管の推進に開発されたもの。

### 小口径管推進工法

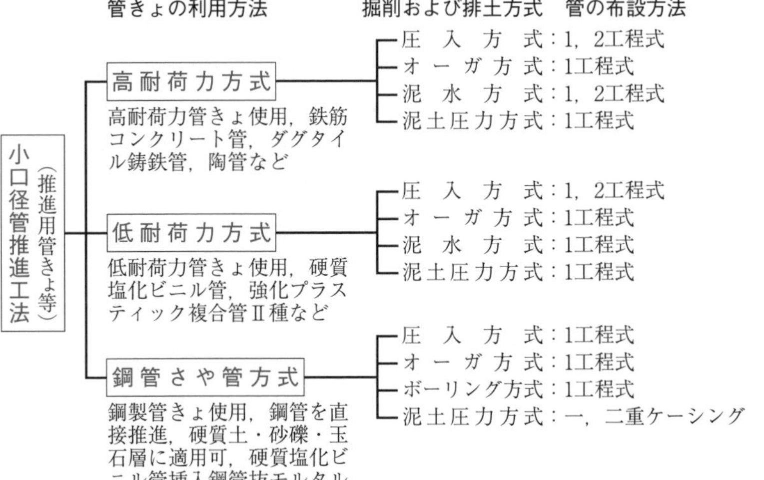

# 第３編　土木法規

第１章　労働法関係 ………………………… 140
第２章　国土交通省関係 ………………………… 149
第３章　環境関係，その他 ………………………… 161

土木法規は，労働基準法・労働安全衛生法・建設業法・道路法・河川法・建築基準法・火薬類取締法・騒音規制法・振動規制法・港則法の10法令から11問出題され，6問を選択して解答します。

労働時間や賃金に関するきまり，騒音規制法や振動規正法の対象機械や基準に関すること，その他の法規の基本的な取り決めについて，演習問題で重要事項を覚えましょう。

法律の条文を開いて，逐条的に勉強する必要はありません。

**土木法規は，よく出る事項を中心に要点を覚えましょう。**

# 第1章 労働法関係

## ●出題傾向分析

**労働基準法**(出題数2問)

| 出題事項 | 設問内容 | 出題頻度 |
|---|---|---|
| 労働契約 | 労働時間，休憩，就業規則 | 隔年程度 |
| 賃金等 | 賃金・解雇・補償 | 隔年程度 |
| 女性・年少者保護 | 女性・妊産婦の就くことのできる業務。年少者の制限 | 隔年程度 |

**労働安全衛生法**(出題数1問)

| 出題事項 | 設問内容 | 出題頻度 |
|---|---|---|
| 届出工事 | 届出が必要な工事の規模などの規定 | 5年に2回程度 |
| 作業主任者 | 作業主任者を選任する工事の規模 | 5年に2回程度 |
| 安全衛生体制 | 特別教育 | 5年に1回程度 |

## ◎学習の指針

1. 労働法関係は，労働基準法と労働安全衛生法関係から出題されている。例年同じ傾向の出題なので，過去問の演習で要点を整理しておくとよい。
2. 労働基準法では，労働契約関係として，労働時間，休憩，休日の規定，賃金の支払い，解雇，病気やけがなどの際の補償規定が，高い頻度で出題されている。
3. 年少者や女性の就業制限についての規定が，高い頻度で出題されている。いずれも，出題される内容は同じようなものが多いので，過去問の演習で出題された事項を整理して覚えておく。
4. 労働安全衛生法では，労働基準監督署へ届出が必要な工事と，作業主任者の選任が必要な工事の内容についてが，高い頻度で出題されている。

## 3-1　土木法規　労働基準法　労働時間　★★★

**フォーカス**　労働時間・休憩時間等に関連した事項で，数値を問う出題が多い。過去問の演習で，基本的な数値は覚えておく。

**1**　労働時間，休憩，休日に関する次の記述のうち，労働基準法上，誤っているものはどれか。

(1)　使用者は，原則として労働時間が8時間を超える場合においては少くとも45分の休憩時間を労働時間の途中に与えなければならない。

(2)　使用者は，原則として労働者に，休憩時間を除き1週間について40時間を超えて，労働させてはならない。

(3)　使用者は，原則として1週間の各日については，労働者に，休憩時間を除き1日について8時間を超えて，労働させてはならない。

(4)　使用者は，原則として労働者に対して，毎週少くとも1回の休日を与えなければならない。

**解答**　使用者は，原則として労働時間が8時間を超える場合においては少くとも1時間の休憩時間を労働時間の途中に与えなければならない。

したがって，(1)は誤っている。　**答**　(1)

**2**　労働基準法で定められている労働時間等に関する次の記述のうち，誤っているものはどれか。

(1)　休憩時間は，原則として労働時間が6時間を超える場合には少くとも45分，8時間を超える場合は少くとも1時間以上の休憩時間を労働時間の途中に与える。

(2)　休日は，原則として毎週少くとも1回与える。

(3)　年次有給休暇は，雇い入れの日から6箇月間継続勤務し全労働日の8割以上出勤した労働者に与える。

(4)　労働時間は，原則として休憩時間を除き1週間について48時間以内である。

**解答**　労働時間は，原則として休憩時間を除き1週間について40時間以内である。

したがって，(4)は誤っている。　**答**　(4)

## 3-1 土木法規 労働基準法 賃 金 ★★★

**フォーカス** 賃金の支払いのルールや休業手当，出産・疾病などの非常時の支払いに関する出題が多い。賃金の原則は必ず覚えておく。



**3** 労働者に対する賃金の支払いに関する次の記述のうち，労働基準法上，**正しいもの**はどれか。

(1) 賃金とは，賃金，給料，手当など使用者が労働者に支払うものをいい，賞与はこれに含まれない。

(2) 使用者は，労働者が災害を受けた場合に限り，支払期日前であっても，労働者が請求した既往の労働に対する賃金を支払わなければならない。

(3) 使用者の責に帰すべき事由による休業の場合には，使用者は，休業期間中当該労働者に，その平均賃金の40％以上の手当を支払わなければならない。

(4) 使用者が労働時間を延長し，又は休日に労働させた場合には，原則として賃金の計算額の2割5分以上5割以下の範囲内で，割増賃金を支払わなければならない。

**解 答** (1) 賃金とは，賃金，給料，手当など使用者が労働者に支払うものをいい，賞与もこれに含まれる。

(2) 使用者は，労働者が災害，疾病，出産等の場合，支払期日前であっても，労働者が請求した既往の労働に対する賃金を支払わなければならない。

(3) 使用者の責に帰すべき事由による休業の場合には，使用者は休業期間中当該労働者に，その平均賃金の60％以上の手当を支払わなければならない。

(4)は，記述のとおり**正しい**。 **答** (4)

**4** 賃金の支払いに関する次の記述のうち，労働基準法上，**誤っているもの**はどれか。

(1) 使用者は，未成年者が独立して賃金を請求することができないことから，未成年者の賃金を親権者又は後見人に支払わなければならない。

(2) 使用者は，時間外又は休日に労働をさせた場合においては，その時間の労働賃金をそれぞれ政令で定める率以上の率で計算した割増賃金を支払わなければならない。

(3) 使用者は，労働者が出産，疾病，災害など非常の場合の費用に充てるために請求する場合においては，支払い期日前であっても，既往の労働に対する賃金を支払わなければならない。

(4) 賃金とは，賃金，給料，手当，賞与など労働の対償として使用者が労働者に支払うすべてのものをいう。

**解 答** 使用者は，賃金を直接労働者に支払わなければならない。
したがって，(1)は誤っている。 **答** (1)



## 試験によく出る重要事項

### 労働時間

a．休憩時間：労働時間が6時間を超える場合には45分以上，8時間を超える場合は1時間以上を一斉に与える。

b．休　日：4週間で4回以上を与える場合を除き，毎週1回以上を与える。

c．年次有給休暇：6箇月間継続勤務し，全労働日の8割以上出勤した労働者には，10日を与えなければならない。

d．労働時間：休憩時間を除き，1週間について40時間以下，1日について8時間以下。

### 賃金に関する規定

a．賃金の定義：賃金・給料・手当・賞与・その他，名称の如何を問わず，労働の対償として使用者が労働者に支払うすべてのもの。

b．賃金支払いの原則：毎月1回以上，一定の期日を定めて，通貨で，直接労働者に，全額を支払う。

c．平均賃金：算定すべき事由の発生した日以前3ヶ月間に，その労働者に対して支払われた賃金の総額を，その期間の労働日数で除した金額。

d．休業期間中の休業補償：平均賃金の60％以上。

e．出産・疾病・災害等の場合の支払い：支払期日前でも，既往の労働に対する賃金を払う。

f．未成年者の賃金：未成年者は，独立して賃金を請求することができる。親権者または後見人は，未成年者の賃金を代わって受け取ってはならない。

## 3-1 土木法規 労働基準法 年少者や女性の就業 ★★★

**フォーカス** 満18歳未満の年少者の就業時間の制限や禁止されている業種，女性の就業が禁止されている業務に関する問題が多い。過去問で要点を覚えておく。

**5** 年少者・女性の就業に関する次の記述のうち，労働基準法上，**誤っているもの**はどれか。

(1) 使用者は，満18歳に満たない者に，運転中の機械の危険な部分の掃除，注油，検査若しくは修繕をさせてはならない。

(2) 使用者は，交替制によって使用する満16歳以上の男性を除き，原則として満18歳に満たない者を午後10時から午前5時までの間において使用してはならない。

(3) 使用者は，満18歳以上の女性を，地上又は床上における補助作業を除き，足場の組立て，解体又は変更の業務に就かせてはならない。

(4) 使用者は，満16歳未満の女性を，継続して8 kg以上の重量物を取り扱う業務に就かせてはならない。

**解 答** 使用者は，妊産婦を除き，満18歳以上の女性を足場の組立て，解体又は変更の業務に就かせることができる。

したがって，(3)は**誤っている**。 **答** (3)

**6** 年少者の就業に関する次の記述のうち，労働基準法上，**誤っているもの**はどれか。

(1) 使用者は，原則として，児童が満15歳に達した日以後の最初の3月31日が終了してから，これを使用することができる。

(2) 使用者は，原則として，満18歳に満たない者を，午後10時から午前5時までの間において使用してはならない。

(3) 使用者は，満16歳に達した者を，著しくじんあい若しくは粉末を飛散する場所における業務に就かせることができる。

(4) 使用者は，満18歳に満たない者を坑内で労働させてはならない。

**解 答** 使用者は，満18歳に達した者を，著しくじんあい若しくは粉末を飛散する場所における業務に就かせることができる。

したがって，(3)は**誤っている**。 **答** (3)

## 試験によく出る重要事項

### 年少者の就業制限

a．深夜業の禁止：年少者(満18歳に満たない者)の午後10時から午前5時までの深夜業。ただし，満16歳以上の男性であれば，交替制によって労働させられる。

b．児　童(満15歳未満)：満15歳に達した日以後の，最初の3月31日が終了するまでは，就業させられない。

c．満18歳に満たない者

年少者における重量物取扱い業務の制限

| 年齢 | 性別 | 重量（kg） | |
|---|---|---|---|
| | | 断続作業の場合 | 継続作業の場合 |
| 満16歳未満 | 女 | 12 kg以上 | 8 kg以上 |
| | 男 | 15 kg以上 | 10 kg以上 |
| 満16歳以上満18歳未満 | 女 | 25 kg以上 | 15 kg以上 |
| | 男 | 30 kg以上 | 20 kg以上 |
| 満18歳以上 | 女 | 30 kg以上 | 20 kg以上 |

①表に示す重量以上の重量物を取り扱う業務，②有害物または危険物を取扱う業務，③じんあいや粉末を飛散する場所での就業，④クレーン・デリックまたは揚貨装置の運転や玉掛け業務(補助作業は除く)，⑤土砂崩壊のおそれがある場所，または，深さ5m以上の地穴における業務，⑥高さ5m以上で墜落のおそれがある場所の業務，⑦足場の組立・解体・変更業務(地上または床上の補助作業は除く)，⑧火薬・爆薬・火工品を取扱う業務，⑨土石等のじんあい，または，粉末が著しく飛散する場所での業務，⑩異常気圧下での業務，⑪さく岩機・びょう打ち機等の使用によって，身体に著しい振動を受ける業務。

### 女性の就業制限(例)

ア．妊娠中の女性，および，坑内で行われる業務に従事しない旨を使用者に申し出た産後1年を経過しない女性：坑内で行われるすべての業務に就かせてはならない。

イ．満18歳以上の女性であっても，坑内で行われる人力による掘削の業務に就かせてはならない。

## 3-1 土木法規 労働安全衛生法 届出，作業主任者など ★★★

**フォーカス** 労働基準監督署長へ届出の必要がある工事の種類などに関する出題が多い。作業主任者では，選任を必要とする作業を問う問題が多い。これらについて，数字を含め，内容を覚えておく。



**7** 労働安全衛生法上，作業主任者を選任すべき作業に**該当しないもの**は，次のうちどれか。

(1) つり上げ荷重5t以上の移動式クレーンの運転作業(道路上を走行させる運転を除く)
(2) 高さが5m以上のコンクリート造の工作物の解体又は破壊の作業
(3) 潜函工法その他の圧気工法で行われる高圧室内作業
(4) 土止め支保工の切りばり又は腹起こしの取付け又は取り外しの作業

**解答** つり上げ荷重5t以上の移動式クレーンの運転作業は，作業主任者の選任を必要とする作業ではない。
クレーン・デッリク運転士の免許が必要である。 **答** (1)

**8** 労働安全衛生法上，作業主任者の選任を**必要としない**作業は，次のうちどれか。

(1) 土止め支保工の切りばり又は腹起こしの取付け，取り外し作業
(2) 掘削面の高さが2m以上となる地山の掘削作業
(3) ブルドーザの掘削，押土作業
(4) 高さ5m以上の足場の組立て，解体の作業

**解答** ブルドーザの掘削，押土作業は作業主任者の選任を**必要としない**。
**答** (3)

**9** 労働安全衛生法に定められている作業主任者を選任すべき作業に**該当するもの**は，次のうちどれか。

(1) ブルドーザの掘削，押土の作業
(2) 既製コンクリート杭の杭打ち作業
(3) 道路のアスファルト舗装の転圧作業

(4) 型枠支保工の組立て又は解体の作業

**解答** 型枠支保工の組立て又は解体の作業は，作業主任者を選任すべき作業である。

**答** (4)

**10** 労働基準監督署長に工事開始の14日前までに**計画の届出が必要のない工事**は，労働安全衛生法上，次のうちどれか。

(1) ずい道の内部に労働者が立ち入るずい道の建設の仕事
(2) 最大支間50mの橋梁の建設の仕事
(3) 掘削の深さが8mである地山の掘削の作業を行う仕事
(4) 圧気工法による作業を行う仕事

**解答** 掘削の深さが8mの地山の掘削作業は，届出の必要がない。
届出が必要なのは，掘削深さが10m以上である。

**答** (3)



## 試験によく出る重要事項

**労働基準監督署長に届け出が必要な工事**(工事着工14日前までに届出)

① 高さ31mを超える建築物または工作物(橋梁を除く)の建設・改造・解体または破壊(以下「建設等」という)の仕事
② 最大支間50m以上の橋梁の建設等の仕事
③ 最大支間30m以上50m未満の橋梁の上部構造の建設等の仕事
④ ずい道等の建設等の仕事(ずい道等の内部に労働者が立ち入らないものを除く)
⑤ 掘削の高さまたは深さが10m以上の地山の掘削作業(掘削機械を用いる作業で，掘削面の下方に労働者が立ち入らないものを除く)。
⑥ 圧気工法による作業を行う仕事

**作業主任者の選任を必要とする作業**

a．**免許所持者**：①高圧室内作業　②ガス溶接作業

b．**技能講習修了者**：①コンクリート破砕器作業　②掘削面の高さ2m以上の地山の掘削作業　③土止め支保工作業　④ずい道等の掘削作業　⑤ずい道等の覆工作業　⑥型枠支保工の組立て作業　⑦足場の組立て作業等　⑧鋼橋架設作業等　⑨コンクリート造の解体作業等　⑩コンクリート橋架設作業等　⑪酸素欠乏危険作業

| 3-1 | 土木法規 | 労働安全衛生法 | 安全衛生教育 | ★★ |
|---|---|---|---|---|

**フォーカス** 労働災害を防止するための安全衛生管理体制，労働者の安全または衛生のための教育の問題が出題されている。過去問の演習で，基本的事項を覚えておく。

**11** 労働安全衛生法上，事業者が労働者に対して行わなければならない安全衛生教育に**該当しないもの**は次のうちどれか。

(1) 労働者を雇い入れたときの安全衛生教育
(2) 正月休み明けに作業を再開したときの安全衛生教育
(3) 危険又は有害な業務で法令に定めるものに労働者をつかせるときの特別の安全衛生教育
(4) 労働者の作業内容を変更したときの安全衛生教育

**解答** (1)，(3)，(4)は，事業者が労働者に対して行わなければならない安全衛生教育に該当する。
(2)は，**該当しない。**

**答** (2)

**12** 事業者が労働者に対して特別の教育を行わなければならない業務に関する次の記述のうち，労働安全衛生法上，**該当しないもの**はどれか。

(1) アーク溶接機を用いて行う金属の溶接，溶断等の業務
(2) 赤外線装置を用いて行う透過写真の撮影の業務
(3) 高圧室内作業に係る業務
(4) 建設用リフトの運転の業務

**解答** (1)，(3)，(4)は，特別教育を行わなければならない業務に該当する。
赤外線装置を用いて行う透過写真の撮影の業務は，**該当しない。**

**答** (2)

## 試験によく出る重要事項

### 事業者が行わなければならない安全衛生教育

a．労働者を雇い入れたとき。
b．危険または有害な業務で，法令に定めるものに労働者を就かせるとき。
c．労働者の作業内容を変更したとき。

土木法規

# 第２章　国土交通省関係

## ●出題傾向分析

### 建設業法（出題数１問）

| 出題事項 | 設問内容 | 出題頻度 |
|---|---|---|
| 技術者制度 | 主任技術者・監理技術者・施工体制台帳 | 隔年程度 |
| 元請人の義務 | 特定建設業者，支払，営業許可 | 隔年程度 |

### 河川法（出題数１問）

| 出題事項 | 設問内容 | 出題頻度 |
|---|---|---|
| 河川管理者 | 河川管理者の許可が必要な行為 | 隔年程度 |
| 河川法一般 | 河川の種類と管理者，河川区域などの定義 | 隔年程度 |

### 建築基準法（出題数１問）

| 出題事項 | 設問内容 | 出題頻度 |
|---|---|---|
| 仮設建築物 | 建築基準法の適用緩和 | ５年に１回程度 |
| 用　語 | 容積率・建ぺい率，接道規定，主要構造部 | ほぼ毎年 |

### 道路法（出題数１問）

| 出題事項 | 設問内容 | 出題頻度 |
|---|---|---|
| 道路占用・車両制限 | 占用許可，車両制限令の最高限度 | 隔年程度 |
| 道路法一般 | 道路区分と管理者，標識設置・通行制限 | 隔年程度 |

## ◎学習の指針

１．国土交通省関係の法律として，建設業法・河川法・建築基準法・道路法から，毎年１問ずつ出題されている。

２．建設業法では技術者制度や元請人の義務，河川法では河川管理の基本事項，建築基準法では建ぺい率などの用語の意味，道路法では道路の占用などを問う出題頻度が高い。

３．出題される内容は，毎年ほぼ同じで，各法令の基本的事項がほとんどである。過去問の演習で出題されていた内容を整理し，覚えておくとよい。

## 3-2 土木法規 建設業法 主任技術者・監理技術者 ★★★

**フォーカス** 主任技術者・監理技術者の設置要件，特定建設業者の許可要件，施工体制台帳などに関する出題が多い。設問から要点を覚えておく。

**1** 建設業法に関する次の記述のうち，**誤っているもの**はどれか。

(1) 建設業とは，元請，下請その他いかなる名義をもってするかを問わず，建設工事の完成を請け負う営業をいう。

(2) 軽微な建設工事のみを請け負うことを営業とする者を除き，建設業を営もうとする者は，すべて国土交通大臣の許可を受けなければならない。

(3) 建設業者は，その請け負った建設工事を，いかなる方法をもってするかを問わず，原則として一括して他人に請け負わせてはならない。

(4) 施工体系図は，各下請負人の施工の分担関係を表示したものであり，作成後は当該工事現場の見やすい場所に掲示しなければならない。

**解 答** 軽微な建設工事のみを請け負うことを営業とする者を除き，建設業を営もうとする者は，都道府県知事または国土交通大臣の許可を受けなければならない。

したがって，(2)は**誤っている**。 **答** (2)

**2** 建設業法に関する次の記述のうち，**誤っているもの**はどれか。

(1) 主任技術者は，現場代理人の職務を兼ねることができない。

(2) 建設業法には，建設業の許可，請負契約の適正化，元請負人の義務，施工技術の確保などが定められている。

(3) 主任技術者は，建設工事の施工計画の作成，工程管理，品質管理その他の技術上の管理などを誠実に行わなければならない。

(4) 建設工事の施工に従事する者は，主任技術者がその職務として行う指導に従わなければならない。

**解 答** 主任技術者は，現場代理人の職務を兼ねることができる。

したがって，(1)は**誤っている**。 **答** (1)

**3** 建設業法に定められている主任技術者及び監理技術者の職務に関する次の記述のうち，**誤っているもの**はどれか。

土木法規

(1)　当該建設工事の施工計画の作成を行わなければならない。
(2)　当該建設工事の工程管理を行わなければならない。
(3)　当該建設工事の下請契約書の作成を行わなければならない。
(4)　当該建設工事の品質管理を行わなければならない。

**解 答**　当該建設工事の下請契約書の作成は，主任技術者及び監理技術者の職務ではない。

**答**　(3)

**4**　建設業法に関する次の記述のうち，**誤っているもの**はどれか。

(1)　建設業者は，その請け負った建設工事を施工するときは，当該工事現場における建設工事の施工の技術上の管理をつかさどる主任技術者を置かなければならない。
(2)　元請負人は，請け負った建設工事を施工するために必要な工程の細目，作業方法を定めようとするときは，あらかじめ下請負人の意見を聞かなくてもよい。
(3)　発注者から直接建設工事を請け負った特定建設業者は，その下請契約の請負代金の額が政令で定める金額未満の場合においては，監理技術者を置かなくてもよい。
(4)　元請負人は，前払金の支払いを受けたときは，下請負人に対して，資材の購入など建設工事の着手に必要な費用を前払金として支払うよう適切な配慮をしなければならない。

**解 答**　元請負人は，請け負った建設工事を施工するために必要な工程の細目，作業方法を定めようとするときは，あらかじめ下請負人の意見を聞かなければならない。

したがって，(2)は，**誤っている**。

**答**　(2)

## 試験によく出る重要事項

### 建設業法

a．請け負った工事を一括して他人に請け負わせてはならない。
b．工事を施工するとき，主任技術者を置かなければならない。
c．発注者から直接建設工事を請け負った特定建設業者は，下請契約の請負代金額が 4,000 万円以上の場合は，監理技術者を置く。
d．現場代理人・主任技術者・監理技術者は，兼ねることができる。

## 3-2 土木法規 河川法 河川区域内の行為 ★★★

**フォーカス** 河川区域および河川保全区域内において，河川管理者の許可が必要な行為についての出題が多い，過去問から要点を整理し，覚えておく。

**5** 河川区域内における河川管理者の許可に関する次の記述のうち，河川法上，**正しいものはどれか。**

⑴ 河川の上空に送電線を架設する場合は，河川管理者の許可を受ける必要はない。

⑵ 取水施設の機能を維持するために取水口付近に堆積した土砂等を排除する場合は，河川管理者の許可を受ける必要はない。

⑶ 河川の地下を横断して下水道管を設置する場合は，河川管理者の許可を受ける必要はない。

⑷ 道路橋の橋脚工事を行うための工事資材置場を河川区域内に新たに設置する場合は，河川管理者の許可を受ける必要はない。

**解答** ⑴⑶⑷は，河川管理者の許可を受ける必要がある。

⑵は，記述のとおり**正しい。** **答** ⑵

**6** 河川法に関する次の記述のうち，河川管理者の許可を**必要としないもの**はどれか。

⑴ 河川区域内の上空に設けられる送電線の架設

⑵ 河川区域内に設置されている下水処理場の排水口付近に積もった土砂の排除

⑶ 新たな道路橋の橋脚工事に伴う河川区域内の工事資材置き場の設置

⑷ 河川区域内の地下を横断する下水道トンネルの設置

**解答** 河川区域内に設置されている下水処理場の排水口付近に積もった土砂の排除は，河川管理者の許可を**必要としない。** **答** ⑵

**7** 河川法に関する次の記述のうち，**誤っているもの**はどれか。

⑴ 1級及び2級河川以外の準用河川の管理は，市町村長が行う。

⑵ 河川区域内で道路橋工事用桟橋を設置する場合は，河川管理者の許可を

土木法規

受けなくてよい。

(3)　河川の上空を横断する送電線を設置する場合は，河川管理者の許可を受けなければならない。

(4)　河川保全区域とは，河川管理施設を保全するために河川管理者が指定した区域である。

**解答**　河川区域内で道路橋工事用桟橋を設置する場合は，河川管理者の許可が必要である。

したがって，(2)は誤っている。　**答**　(2)



## 試験によく出る重要事項

### 河川管理者の許可が必要な主な行為

| | | |
|---|---|---|
| 河川区域 | 土地の占用 | 公園・広場・鉄塔・橋台，工事用道路，上空の電線，高圧線，橋梁，地下のサイホン，下水管などの埋設物 |
| | 土石等の採取 | 砂・竹木・あし・かや・笹・埋木・じゅん菜，工事の際の土石の搬出・搬入 |
| | 工作物の新築等 | 工作物の新築・改築・除去（上空・地下・仮設物も対象） |
| | 土地の掘削等 | 土地の掘削，盛土・切土，その他土地の形状を変更する行為，竹木の栽植・伐採 |
| | 流水の占用 | 排他独占的で長期的な使用 |
| 河川保全区域 | ①土地の掘削または切土（深さ1m以上）。<br>②盛土(高さ3m以上，堤防に沿う長さ20m以上)。その他，土地の形状を変更する行為。<br>③工作物の新築または改築（コンクリート造・石造・れんが造等の堅固なもの，および貯水池・水槽・井戸・水路等，水が浸透する恐れがあるもの)。 | |

注.「河川法施行令」第34条

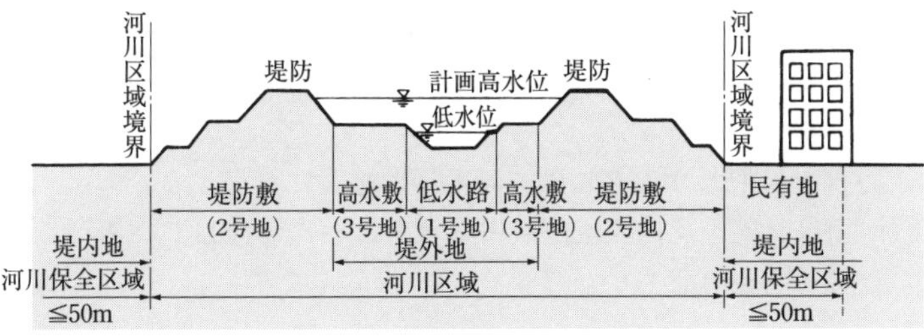


河川断面図

## 3-2 土木法規 河川法 河川法，河川管理者 ★★

**フォーカス** 河川法の目的や1級河川，2級河川等，河川管理者の区分に関する問題が時々出るので，基本事項は覚えておく。

**8** 河川法に関する次の記述のうち，**誤っているもの**はどれか。

(1) 河川の管理は，原則として，一級河川を国土交通大臣，二級河川を都道府県知事がそれぞれ行う。

(2) 河川は，洪水，津波，高潮等による災害の発生が防止され，河川が適正に利用され，流水の正常な機能が維持され，及び河川環境の整備と保全がされるように総合的に管理される。

(3) 河川区域には，堤防に挟まれた区域と堤内地側の河川保全区域が含まれる。

(4) 河川法上の河川には，ダム，堰，水門，床止め，堤防，護岸等の河川管理施設も含まれる。

**解答** 河川区域には，堤内地側の河川保全区域は含まれない。

したがって，(3)は**誤っている**。 **答** (3)

**9** 河川法に関する次の記述のうち，**正しいもの**はどれか。

(1) 河川法の目的は，洪水や高潮等による災害防御と水利用及び河川環境の整備と保全は含まれていない。

(2) 河川保全区域は，河岸又は河川管理施設を保全するために河川管理者が指定した区域である。

(3) 洪水防御を目的とするダムは，河川管理施設には該当しない。

(4) すべての河川は，国土交通大臣が河川管理者として管理している。

**解答** (1) 河川法の目的は，洪水や高潮等による災害防御と水利用及び河川環境の整備と保全である。

(3) 洪水防御を目的とするダムは，河川管理施設に該当する。

(4) 1級河川は，国土交通大臣が河川管理者として管理している。

(2)は，記述のとおり**正しい**。 **答** (2)

土木法規

**10**　河川法に関する次の記述のうち，**正しいもの**はどれか。

(1)　2級河川の管理は，当該河川の存する市町村を統轄する市町村長が行う。

(2)　洪水防御を目的とするダムは，河川管理施設に該当しない。

(3)　河川の上空に送電線を架設する場合は，河川管理者の許可は必要ない。

(4)　道路橋の橋脚工事を行うための工事資材置場を河川区域内に新たに設置する場合は，河川管理者の許可が必要である。

**解 答**　(1)　2級河川の管理は都道府県知事が行う。

(2)　洪水防御を目的とするダムは，河川管理施設に該当する。

(3)　河川の上空に送電線を架設する場合は，河川管理者の許可を必要とする。

(4)は，記述のとおり**正しい**。　**答**　(4)



**11**　河川法に関する次の記述のうち，**正しいもの**はどれか。

(1)　道路橋脚工事を行うため，河川区域内に工事用仮設現場事務所を新たに設置する場合は，河川管理者の許可が必要である。

(2)　2級河川の管理は，当該河川の存する市町村を統轄する市町村長が行う。

(3)　洪水防御を目的とするダムは，河川管理施設に該当しない。

(4)　河川の上空に送電線を新たに架設する場合は，河川管理者の許可は必要ない。

**解 答**　(2)　2級河川の管理は，当該河川の存する都道府県知事が行う。

(3)　洪水防御を目的とするダムは，河川管理施設に該当する。

(4)　河川の上空に送電線を新たに架設する場合は，河川管理者の許可を必要とする。

(1)は，記述のとおり**正しい**。　**答**　(1)

試験によく出る重要事項

**河川管理者の区分**

a．1級河川：国土交通大臣。

b．2級河川：都道府県知事。

c．準用河川・普通河川：市町村長。

## 3-2 土木法規 建築基準法 建ぺい率，その他 ★★★

フォーカス 建ぺい率，容積率，建築物の定義，建築物の接道義務，仮設建築物についての「建築基準法」の適用除外項目に関する出題が多いので，これらの用語の定義を覚えておく。

**12** 建築基準法に関する次の記述のうち，**誤っているもの**はどれか。

(1) 建築物に附属する塀は，建築物ではない。
(2) 学校や病院は，特殊建築物である。
(3) 都市計画区域内の道路は，原則として幅員4m以上のものをいう。
(4) 都市計画区域内の建築物の敷地は，原則として道路に2m以上接しなければならない。

**解答** 建築物に附属する塀は，建築物である。
したがって，(1)は**誤っている。** **答** (1)

**13** 建築基準法に関する次の記述のうち，**誤っているもの**はどれか。

(1) 建ぺい率は，建築物の建築面積の敷地面積に対する割合である。
(2) 特殊建築物は，学校，病院，劇場などをいう。
(3) 容積率は，建築物の延べ面積の敷地面積に対する割合である。
(4) 建築物の主要構造部は，壁を含まず，柱，床，はり，屋根をいう。

**解答** 建築物の主要構造部は，壁，柱，床，はり，屋根または階段をいう。
したがって，(4)は**誤っている。** **答** (4)

**14** 建築基準法上，主要構造部に**該当しないもの**は次のうちどれか。

(1) 壁　　(3) はり
(2) 屋根　　(4) 間柱

**解答** 間柱は，主要構造部に**該当しない。** **答** (4)

**15** 建築基準法上，現場に設ける延べ面積が50 m$^2$を超える仮設建築物に関する次の記述のうち，**正しいもの**はどれか。

(1) 工事着手前に，建築主事へ確認の申請書を提出しなければならない。

土木法規

(2) 準防火地域に設ける建築物の屋根の構造は，政令で定める技術的基準などに適合するものとする。
(3) 建築物の延べ面積の敷地面積に対する割合(容積率)の規定が適用されるものとする。
(4) 仮設建築物を除去する場合は，都道府県知事に届け出なければならない。

**解答** (1) 工事着手前に，建築主事へ確認の申請書を提出しなくてよい。
(3) 建築物の延べ面積の敷地面積に対する割合(容積率)の規定は適用されない。
(4) 仮設建築物を除去する場合は，都道府県知事に届け出なくてよい。
(2)は，記述のとおり**正しい**。 **答** (2)



**16** 建築基準法に関する次の記述のうち，**正しいものはどれか**。
(1) 建築物とは，土地に定着する工作物のうち屋根及び柱若しくは壁を有するもので，これに付属する塀，門も含まれる。
(2) 敷地を造成するための擁壁は，道路の構造に影響を与えなければ，道路内又は道路に突き出して築造できる。
(3) 工事現場の仮設建築物は，建築物の大きさによらず，建築基準法の適用についてはすべて除外される。
(4) 工事現場の仮設建築物を建築する場合には，建築確認申請を行わなくてはならない。

**解答** (2) 敷地を造成するための擁壁は，道路内又は道路に突き出して築造できない。
(3) 工事現場の仮設建築物であっても，項目によっては，建築基準法の適用を受ける。
(4) 工事現場の仮設建築物を建築する場合には，建築確認申請を行わなくてもよい。
(1)は，記述のとおり**正しい**。 **答** (1)

## 試験によく出る重要事項

### 「建築基準法」上の用語の定義など

a．建築物：土地に定着する屋根および柱，もしくは，壁を有する工作物。
b．建ぺい率：建築物の面積の敷地面積に対する割合。
c．容積率：建築物の延べ面積の敷地面積に対する割合。
d．仮設建築物：建築確認申請の手続きや容積率，建ぺい率の適用は受けない。

## 3-2 土木法規 道路法 道路法 ★★★

**フォーカス** 道路法に関する問題では，電柱・水道・ガス管の設置等，道路管理者の許可が必要な事項についての出題が多い。占用許可の要件を覚えておく。

**17** 道路法に関する次の記述のうち，**誤っているもの**はどれか。

(1) 道路上の規制標識は，規制の内容に応じて道路管理者又は都道府県公安委員会が設置する。

(2) 道路管理者は，道路台帳を作成しこれを保管しなければならない。

(3) 道路案内標識などの道路情報管理施設は，道路附属物に該当しない。

(4) 道路の構造に関する技術的基準は，道路構造令で定められている。

**解答** 道路案内標識などの道路情報管理施設は，道路附属物に該当する。
したがって，(3)は**誤っている**。　**答** (3)

**18** 道路法上，道路占用者が道路を掘削する場合に**用いてはならない方法**は，次のうちどれか。

(1) えぐり掘り　(2) つぼ掘り　(3) 推進工法　(4) 溝掘り

**解答** えぐり掘りは，道路を掘削する場合に**用いてはならない**。　**答** (1)

**19** 道路の占用許可に関し，道路法上，道路管理者に提出すべき申請書に記載する事項に**該当しないもの**は，次のうちのどれか。

(1) 道路の占用期間，場所

(2) 工事実施の方法，時期

(3) 工事に要する費用

(4) 工作物，物件又は施設の構造

**解答** 工事に要する費用は，道路管理者に提出すべき申請書に記載する事項に該当しない。
(1)，(2)，(4)の事項は，申請書に記載しなければならない事項である。
したがって，(3)は**該当しない**。　**答** (3)

土木法規

**20** 道路法上，道路に工作物又は施設を設け，継続して道路を使用する行為に関する次の記述のうち，占用の許可を**必要としないもの**はどれか。

(1) 当該道路の道路情報提供装置を設置する場合
(2) 電柱，電線，郵便差出箱，広告塔を設置する場合
(3) 水管，下水道管，ガス管を埋設する場合
(4) 高架の道路の路面下に事務所，店舗を設置する場合

**解 答** (2)~(4)は，道路管理者の許可が必要となる。

(1)の道路情報提供装置は，道路付属物なので，許可は不要である。**答** (1)



**21** 道路法に関する次の記述のうち，**正しいもの**はどれか。

(1) 車両制限令に定められている制限値をこえる車両の走行は，労働基準監督署長の許可が必要である。
(2) 道路標識の設置は，すべて道路管理者が行う。
(3) 道路に埋設された上下水道，ガス等の施設は，公共施設であるため，道路の占用の許可が免除されている。
(4) 一般国道には，国が管理する区間と，都道府県又は指定市が管理する区間がある。

**解 答** (1) 車両制限令に定められている制限値をこえる車両の走行は，道路管理者の許可が必要である。

(2) 道路標識の設置は，道路管理者及び交通管理者が行う。
(3) 道路に埋設された上下水道，ガス等の施設は，公共施設であっても，道路の占用の許可が必要である。

(4)は，記述のとおり**正しい**。 **答** (4)

## 試験によく出る重要事項

### 道路管理者の許可が必要な行為

① 道路：電柱・電線・水道管・下水道管・ガス管・郵便差出箱・広告塔等の設置。
② 道路上：工事用板囲い，足場，工事用資材置き場等の設置。

## 3-2 土木法規 道路法 車両制限令 ★★★

**フォーカス** 車両制限令に関する問題は，車両の幅・長さ・高さ・重量等に関する制限値の問題がほとんどなので，これらの数値を覚えておく。

**22** 車両の総重量等の最高限度に関する次の記述のうち，車両制限令上，**正しいものはどれか**。ただし，高速自動車国道又は道路管理者が道路の構造の保全及び交通の危険防止上支障がないと認めて指定した道路を通行する車両，及び高速自動車国道を通行するセミトレーラ連結車又はフルトレーラ連結車を除く車両とする。

(1) 車両の総重量は，10 t
(2) 車両の長さは，20 m
(3) 車両の高さは，4.7 m
(4) 車両の幅は，2.5 m

**解 答** (1) 車両の総重量は，20 t
(2) 車両の長さは，12 m
(3) 車両の高さは，3.8 m
(4)は，記述のとおり**正しい**。

**答** (4)

### 試験によく出る重要事項

**車両制限**(いずれも，各数値以下であること)

a．幅：2.5 m
b．長さ：12 m(セミトレーラは 16.5 m)
c．高さ：3.8 m(道路管理者が指定した道路を通行する車両は 4.1 m)
d．輪荷重：5 t
e．軸重：10 t
f．最小回転半径：12 m
g．車両総重量：20 t(高速自動車国道及び道路管理者が指定した道路は 25 t)

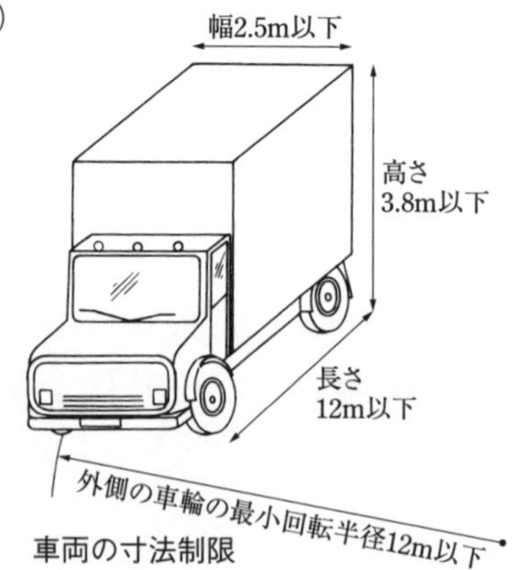

車両の寸法制限

# 第3章　環境関係，その他

## ●出題傾向分析

**火薬類取締法**(出題数1問)

| 出題事項 | 設問内容 | 出題頻度 |
|---|---|---|
| 火薬の取扱い | 盗難の届出先，存置・運搬時の対策 | 隔年程度 |
| 火工所・火薬庫 | 火工所での作業，設置基準，見張人の配置 | 隔年程度 |

**騒音規制法・振動規制法**(出題数2問)

| 出題事項 | 設問内容 | 出題頻度 |
|---|---|---|
| 騒音規制法 | 特定建設作業と対象作業，規制基準 | 隔年程度 |
| 振動規制法 | 特定建設作業の対象作業，規制基準 | 隔年程度 |
| 地域指定，届出 | 特定建設作業の届出先 | 隔年程度 |

**港則法**(出題数1問)

| 出題事項 | 設問内容 | 出題頻度 |
|---|---|---|
| 航法，許可 | 航路内通行ルール，港長の作業許可の必要な行為 | 毎年 |

## ◎学習の指針

1．火薬類取締法では，火薬類の取扱いの規定，火工所・火薬庫での作業，盗難・紛失の際の届出などが，高い頻度で出題されている。爆発物に対する安全対策を行う時の常識で解答できるものも多い。

2．騒音規制法・振動規制法では，特定建設作業となる作業の内容，特定建設作業の届出先と届出事項，それぞれの規制基準の値などが出題されている。例年同じ内容なので，過去問の演習で要点を覚えるとよい。

3．港則法では，航路内を通行する船舶の交通ルールと，港内での作業等についての港長許可の出題が多い。過去問の演習で，基本事項を覚えていれば解ける内容である。

## 3-3 土木法規 騒音規制法 振動規制法 特定建設作業 ★★★

**フォーカス** 騒音規制法・振動規制法における特定建設作業となる作業の種類，規制基準値，届け出先などが繰り返し出題されている。



**1** 騒音規制法上，指定地域内において特定建設作業を施工しようとする者が，届け出なければならない事項として，**該当しないもの**は次のうちどれか。

(1) 特定建設作業の場所
(2) 特定建設作業の実施期間
(3) 特定建設作業の概算工事費
(4) 騒音の防止の方法

**解答** (1)(2)(4)は，届け出なければならない事項に該当する。
特定建設作業の概算工事費は，**該当しない**。 **答** (3)

**2** 騒音規制法上，建設機械の規格や作業の状況などにかかわらず指定地域内において特定建設作業の**対象とならない作業**は，次のうちどれか。ただし，当該作業がその作業を開始した日に終わるものを除く。

(1) さく岩機を使用する作業
(2) バックホウを使用する作業
(3) 舗装版破砕機を使用する作業
(4) ブルドーザを使用する作業

**解答** 舗装版破砕機を使用する作業は，騒音規制法上の特定建設作業の**対象とならない**。振動規制法上の特定建設作業の対象となる。 **答** (3)

**3** 騒音規制法上，指定地域内において特定建設作業を伴う建設工事を施工しようとする者が，作業開始前に市町村長に実施の届出をしなければならない期限として**正しいもの**は，次のうちどれか。

(1) 3日前まで (2) 7日前まで (3) 14日前まで (4) 21日前まで

**解答** 作業開始7日前までに市町村長に実施の届出をしなければならない。
**答** (2)

**4** 振動規制法上，指定地域内において特定建設作業を施工しようとする者が行う，特定建設作業の実施に関する届出先として，**正しいもの**は次のうちどれか。

(1) 都道府県知事
(2) 所轄警察署長
(3) 労働基準監督署長
(4) 市町村長

**解答** 特定建設作業の実施に関する届出先は，市町村長である。 **答** (4)

**5** 振動規制法上，指定地域内において特定建設作業の**対象とならない作業**は，次のうちどれか。ただし，当該作業がその作業を開始した日に終わるものを除く。

(1) 油圧式くい抜機を除くくい抜機を使用する作業
(2) 1日の2地点間の最大移動距離が50 m を超えない手持式ブレーカによる取り壊し作業
(3) 1日の2地点間の最大移動距離が50 m を超えない舗装版破砕機を使用する作業
(4) 鋼球を使用して工作物を破壊する作業



**解 答** 手持式ブレーカは，特定建設作業の**対象とならない**。 **答** (2)

**6** 振動規制法上，特定建設作業の**対象とならない**建設機械の作業は，次のうちどれか。ただし，当該作業がその作業を開始した日に終わるものを除くとともに，1日における当該作業に係る2地点間の最大移動距離が50 m を超えない作業とする。

(1) ディーゼルハンマ　　(3) ソイルコンパクタ
(2) 舗装版破砕機　　(4) ジャイアントブレーカ

**解 答** ソイルコンパクタは，特定建設作業の**対象とならない**。 **答** (3)

## 試験によく出る重要事項

### 特定建設作業

a．**特定建設作業を伴う建設工事の届け出**：作業開始の7日前までに市町村長に届け出る。

b．**規制値**：敷地の境界線において騒音は85デシベル，振動は75デシベルを超えないこと。ただし，当該作業がその日のうちに終わるものを除く。

c．**特定建設作業**：以下の機械を使用した作業

1．騒音規制法：①くい打機(圧入式を除く)，②びょう打機，③さく岩機，④空気圧縮機(電動機以外の原動機使用のもので，定格出力15 kw 以上)，⑤コンクリートプラント(混練容量0.45 $m^3$ 以上)，アスファルトプラント(混練重量200 kg 以上)，⑥バックホウ(原動機の定格出力80 kw 以上)，⑦トラクターショベル(原動機の定格出力70 kw 以上)，⑧ブルドーザ(原動機の定格出力40 kw 以上)

2．振動規制法：①くい打機(もんけんおよび圧入式を除く)，②くい打・くい抜機(圧入式を除く)，③鋼球，④ 舗装版破砕機，⑤ブレーカ(手持ち式を除く)

## 3-3 土木法規 火薬類取締法 火薬類の取扱い ★★★

**フォーカス** 火薬類の運搬，発破作業における取り扱いに関する規定の問題が多い。過去問の演習で，基本事項を覚えておく。

**7** 火薬類取締法上，火薬類の取扱いに関する次の記述のうち，**誤っているもの**はどれか。

(1) 火薬類を収納する容器は，木その他電気不良導体で作った丈夫な構造のものとし，内面には鉄類を表さないこと。

(2) 火薬類を存置し，又は運搬するときは，火薬，爆薬，導火線と火工品とを同一の容器に収納すること。

(3) 固化したダイナマイト等は，もみほぐすこと。

(4) 18歳未満の者は，火薬類の取扱いをしてはならない。

**解答** 火薬類を存置し，又は運搬するときは，火薬，爆薬，導火線と火工品とをそれぞれ異なった容器に収納すること。

したがって，(2)は**誤っている**。 **答** (2)

**8** 火薬類取扱所及び火工所に関する次の記述のうち，火薬類取締法上，**誤っているもの**はどれか。

(1) 火薬類取扱所に存置することのできる火薬類の数量は，1日の消費見込量以下である。

(2) 火薬類取扱所及び火工所の責任者は，火薬類の受払い及び消費残数量をそのつど明確に帳簿に記録する。

(3) 火工所に火薬類を存置する場合には，必要に応じて見張人を配置する。

(4) 薬包に雷管を取り付ける作業は，火工所以外の場所で行ってはならない。

**解答** 火工所に火薬類を存置する場合には，常時，見張人を配置する。

したがって，(3)は**誤っている**。 **答** (3)

**9** 火薬類の取扱いに関する次の記述のうち，火薬類取締法上，**誤っているもの**はどれか。

(1) 消費場所で火薬類を取り扱う者は，腕章を付ける等他の者と容易に識別できる措置を講じなければならない。

(2) 火薬庫内に入る場合には，搬出入装置を有する火薬庫を除いて土足で入ることは禁止されている。

土木法規

(3) 火薬類を装てんする場合の込物は，砂その他の発火性又は引火性のないものを使用し，かつ，摩擦，衝撃，静電気等に対して安全な装てん機，又は装てん具を使用する。

(4) 工事現場に設置した２級火薬庫に火薬と導火管付き雷管を貯蔵する場合は，管理を一元化するために同一火薬庫に貯蔵しなければならない。

**解答** 火薬と導火管付き雷管を同一火薬庫に貯蔵してはならない。
したがって，(4)は誤っている。 **答** (4)



### 試験によく出る重要事項

## 火薬取り扱い上の留意点

a．火薬庫の設置：指定完成検査機関の完成検査が必要。
b．火薬類の取扱：火薬類取扱保安責任者・火薬類取扱副保安責任者を選任。
c．火薬類の陸上輸送：発送地を管轄する都道府県公安委員会へ届け出て，運搬証明書の交付が必要。
d．火薬類が残った場合：元の火薬類取扱所又は火工所へ返送。
e．発破作業員：腕章・保護帽の標示等により，他の作業員と識別。
f．発破作業：発破技士免許等を取得した者が作業を実施。
g．盗取された場合：警察官または海上保安官へ届け出る。

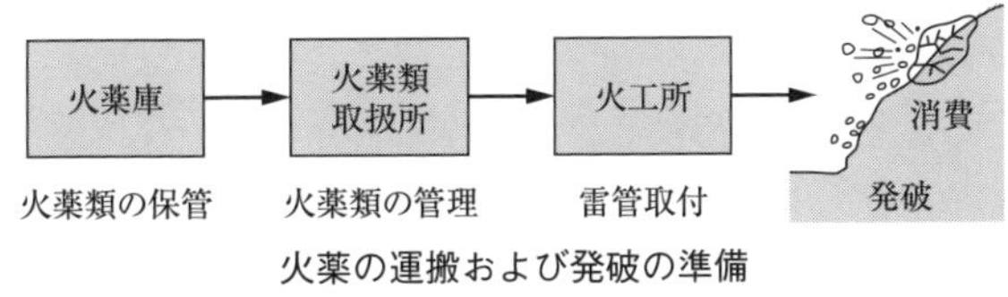


火薬の運搬および発破の準備

| 3-3 | 土木法規 | 港則法 | 航　法 | ★★★ |
|---|---|---|---|---|

**フォーカス** 港内における船舶の航行規則や工事をする場合の届出に関する出題が多い。特に，航行規則はしっかりと覚えておく。

**10** 港内の船舶の航路及び航法に関する次の記述のうち，港則法上，**誤っているもの**はどれか。

(1) 港内又は港の境界附近における船舶の交通の妨げとなるおそれのある強力な灯火をみだりに使用してはならない。

(2) 船舶は，航路内において，他の船舶と行き会うときは，左側を航行しなければならない。

(3) 汽艇等以外の船舶は，特定港に出入し，又は特定港を通過するときは，原則として規則で定める航路を通らなければならない。

(4) 船舶は，航路内においては，他の船舶を追い越してはならない。

**解答** 船舶は，航路内において，他の船舶と行き会うときは，右側を航行しなければならない。

したがって，(2)は**誤っている**。 **答** (2)



## 試験によく出る重要事項

### 港則法の主な規制

① 航路内は，右側航行，並列航行禁止，追越し禁止である。

② 港内において停泊船舶を右げんに見て航行するときは，これに近寄って航行。

③ 汽船が，港の防波堤の入口または入口附近で他の汽船と出会う虞のあるときは，入港する汽船は，防波堤の外で出港する汽船の進路を避けなければならない。

④ 特定港に入港または出港しようとするときは，港長へ届出る。

⑤ 特定港内での工事や作業，危険物の積込み・積替え・卸し・運搬は，港長の許可が必要。

# 第４編　共通工学

測　　量……………………………………169
設計図書……………………………………173
機械・電気…………………………………178

共通工学は，測量，設計図書，機械・電気から各１問出題され，全てを解答する必須科目です。

**過去問の演習で，基礎的知識を覚えておきましょう。**

# 測量，設計図書，機械・電気

## ●出題傾向分析

**測　量**(出題数1問)

| 出題事項 | 設問内容 | 出題頻度 |
|---|---|---|
| 水準測量 | 地盤高の計算，誤差消去 | 隔年程度 |
| 測量機器 | TS，電子レベル等の測量機器の概要と特徴 | 隔年程度 |

**設計図書**(出題数2問)

| 出題事項 | 設問内容 | 出題頻度 |
|---|---|---|
| 公共工事標準請負契約約款 | 材料検査・完成検査，支給材料，設計図書，一括下請禁止 | 毎年 |
| 図面の見方 | 堤防・橋梁・擁壁・道路・橋梁などの設計図，溶接記号 | 毎年 |

**機械・電気**(出題数1問)

| 出題事項 | 設問内容 | 出題頻度 |
|---|---|---|
| 建設機械 | 掘削・締固め・運搬などの機械の概要と特徴 | 毎年 |

## ◎学習の指針

1．測量では，TSなど測量機器の概要を覚えておく。地盤高の計算は，必ずできるよう練習しておく。
2．設計図書では，公共工事標準請負契約約款と設計図書の見方が出題されている。公共工事標準請負契約約款の受注者の規定について，過去問で確認しておくとよい。
3．設計図面は，毎年，異なる構造物の図面が出題されている。
4．建設機械に対する知識は，土工・施工管理でも出題されるので，各分野で出題されている機械については，概要や特徴を覚えておく。

## 4-1　共通工学　測　量　誤差消去　★★

**フォーカス**　測量の誤差には，自然誤差と機械誤差とがある。誤差の種類・名称と，消去法とを覚えておく。

**1**　下図のように測点Bにトータルステーションを据付け，直線ABの延長線上に点Cを設置する場合，その方法に関する次の文章の［(イ)］～［(ハ)］に当てはまる適切な語句の組合せで，**適当なもの**は次のうちどれか。

1) 図のようにトータルステーションを測点Bに据付け，望遠鏡［(イ)］で点Aを視準して望遠鏡を［(ロ)］し，点C′をしるす。

2) 望遠鏡［(ハ)］で点Aを視準して望遠鏡を［(ロ)］し，点C″をしるす。

3) C′C″の中点に測点Cを設置する。

| | (イ) | (ロ) | (ハ) |
|---|---|---|---|
| (1) | 正位 | 反位 | 反転 |
| (2) | 反転 | 正位 | 反位 |
| (3) | 正位 | 反転 | 反位 |
| (4) | 反位 | 正位 | 反転 |

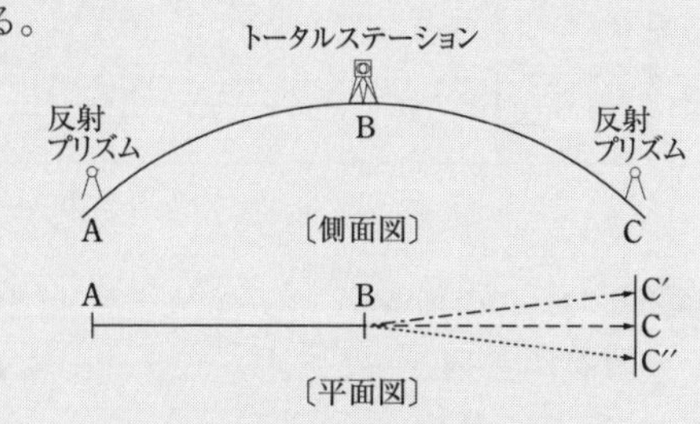


**解答**　1) 望遠鏡［(イ) 正位］で点Aを視準して望遠鏡を［(ロ) 反転］し，点C′をしるす。

2) 望遠鏡［(ハ) 反位］で点Aを視準して望遠鏡を［(ロ) 反転］し，点C″をしるす。

すなわち，地球の丸みによる誤差を，等視準距離・正反観測で消去できることを表わしている。

したがって，(3)が**適当である**。　**答**　(3)

**2**　水準測量における誤差の原因のうち，器械的誤差に**該当しないもの**は次のうちどれか。

(1)　視準軸が水平でないために生じる誤差

(2)　地球の曲率により生じる誤差

(3)　標尺の底面が零目盛と一致していないために生じる誤差

(4)　標尺の目盛が不完全なために生じる誤差

**解答**　地球の曲率により生じる誤差は自然誤差である。

したがって，(2)が**該当しない**。　**答**　(2)

共通工学

| 4-1 | 共通工学 | 測 量 | 水準測量，地盤高の計算 | ★★★ |
|---|---|---|---|---|

フォーカス 水準測量の地盤高の計算については，過去問で演習し，確実に解答できるようにしておく。

**3** 測点No.5の地盤高を求めるため，測点No.1を出発点として水準測量を行い下表の結果を得た。測点No.5の地盤高は次のうちどれか。

| 測定No. | 距離(m) | 後視(m) | 前視(m) | 高低差(m) | | 備考 |
|---|---|---|---|---|---|---|
| | | | | ＋ | － | |
| 1 | | 1.2 | | | | 測定No.1…地盤高　5.0m |
| | 20 | | | | | |
| 2 | | 1.5 | 2.3 | | | |
| | 20 | | | | | |
| 3 | | 2.1 | 1.6 | | | |
| | 20 | | | | | |
| 4 | | 1.4 | 1.3 | | | |
| | 20 | | | | | |
| 5 | | | 1.5 | | | 測定No.5…地盤高 □ m |

(1) 4.0　(2) 4.5　(3) 5.0　(4) 5.5

解 答 No.5の地盤高＝No.1地盤高＋(後視計－前視計)

5.0＋{(1.2+1.5+2.1+1.4)－(2.3+1.6+1.3+1.5)}＝5.0－0.5＝4.5

No.5の地盤高は，4.5 m。　**答** (2)

**4** 下図のようにNo.0からNo.10までの水準測量を行い，図中の結果を得た。No.3の地盤高は次のうちどれか。なお，No.0の地盤高は10.0 mとする。

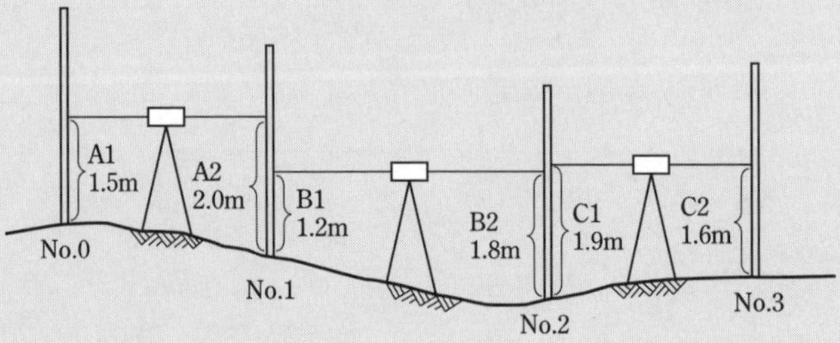

(1) 8.9 m　(2) 9.2 m　(3) 9.5 m　(4) 10.0 m

解 答 地盤高の計算をする。

測点No.1　10.0＋(1.5－2.0)＝9.5

測点No.2　9.5＋(1.2－1.8)＝8.9

測点 No.3　8.9 + (1.9 − 1.6) = 9.2

したがって，(2)が**地盤高**である。　**答** (2)

**5** 公共測量における水準測量に関する次の記述のうち，**適当でないもの**はどれか。

(1) 簡易水準測量を除き，往復観測とする。

(2) 標尺は，2本1組とし，往路と復路との観測において標尺を交換する。

(3) レベルと後視または前視標尺との距離は等しくする。

(4) 固定点間の測点数は奇数とする。

**解答** 固定点間の測点数は偶数とする。

したがって，(4)は**適当でない**。　**答** (4)



## 試験によく出る重要事項

### 地盤高の計算

水準測量による地盤高の計算法は，右図の通り。

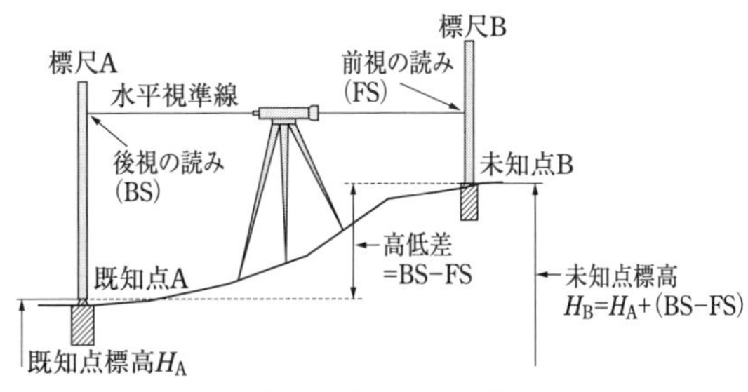


**直接水準測量の計算**

未知点標高 $H_B$ = 既知点標高 $H_A$ + (後視 BS − 前視 FS)

## 4-1 共通工学 測 量 測量機器の種類と特徴 ★★

**フォーカス** 測量機器については，過去の問題で出題された機器の種類と，その機能を覚えておく。

**6** 公共測量に使用される測量機器のうち，最も精密な高低差の測定が可能なものは，次のうちどれか。

(1) 電子レベル
(2) セオドライト(トランシット)
(3) GPS 測量機
(4) トータルステーション

**解 答** 電子レベルは，バーコード標尺を読み込み，測定するもので，高低差を精度よく測定する。

したがって，(1)が最も精密な測定が可能である。 **答** (1)

**7** 測量現場において，1回の視準で水平角，鉛直角及び斜距離の測定が可能なものは次のうちどれか。

(1) セオドライト
(2) トータルステーション
(3) GPS
(4) 光波測距儀

**解 答** トータルステーション(TS)は，光波測距儀とセオドライトを一体化した機能をもつ電子測量機器。1回の視準で水平角・鉛直角および斜距離の測定ができる。 **答** (2)

### 試験によく出る重要事項

**測量機器**

a．トータルステーション(TS)：1回の視準で，水平角・鉛直角・斜距離を測定できる。
b．セオドライト(トランシット)：水平角と鉛直角を測定できる。
c．GNSS 測量(Global Navigation Satellite System)：衛星からの電波を受け，受信機の位置座標(X，Y，Z)を特定する。
d．光波測距儀：反射鏡との間の斜距離を測定する。距離測定用。
e．電子レベル：バーコード標尺を読み込み，高さを測定する。

| 4-2 | 共通工学 | 設計図書 | 公共工事標準請負契約約款 | ★★★ |
|---|---|---|---|---|

**フォーカス** 公共工事標準請負契約約款から，契約図書，材料の取扱い，工期，現場代理人の権限，検査などについて，毎年出題されている。過去問で，設問の内容を中心に覚えておく。

**8** 公共工事標準請負契約約款に関する次の記述のうち，**誤っているもの**はどれか。

(1) 設計図書において監督員の検査を受けて使用すべきものと指定された工事材料の検査に直接要する費用は，受注者が負担しなければならない。

(2) 受注者は工事の施工に当たり，設計図書の表示が明確でないことを発見したときは，ただちにその旨を監督員に通知し，その確認を請求しなければならない。

(3) 発注者は，設計図書において定められた工事の施工上必要な用地を受注者が工事の施工上必要とする日までに確保しなければならない。

(4) 工事材料の品質については，設計図書にその品質が明示されていない場合は，上等の品質を有するものでなければならない。

**解 答** 工事材料の品質については，設計図書にその品質が明示されていない場合は，中等の品質を有するものでなければならない。

したがって，(4)は**誤っている**。 **答** (4)

**9** 公共工事標準請負契約約款に関する次の記述うち，**誤っているもの**はどれか。

(1) 受注者は，設計図書と工事現場の不一致の事実が発見された場合は，監督員に書面により通知して，発注者による確認を求めなければならない。

(2) 発注者は，必要があるときは，設計図書の変更内容を受注者に通知して，設計図書を変更することができる。

(3) 受注者は，工事現場内に搬入した工事材料を監督員の承諾を受けないで工事現場外に搬出することができる。

(4) 発注者は，天災等の受注者の責任でない理由により工事を施工できない場合は，受注者に工事の一時中止を命じなければならない。

**解 答** 受注者は，工事現場内に搬入した工事材料を監督員の承諾を受けないで工事現場外に搬出することはできない。

したがって，(3)は誤っている。

答 (3)

**10** 公共工事で発注者が示す設計図書に**該当しないもの**は，次のうちどれか。

(1) 現場説明書　(2) 実行予算書　(3) 設計図面　(4) 特記仕様書

**解答** 実行予算書は，設計図書に**該当しない**。

答 (2)

**11** 工事の施工に当たり，受注者が監督員に通知し，その確認を請求しなければならない次の記述のうち，公共工事標準請負契約約款上，**該当しないもの**はどれか。

(1) 設計図書に示された施工材料の入手方法を決めるとき。
(2) 設計図書の表示が明確でないとき。
(3) 工事現場の形状，地質が設計図書に示された施工条件と実際とが一致しないとき。
(4) 設計図書に誤謬又は脱漏があるとき。

**解答** 設計図書に示された施工材料の入手方法を決めるときは，**該当しない**。

答 (1)



## 試験によく出る重要事項

### 公共工事標準請負契約約款

a．設計図書：仕様書・設計図・現場説明書，現場説明書に対する質問回答書。
b．一括下請けの禁止：工事を一括して第三者へ委任，または，請け負わせてはならない。
c．破壊検査費用：受注者の負担。
d．検査済の材料：勝手に工事現場外へ搬出してはならない。
e．設計図書の誤り：受注者は監督員に通知し，確認を請求する。
f．現場代理人の常駐：工事現場の運営等に支障がなく，かつ，発注者との連絡体制が確保される場合は，現場に常駐を要しないとすることができる。
g．兼務：現場代理人・主任技術者および監理技術者は兼ねることができる。

| 4-2 | 共通工学 | 設計図書 | 設計図の見方 | ★★★ |
|---|---|---|---|---|

**フォーカス**　図面の見方は，毎年出題されている。地形図の記号，寸法線，コンクリート構造物の断面図，橋梁・河川・道路，溶接構造などの断面図・平面図等を読めるようにしておく。

**12**　下図は道路橋の断面図を示したものであるが，(イ)～(ニ)の構造名称に関する次の組合せのうち，**適当なもの**はどれか。

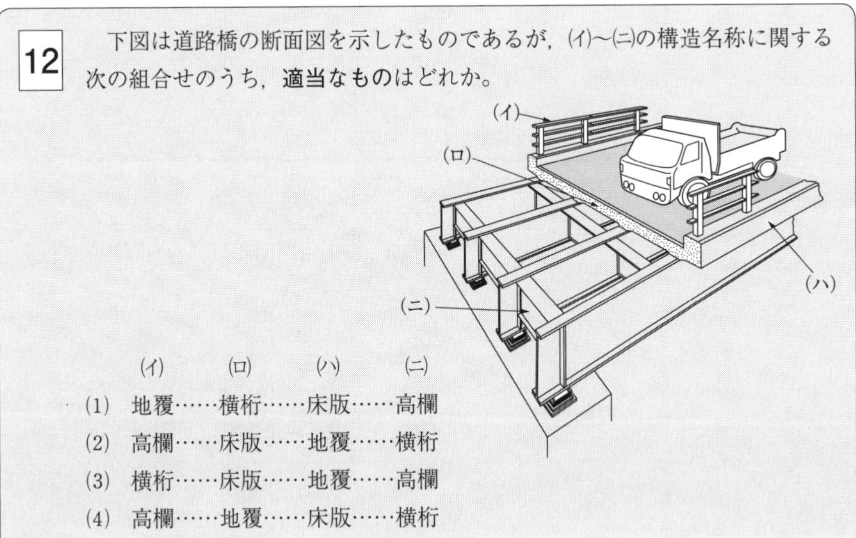


|  | (イ) | (ロ) | (ハ) | (ニ) |
|---|---|---|---|---|
| (1) | 地覆…… | 横桁…… | 床版…… | 高欄 |
| (2) | 高欄…… | 床版…… | 地覆…… | 横桁 |
| (3) | 横桁…… | 床版…… | 地覆…… | 高欄 |
| (4) | 高欄…… | 地覆…… | 床版…… | 横桁 |

**解 答**　(イ)高欄，　(ロ)床版，　(ハ)地覆，　(ニ)横桁

**答**　(2)

**13**　右図は逆Ｔ型擁壁の断面図であるが，逆Ｔ型擁壁各部の名称と寸法記号の表記として2つとも**適当なもの**は，次のうちどれか。

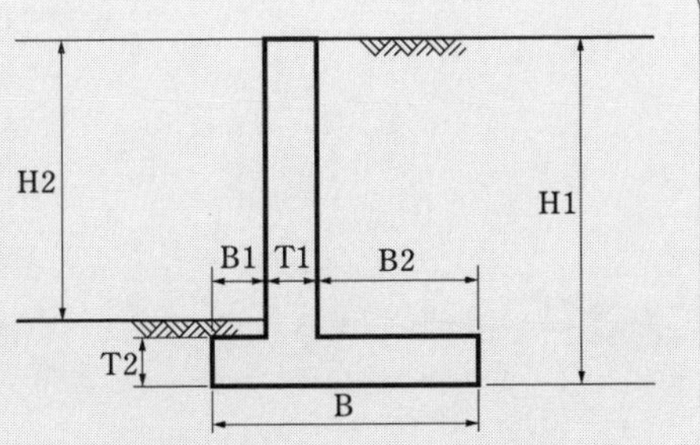


(1)　擁壁の高さ H2，つま先版幅 B1
(2)　擁壁の高さ H1，底版幅 B2
(3)　擁壁の高さ H2，たて壁厚 B1
(4)　擁壁の高さ H1，かかと版幅 B2

**解 答**　擁壁の高さ H1，かかと版幅 B2 である。なお，B は底版幅，T1 はたて壁厚，B1 はつま先版幅，B2 はかかと版幅である。

**答**　(4)

**14**　下図は，河川堤防の横断面を示したものであるが，図のA～Dのうち，表小段はどれか。

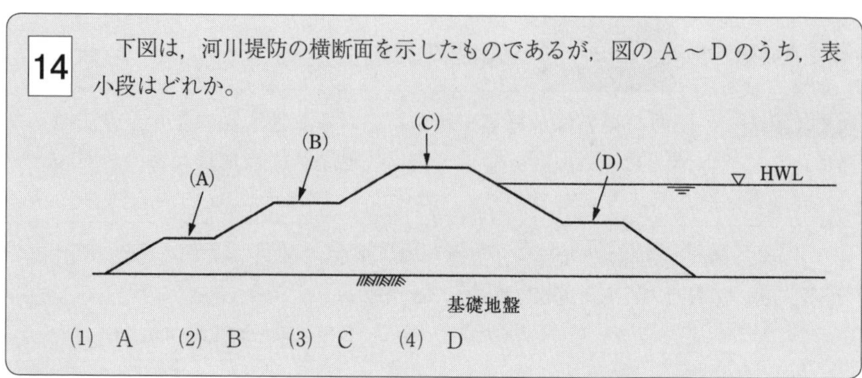


(1)　A　　(2)　B　　(3)　C　　(4)　D

**解答**　A：犬走り
B：裏小段
C：天端
表小段はD。

**答**　(4)

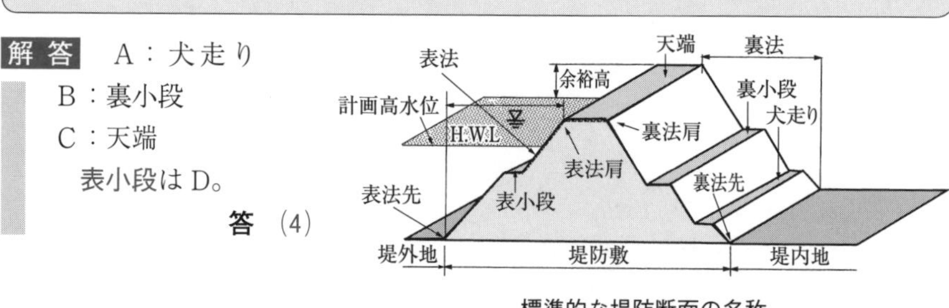


標準的な堤防断面の名称

**15**　下図は，橋梁の一般図を示したものであるが，図中A～Dのうち橋長を示すものはどれか。

(1)　A
(2)　B
(3)　C
(4)　D

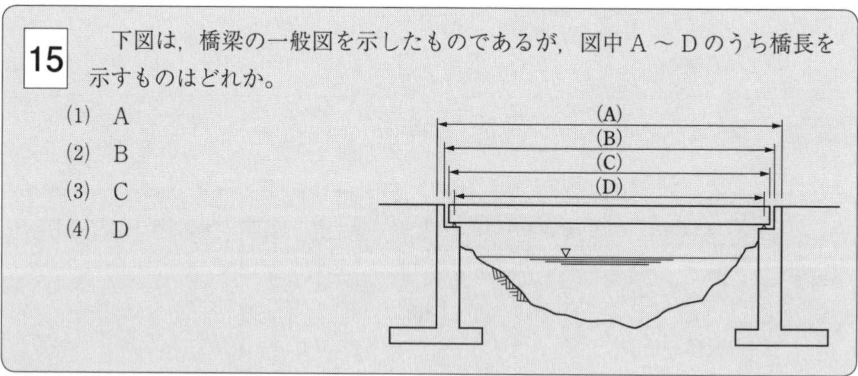


**解答**　橋長はBである。Cは桁長，Dは支間長を示す。

**答**　(2)

**16**　下図は，コンクリート擁壁の種類を示したものである。もたれ式擁壁は，次のA～Dのうちどれか。

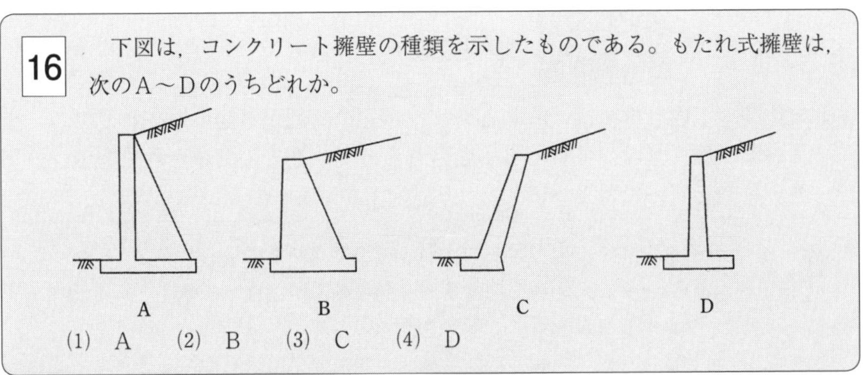


(1)　A　　(2)　B　　(3)　C　　(4)　D

**解答**　Aは控え壁式擁壁，Bは重力式擁壁，Cはもたれ式擁壁，Dは片持ち式擁壁。

**答**　(3)

**17**　下図の溶接部の表示記号及びその意味の組合せとして，次のうち**適当なもの**はどれか

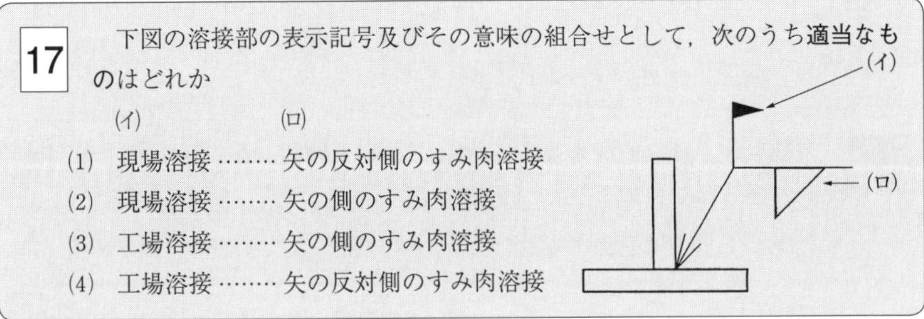


|  | (イ) | (ロ) |
|---|---|---|
| (1) | 現場溶接 | ……… 矢の反対側のすみ肉溶接 |
| (2) | 現場溶接 | ……… 矢の側のすみ肉溶接 |
| (3) | 工場溶接 | ……… 矢の側のすみ肉溶接 |
| (4) | 工場溶接 | ……… 矢の反対側のすみ肉溶接 |

**解答**　(イ)の黒三角旗は，現場溶接を示す。

(ロ)の記号は，矢の側のすみ肉溶接を示す。

したがって，(2)が**適当**である。

**答**　(2)

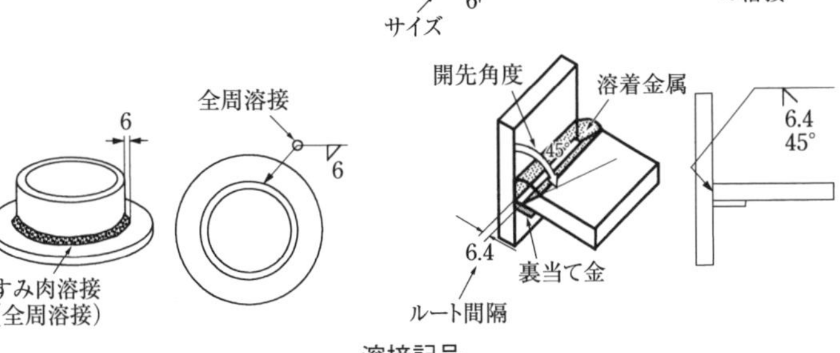


溶接記号

## 4-3 共通工学 機械・電気 建設機械 ★★★

フォーカス 建設機械は，種類と特徴や用途の問題が毎回出題されている。土工および施工管理の分野でも出題されるので，過去に出題された機械は，用途・特徴を覚えておく。



**18** 建設機械に関する次の記述のうち，**適当でないもの**はどれか。

(1) 振動ローラは，鉄輪を振動させながら砂や砂利などの転圧を行う機械で，ハンドガイド型が最も多く使用されている。

(2) スクレーパは，土砂の掘削・積込み，運搬，敷均しを一連の作業として行うことができる。

(3) ブルドーザは，土砂の掘削・押土及び短距離の運搬に適しているほか，除雪にも用いられる。

(4) スクレープドーザは，ブルドーザとスクレーパの両方の機能を備え，狭い場所や軟弱地盤での施工に使用される。

解答 振動ローラは，鉄輪を振動させながら砂や砂利などの転圧を行う機械で，搭乗型が最も多く使用されている。

したがって，(1)は**適当でない**。 **答** (1)

**19** 建設機械に関する次の記述のうち，**適当でないもの**はどれか。

(1) ランマは，振動や打撃を与えて，路肩や狭い場所などの締固めに使用される。

(2) クラムシェルは，水中掘削など広い場所での浅い掘削に使用される。

(3) トラクターショベルは，土の積込み，運搬に使用される。

(4) タイヤローラは，接地圧の調節や自重を加減することができ，路盤などの締固めに使用される。

解答 クラムシェルは，水中掘削など狭い場所での深い掘削に使用される。

したがって，(2)は**適当でない**。 **答** (2)

**20** 建設工事における建設機械の「機械名」と「性能表示」に関する次の組合せのうち，**適当なもの**はどれか。

| | ［機械名］ | ［性能表示］ | | ［機械名］ | ［性能表示］ |
|---|---|---|---|---|---|
| (1) | ロードローラ | …質量(t) | (3) | ダンプトラック | …車両重量(t) |

(2) バックホウ……バケット質量(kg) (4) クレーン…………ブーム長(m)

**解答** (2) バックホウ………バケット容量($m^3$)
(3) ダンプトラック………積載量(t) (4) クレーン………吊上げ荷重(N)
(1)は記述のとおり**適当である**。 **答** (1)

**21** 建設機械に関する次の記述のうち，**適当でないものはどれか**。
(1) バックホウは，硬い土質の掘削にも適し，機械の地盤より低い所の垂直掘りなどに使用される。
(2) ドラグラインは，河川や軟弱地の改修工事に適しており，バックホウに比べ掘削力に優れている。
(3) モータースクレーパは，土砂の掘削，積込み，運搬，まき出し作業に使用される。
(4) ラフテレーンクレーンは，走行とクレーン操作を同じ運転席で行い，狭い場所での機動性にも優れている。

**解答** ドラグラインは，河川や軟弱地の改修工事に適しており，バックホウに比べ掘削力は劣っている。
したがって，(2)は**適当でない**。 **答** (2)

共通工学

## 試験によく出る重要事項

**土工機械の運搬距離・コーン指数・作業勾配**

| 土工機械 | 運搬距離〔m〕 | コーン指数〔kN/$m^2$〕 | 作業勾配〔%〕 |
|---|---|---|---|
| 湿地ブルドーザ | — | 300 以上 | — |
| ブルドーザ | 60 | 500 ～ 700 | 35 ～ 40 以下 |
| スクレープドーザ | 40 ～ 250 | 600 以上 | — |
| 被けん引式スクレーパ | 60 ～ 400 | 700 ～ 1,000 以上 | 15 ～ 25 以下 |
| モータスクレーパ | 200 ～ 1,200 | 1.000 ～ 1.300 以上 | — |
| ダンプトラック | 100 以上 | 1,200 ～ 1,500 以上 | 10 ～ 15 以下 |

**建設機械の性能・主要作業**

| 機械名 | 性能表示 | 主な作業 |
|---|---|---|
| バックホウ | 機械式バケット平積み容量〔$m^3$〕<br>油圧式バケット山積み容量〔$m^3$〕 | 機械より低い所の掘削 |
| パワーショベル | | 掘削・積込 |
| クラムシェル | バケット平積み容量〔$m^3$〕 | 深い掘削 |
| ドラグライン | バケット平積み容量〔$m^3$〕 | 河川浚渫 |

| 機械名 | 性能表示 | 主な作業 |
|---|---|---|
| ブルドーザ | 質量〔t〕 | 掘削・押土・運搬 |
| ロードローラ | 質量〔t〕 | 締固め |
| タイヤローラ | 質量〔t〕 | 締固め |
| 振動ローラ | 質量〔t〕 | 締固め |
| タンピングローラ | 質量〔t〕 | 締固め |
| スクレープドーザ | 質量〔t〕 | 狭い場所の敷均し |
| 自走式スクレーパ | ボウル容量〔$m^3$〕 | 掘削・積込み・運搬・まき出し |
| ダンプトラック | 最大積載量〔t〕 | 運搬 |
| モーターグレーダ | ブレード長〔m〕 | 敷均し・掘削 |
| クレーン | 吊上げ荷重〔N〕，回転力〔N・m〕 | 吊上げ |
| ポンプ浚渫船 | 主ポンプ出力〔kW〕 | 浚渫 |
| アスファルトフィニッシャ | 施工幅〔m〕 | 舗装機械 |

注．組合せ機械の作業能力は，組合せ機械の中で最小の能力の機械で決まる。



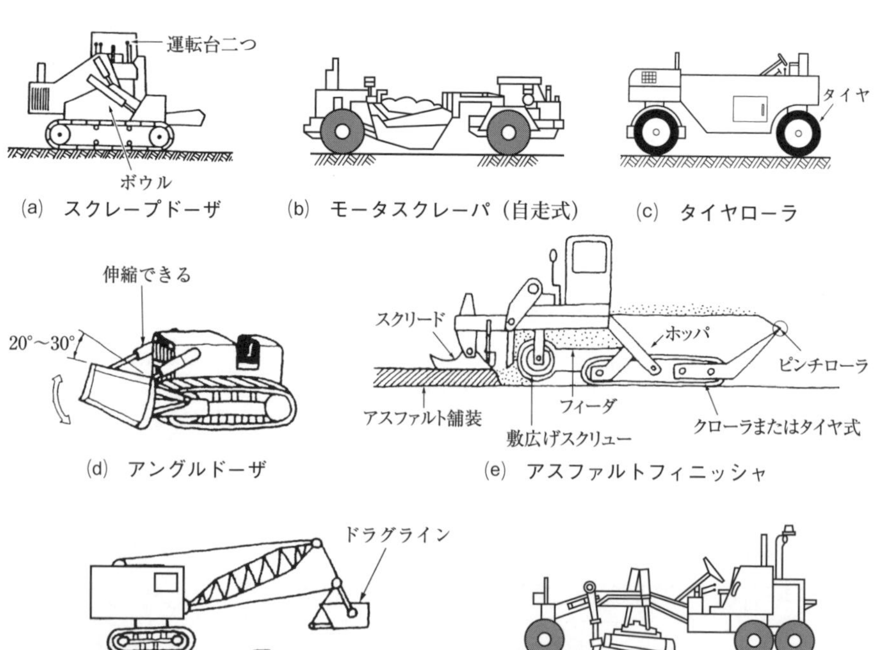


(a) スクレープドーザ (b) モータスクレーパ（自走式） (c) タイヤローラ

(d) アングルドーザ (e) アスファルトフィニッシャ

(f) ドラグライン (g) モーターグレーダ

# 第５編　施工管理

第１章　施工計画 ……………………………… 182
第２章　工程管理 ……………………………… 192
第３章　安全管理 ……………………………… 196
第４章　品質管理 ……………………………… 211
第５章　環境保全 ……………………………… 223

施工管理は，施工計画・工程管理・安全管理・品質管理・環境保全の各分野から 15 問出題され，全てを解答する必須問題です。

受験者には，馴染みのない分野もありますが，最初に学習して，とりこぼしのないようにしてください。

**施工管理は，第一番目に学習し，しっかり覚えましょう。**

# 第１章　施工計画

## ●出題傾向分析（出題数３問）

| 出題事項 | 設問内容 | 出題頻度 |
|---|---|---|
| 調査計画 | 事前調査・環境保全対策 | 隔年程度 |
| 仮設計画 | 指定仮設・任意仮設など | 隔年程度 |
| 計画立案 | 工程作成手順・施工体制台帳 | 隔年程度 |
| 機械計画 | 機械の種類と特徴，組合せ，作業量・作業効率 | 毎年 |

## ◎学習の指針

1．調査計画では，施工計画のための事前に調査すべき事項とその内容，環境保全対策などが出題されている。

2．仮設計画では，指定仮設と任意仮設の違いを覚えておく。

3．計画立案では，工程計画の作成，時間当たり作業量などの計算，施工体制台帳などが出題されている。

4．機械計画では，機械の組合せの基本や機械の種類と特徴などが出題されている。土工一般や共通工学などの分野と重複しているので，合わせて学習するとよい。

5．施工計画の出題範囲は，施工管理の全分野が対象となっている。そのため，過去に出題された同じような内容の問題が他の分野で出題されることがある。それぞれの分野での学習で，基本事項を覚えておくとよい。

| 5-1 | 施工管理 | 施工計画 | 施工体制 | ★★★ |
|---|---|---|---|---|

**フォーカス**　施工体制台帳の作成基準や記載事項について覚えておく。

**1**　公共工事において建設業者が作成する施工体制台帳及び施工体系図に関する次の記述のうち，**適当でないもの**はどれか。

(1)　施工体制台帳は，下請負人の商号又は名称などを記載し，作成しなければならない。

(2)　施工体系図は，変更があった場合には，工事完成検査までに変更を行わなければならない。

(3)　施工体系図は，工事関係者及び公衆が見やすい場所に掲げなければならない。

(4)　施工体制台帳は，その写しを発注者に提出しなければならない。

**解 答**　施工体系図は，変更があった場合には遅滞なく変更を行わなければならない。

したがって，(2)は**適当でない**。　**答**　(2)



試験によく出る重要事項

**施工体制台帳**

a．作成の基準：発注者から直接建設工事を請負った建設業者は，公共工事においては契約金額にかかわらず，民間工事においては下請契約の総額が4,000万円(建築一式工事は6,000万円)以上のものについては，施工体制台帳を作成する。

b．記載事項：全ての下請負人の名称，工事の内容および工期，技術者の氏名などを記載し，現場ごとに備え置く。

c．閲　覧：発注者から点検等を求められたときは，これを拒んではならない。

d．掲　示：施工体制台帳から施工体系図を作成し，工事現場の見やすい場所に掲示する。

e．変　更：施工体系図に変更があった場合は，遅滞なく変更を行う。

## 5-1 施工管理 施工計画 計画作成の事前調査 ★★★

**フォーカス** 施工計画作成のための事前調査では，現場状況を把握するために必要な調査項目などについての出題が多い。よく読めばわかる内容が多いので，過去問の演習で判断力を養っておく。

**2** 施工計画作成のための事前調査に関する次の記述のうち，**適当でないもの**はどれか。

(1) 近隣環境の把握のため，現場周辺の状況，近隣施設などの調査を行う。
(2) 工事内容の把握のため，設計図書及び仕様書の内容などの調査を行う。
(3) 現場の自然条件の把握のため，地質調査，地下埋設物などの調査を行う。
(4) 労務・資機材の把握のため，労務の供給，資機材などの調達先などの調査を行う。

**解答** 現場の自然条件の把握のため，地質調査，地下水などの調査を行う。
したがって，(3)は**適当でない**。 **答** (3)

**3** 施工計画に関する次の記述のうち，**適当でないもの**はどれか。

(1) 環境保全計画は，法規に基づく規制基準に適合するように計画することが主な内容である。
(2) 事前調査は，契約条件・設計図書を検討し，現地調査が主な内容である。
(3) 調達計画は，労務計画，資材計画，安全衛生計画が主な内容である。
(4) 品質管理計画は，設計図書に基づく規格値内に収まるよう計画することが主な内容である。

**解答** 調達計画は，労務計画，資材計画，輸送計画が主な内容である。安全衛生計画は，管理計画になる。
したがって，(3)は**適当でない**。 **答** (3)

**4** 施工計画作成のための事前調査に関する次の記述のうち，**適当でないもの**はどれか。

(1) 近隣環境の把握のため，現場用地の状況，近接構造物，労務の供給などの調査を行う。
(2) 工事内容の把握のため，設計図面及び仕様書の内容などの調査を行う。
(3) 現場の自然条件の把握のため，地質調査，地下水，湧水などの調査を行う。

(4) 輸送，用地の把握のため，道路状況，工事用地などの調査を行う。

**解 答** 近隣環境の把握のため，現場用地の状況，近接構造物などの調査を行う。労務の供給は，現場条件の調査項目である。

したがって，(1)は**適当でない**。 **答** (1)

**5** 施工計画作成のための事前調査に関する次の記述のうち，**適当でないもの**はどれか。

(1) 工事内容の把握のため，契約書，設計図面及び仕様書の内容を検討し，工事数量の確認を行う。

(2) 近隣環境の把握のため，現場用地の状況，近接構造物，地下埋設物などの調査を行う。

(3) 資機材の把握のため，調達の可能性，適合性，調達先などの調査を行う。

(4) 輸送，用地の把握のため，道路状況，工事用地，労働賃金の支払い条件などの調査を行う。

**解 答** 輸送，用地の把握のため，道路状況，工事用地，運賃などの調査を行う。

したがって，(4)は**適当でない**。 **答** (4)

試験によく出る重要事項

**計画作成のための事前調査**

a．契約内容の確認：①事業損失，不可抗力，工事中止，資材・労務費の変動に対する変更規定，数量の増減による変更規定 ②かし担保の範囲等 ③工事代金の支払条件

b．設計図書の確認：①図面と現場との確認 ②図面・仕様書・施工管理基準など，規格値や基準値 ③現場説明事項の内容

**現場条件の調査**

① 地形・地質・土質・地下水(設計との照合も含む)
② 施工に関係のある水文・気象データ
③ 施工法・仮設規模，施工機械の選択方法。動力源・工事用水の入手方法
④ 材料の供給と価格・運搬，労務の供給，労務環境，賃金の状況
⑤ 工事によって支障を生ずる問題点，用地買収状況，隣接工事
⑥ 騒音・振動などの環境保全基準，各種指導要綱の内容
⑦ 文化財および地下埋設物などの有無
⑧ 建設副産物の処理方法・処理条件など

| 5-1 | 施工管理 | 施工計画 | 計画立案の留意点 | ★★★ |
|---|---|---|---|---|

**6** 施工計画作成の留意事項に関する次の記述のうち，**適当でないものはどれか。**

(1) 発注者の要求品質を確保するとともに，安全を最優先にした施工計画とする。
(2) 発注者から示された工程が最適であり，その工程で施工計画を立てることが大切である。
(3) 簡単な工事でも必ず適正な施工計画を立てて見積りをすることが大切である。
(4) 計画は1つのみでなく，代替案を考えて比較検討し最良の計画を採用することに努める。

**解答** 発注者から示された工程が最適とは限らないので，より経済的な工程を検討する。

したがって，(2)は**適当でない。** **答** (2)

**7** 施工計画における施工手順の検討の留意事項に関する次の記述のうち，**適当でないものはどれか。**

(1) 全体工程のバランスを考えて作業の過度な凹凸を避ける。
(2) 工事施工上の制約条件(環境・立地など)を考慮して，労働力，材料，機械など工事資源の効率的な活用をはかる。
(3) 全体工期，全体工費に及ぼす影響の小さい工種を優先して施工手順の検討事項として取り上げる。
(4) 可能な限り繰返し作業を増やすことによって習熟をはかり，効率を上げる。

**解答** 施工手順の検討は，全体工期，全体工費に及ぼす影響の大きい工種を優先して行う。

したがって，(3)は**適当でない。** **答** (3)

## 試験によく出る重要事項

### 計画立案の留意点

a．作成手順：全体工期・全体工費に及ぼす影響が大きいものを優先する。
b．平準化：労働力・材料・機械等の資機材の過度な集中を避け，平準化する。
c．作業効率の向上：繰り返し作業を増やし，習熟度を上げる。

## 5-1　施工管理　施工計画　仮　設　★★

**フォーカス**　任意仮設と指定仮設の違いを覚えておく。

**8**　指定仮設と任意仮設に関する次の記述のうち，**適当でないものはどれか。**

(1)　指定仮設は，発注者の承諾を受けなくても構造変更できる。
(2)　任意仮設は，工事目的物の変更にともない仮設構造物に変更が生ずる場合は，設計変更の対象とすることができる。
(3)　指定仮設は，発注者が設計図書でその構造や仕様を指定する。
(4)　任意仮設は，規模や構造などを受注者に任せている仮設である。

**解答**　指定仮設は，発注者の承諾を受けなければ構造変更できない。
したがって，(1)は**適当でない。**　**答**　(1)

**9**　仮設備工事には直接仮設工事と間接仮設工事があるが，間接仮設工事に**該当するものは**，次のうちどれか。

(1)　足場工　(2)　現場事務所　(3)　土留め工　(4)　型枠支保工

**解答**　現場事務所は，間接仮設工事に**該当する。**　**答**　(2)

**10**　仮設工事に関する次の記述のうち，**適当でないものはどれか。**

(1)　仮設に使用する材料は，一般の市販品を使用し，可能な限り規格を統一する。
(2)　指定仮設は，構造の変更が必要な場合は発注者の承諾を得る。
(3)　任意仮設は，全て変更の対象となる直接工事と同様の扱いとなる。
(4)　仮設構造物は，使用期間が短い場合は安全率を多少割引くことが多い。

**解答**　任意仮設は，変更の対象とならない。
したがって，(3)は**適当でない。**　**答**　(3)

### 試験によく出る重要事項

**仮　設**

a．任意仮設：請負者の裁量で設置する。
b．指定仮設：発注者が設計図書でその構造や仕様を指定しているもの。
c．仮設材料：可能な限り規格を統一し，一般の市販品を使用する。

## 5-1 施工管理 施工計画 建設機械 ★★★

**フォーカス** バックホウやスクレーパ・タイヤローラ等の各建設機械の名前とその特徴に関する出題が多い。過去の問題で取り上げられた建設機械については，その特徴を必ず覚えておく。

**11** 施工計画の作成にあたり，建設機械の走行に必要なコーン指数が**最も大きい建設機械**は次のうちどれか。

(1) 普通ブルドーザ(21 t 級)　　(3) 自走式スクレーパ(小型)
(2) ダンプトラック　　(4) 湿地ブルドーザ

**解答** 建設機械の走行に必要なコーン指数は次のとおり。
(1) 普通ブルドーザ：500～700 以上，(2) ダンプトラック：1200～1500 以上，
(3) 自走式スクレーパ：1000 以上，(4) 湿地ブルドーザ：300 以上
コーン指数が**最も大きい**のは，ダンプトラック。 **答** (2)

**12** 建設機械の作業に関する次の記述のうち，**適当でないもの**はどれか。

(1) トラフィカビリティーとは，建設機械の走行性をいい，一般に$N$値で判断される。
(2) 建設機械の作業効率は，現場の地形，土質，工事規模などの現場条件により変化する。
(3) リッパビリティーとは，ブルドーザに装着されたリッパによって作業できる程度をいう。
(4) 建設機械の作業能力は，単独の機械又は組み合された機械の時間当たりの平均作業量で表される。

**解答** トラフィカビリティーとは，建設機械の走行性をいい，一般にコーン指数$q_c$(kN/m$^2$)で判断される。
したがって，(1)は**適当でない**。 **答** (1)

**13** 平坦な砂質地盤でブルドーザを用いて，掘削押土する場合の時間当たり作業量$Q$として，**適当なもの**は次のうちどれか。

ブルドーザの時間当たり作業量$Q$(m$^3$/h)

$$Q=\frac{q\times f\times E\times 60}{Cm}$$

施工管理

ただし，ブルドーザの作業量の算定の条件は，次の値とする。

$q$：1回当たりの掘削押土量(m$^3$)　3 m$^3$

$E$：作業効率 0.7　　$Cm$：サイクルタイム２分

$f$：土量換算係数$=\frac{1}{L}$(土量の変化率ほぐし土量 $L=1.25$)

(1)　40.4 m$^3$/h　(2)　50.4 m$^3$/h　(3)　60.4 m$^3$/h　(4)　70.4 m$^3$/h

**解答**　$Q=3\times(\frac{1}{1.25})\times0.7\times60\div2=50.4$(m$^3$/h)　　**答**　(2)

**14**　施工計画における建設機械の選定に関する次の記述のうち，**適当なものは**どれか。

(1)　振動ローラは，ローラ内の振動発生装置によりローラを振動し，土砂等を締め固める機械で，含水比の高い粘性土の締固めに適している。

(2)　スクレーパは，土砂の掘削，積込み，運搬，敷均し及び締固めを一連作業として行うことができる。

(3)　モータグレーダは，土砂や路盤材などの敷均し整形に用いられ，特に路盤の平面仕上げに適している。

(4)　ドラグラインは，機械が設置された地盤より高い場所の掘削に適し，掘削力が強く，硬い地盤の土砂の掘起こしに用いられる。

**解答**　(1)　振動ローラは，ローラ内の振動発生装置によりローラを振動し，土砂等を締め固める機械で，砂利や砂質土の締固めに適している。

(2)　スクレーパは，土砂の掘削，積込み，運搬，敷均しを一連作業として行うことができる。締固めには用いない。

(4)　ドラグラインは，機械が設置された地盤より低い場所の掘削に適し，軟らかい地盤の土砂の掘起こしに用いられる。

(3)は，記述のとおり**適当**である。　　**答**　(3)

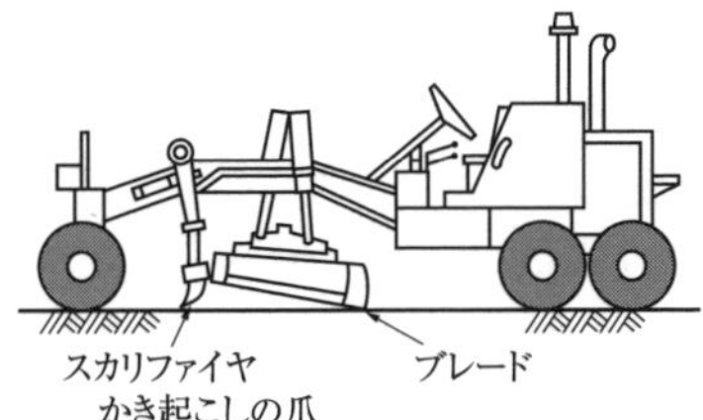

(a) 自走式スクレーパ　　(b) モーターグレーダ

**運搬機械**

**15** 掘削機械に関する次の記述のうち，**適当でないもの**はどれか。

(1) ローディングショベルは，機械の位置より低い場所の掘削に適し，かたい地盤の土砂の掘削に用いられる。

(2) バックホウは，機械の位置よりも低い場所での掘削に適し，構造物の基礎の掘削に用いられる。

(3) クラムシェルは，クローラクレーンのブームからワイヤロープにつり下げた開閉式のバケットで掘削するもので，狭い場所での深い掘削に用いられる。

(4) ドラグラインは，クローラクレーンのブームからワイヤロープにつり下げたバケットで掘削するもので，軟らかい地盤の水路掘削に用いられる。

**解答** ローディングショベル(パワーショベル)は，機械の位置より高い場所の掘削に適し，かたく締まった土質以外のあらゆる土砂の掘削積み込み作業に用いられる。

したがって，(1)は**適当でない**。 **答** (1)



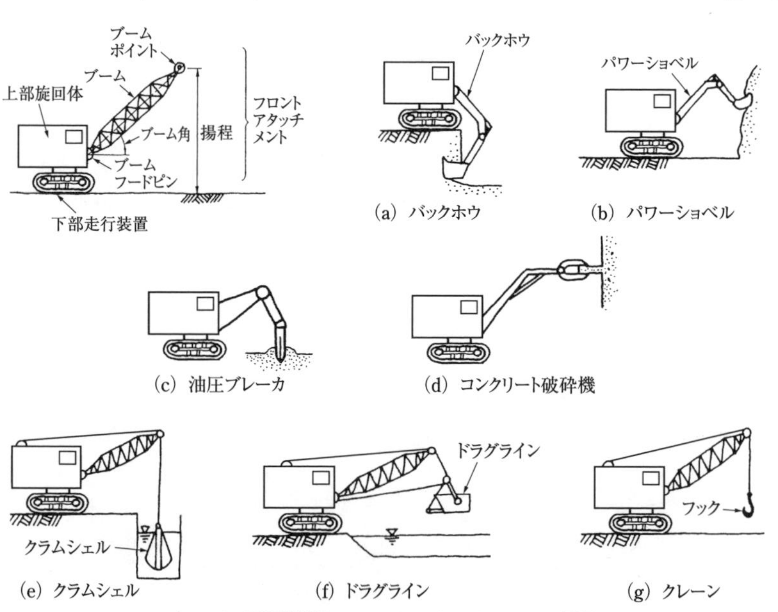


**ショベル系掘削機とフロントアタッチメントの種類**

**16**　締固め機械に関する次の記述のうち，**適当でないもの**はどれか。

(1)　タイヤローラは，空気タイヤによるローラであるため，路床及び路盤の転圧には適さないが，アスファルト混合物舗装の転圧に適している。

(2)　タンデム型ロードローラは，平坦性が必要なアスファルト舗装の仕上げ転圧に使用されることが多い。

(3)　振動ローラは，振動数，振幅，転圧速度を変えることにより，静的ローラに比べ幅広い材料の性状に応じた締固めができる。

(4)　マカダム型ロードローラは，砕石路盤の転圧やアスファルト舗装の初期転圧に使用される。

**解答**　タイヤローラは，空気タイヤによるローラであるため，路床・路盤の転圧に適している。

したがって，(1)は**適当でない**。　**答**　(1)

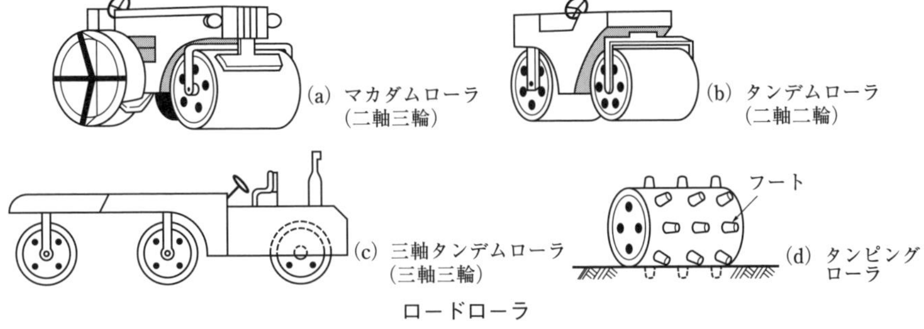


ロードローラ

## 試験によく出る重要事項

### 各種建設機械とその特徴

a．バックホウ：機械の位置よりも低い場所での掘削。構造物の基礎の掘削。

b．クラムシェル：ワイヤロープに吊り下げた開閉式のバケットで掘削。狭い場所での深い掘削。

c．ドラグライン：ワイヤロープに吊り下げたバケットで掘削。軟らかい地盤の水路掘削。

d．スクレーパ：土砂の掘削・積込み・運搬・敷均しを一連作業として施工。

e．ブルドーザ：運搬距離 60 m 以下での掘削・運搬。

f．マカダムローラ：砕石路盤の転圧やアスファルト舗装の初期転圧。

g．振動ローラ：ローラを振動させ，砂利や砂質土の締固め。

h．タンデムローラ：アスファルト舗装の仕上げ転圧。

# 第2章 工程管理

**●出題傾向分析**(出題数2問)

| 出題事項 | 設問内容 | 出題頻度 |
|---|---|---|
| 各種工程表 | 各種工程表の名前と特徴 | 5年に4回程度 |
| ネットワークの計算 | ネットワークの計算，用語の意味 | 毎年 |
| 工程管理の基本 | 工程管理の基本的考え方，管理方法 | 5年に1回程度 |

**◎学習の指針**

1．工程管理では，ネットワーク式工程表・工程管理曲線(バナナ曲線)など，各工程管理表について，利用方法や特徴を問う問題が高い頻度で出題されている。各工程管理表について，名前と特徴を覚えておく。
2．ネットワーク式工程表の計算が，毎年出題されている。クリティカルパスの計算は，必ずできるように練習しておく。
3．工程管理の基本的考え方が出題されている。管理方法の基本を覚えておく。

| 5-2 | 施工管理 | 工程管理 | 工程表 | ★★★ |
|---|---|---|---|---|

**フォーカス** 各種の工程表と，その特徴に関する出題が非常に多いので，概要と特徴を必ず覚えておく。

**1** 工程管理曲線(バナナ曲線)に関する次の記述のうち，**適当でないものはどれか。**

(1) 上方許容限界と下方許容限界を設け，工程を管理する。
(2) 下方許容限界を下回ったときは，工程が遅れている。
(3) 出来高累計曲線は，一般にS字型となる。
(4) 縦軸に時間経過比率をとり，横軸に出来高比率をとる。

**解 答** 横軸に時間経過比率をとり，縦軸に出来高比率をとる。
したがって，(4)は**適当でない**。 **答** (4)

**2** 下図のネットワーク式工程表に示す工事の**クリティカルパスとなる日数は**，次のうちどれか。ただし，図中のイベント間のA～Gは作業内容，数字は作業日数を表す。

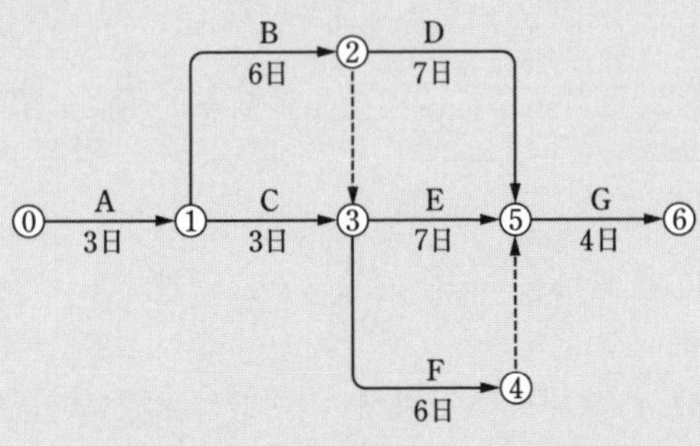


(1) 17日 (2) 19日 (3) 20日 (4) 21日

**解 答** ⓪から⑥までの各径路の計算を行う。

パス1：⓪→①→②→⑤→⑥ 3+6+7+4 = 20
パス2：⓪→①→③→⑤→⑥ 3+6(②からダミー)+7+4=20
パス3：⓪→①→③→④→⑤→⑥ 3+6(②からダミー)+7(④からダミー)+4 = 20

クリティカルパスとなる日数は，20日である。 **答** (3)

施工管理

**3** 下記の説明文に該当する工程表は，次のうちどれか。
「縦軸に部分工事をとり，横軸にその工事に必要な日数を棒線で記入した図表で，作成が簡単で各工事の工期がわかりやすいので，総合工程表として一般に使用される。」

(1) 曲線式工程表(グラフ式工程表)
(2) 曲線式工程表(出来高累計曲線)
(3) 横線式工程表(ガントチャート)
(4) 横線式工程表(バーチャート)

**解 答** 説明文の工程表は，横線式工程表(バーチャート)である。 **答** (4)

**4** 下記の説明に該当する工程表は，次のうちどれか。
縦軸に出来高比率(%)を取り，横軸に時間経過比率(%)を取り，あらかじめ，予定工程を計画し，実施工程がその上方限界及び下方限界の許容範囲内に収まるように管理する工程表である。

(1) 横線式工程表(バーチャート)
(2) 横線式工程表(ガントチャート)
(3) 曲線式工程表
(4) ネットワーク式工程表

**解 答** 曲線式工程表 **答** (3)



## 試験によく出る重要事項

### 工程表

1. **工程管理の基本**
実施工程が計画工程よりもやや上回るように管理する。
2. **各種工程表の特徴**
a．工程管理曲線(バナナ曲線)：縦軸に累計出来高(%)，横軸に工期(%)をとり，経済的にかつ工期通りに工事を完了できる累計出来高の許容範囲を示したもの。
b．出来高累計曲線：縦軸に出来高比率，横軸に工期をとり，工事全体の出来高比率の累計を曲線で表した図表である。
c．斜線式(座標式)工程表：トンネル工事のように，工事の進行方向が一定の方向にしか進捗できない工事に使用される。
d．グラフ式工程表：工種の少ない小規模工事の工程管理に用いる。
e．ガントチャート式工程表：縦軸に工種，横軸に完成率をとって描いたもので，各工種の完成率がわかる。

f．ネットワーク式工程表：工期，作業の相互関係，余裕のない作業(クリティカルパス)を明確にし，重点管理すべき作業を的確に判断できるようにする。

g．バーチャート工程表：各作業の所要日数はわかるが，作業の相互の関係は漠然としている。

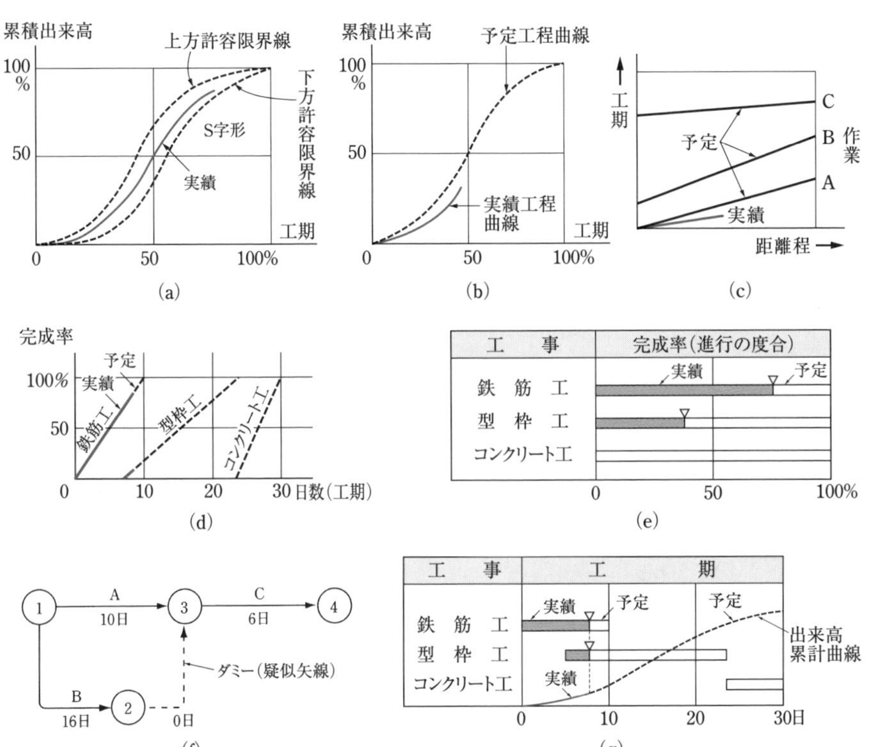

(a) (b) (c) (d) (e) (f) (g)

## 3. 工程表の比較

| | 曲　線　式 | ガントチャート | ネットワーク | バーチャート |
|---|---|---|---|---|
| 作業の手順 | 不　明 | 不　明 | **判　明** | 漠　然 |
| 作業に必要な日数 | 不　明 | 不　明 | **判　明** | **判　明** |
| 作業進行の度合 | **判　明** | **判　明** | **判　明** | 漠　然 |
| 工期に影響する作業 | 不　明 | 不　明 | **判　明** | 不　明 |
| 図表の作成 | やや難しい | **容　易** | 複　雑 | **容　易** |
| 短期工事・単純工事 | **向** | **向** | 不向 | **向** |

# 第3章 安全管理

**●出題傾向分析**(出題数4問)

| 出題事項 | 設問内容 | 出題頻度 |
|---|---|---|
| 安全管理体制 | 教育・安全活動，緊急措置，職業性疾病の予防，現場の交通安全 | 5年に3回程度 |
| 足　場 | 足場構造・組立解体・はしご道・通路 | 毎年 |
| 保護具 | 保護帽・安全靴，安全ネットなどの安全規定 | 5年に3回程度 |
| 型枠支保工 | 構造の規定 | 5年に2回程度 |
| 建設機械 | 車両系建設機械・移動式クレーン作業・玉掛け作業などの安全作業 | 5年に3回程度 |
| 掘削作業 | 明り掘削・機械掘削の安全対策，土留め支保工 | 5年に3回程度 |
| 作業主任者<br>解体作業 | 作業主任者の職務 | 5年に4回程度 |

**◎学習の指針**

1．安全管理の問題は，労働安全衛生法・労働安全衛生規則およびクレーン等安全規則などの法令や，これらをまとめて編集した建設工事公衆災害防止対策要綱の条文から出題されている。

2．足場の安全対策，明り掘削，作業主任者，土留めの安全対策，クレーンや車両系建設機械の安全作業などが，高い頻度で出題されている。

3．足場については，作業床の幅・すき間，手すりの高さ，幅木，端部処理，建地などの構造の規定，組立て解体および作業時の安全対策などについて覚えておく。

4．作業主任者の職務については，事業者との違いに注意して覚えておくとよい。

5．車両系建設機械については，点検，作業時・作業終了時などについて，守るべき規定を覚えておく。

## 5-3　施工管理　安全管理　足　場　★★★

フォーカス　手すりの高さなど，足場の組み立て規定，設置された足場での安全対応，工具の点検と不良品の除去など，作業の安全に関する出題が多い。過去問を整理し，覚えておく。

**1**　高さ 2 m 以上の足場(つり足場を除く)に関する次の記述のうち，労働安全衛生法上，**誤っているもの**はどれか。

(1)　作業床の手すりの高さは，85 cm 以上とする。

(2)　足場の床材が転位し脱落しないように取り付ける支持物の数は，2 つ以上とする。

(3)　作業床より物体の落下のおそれがあるときに設ける幅木の高さは，10 cm 以上とする。

(4)　足場の作業床は，幅 20 cm 以上とする。

解 答　足場の作業床は，幅 40 cm 以上とする。

したがって，(4)は**誤っている**。　**答**　(4)

**2**　足場の組立て等における事業者が行うべき事項に関する次の記述のうち，労働安全衛生規則上，**誤っているもの**はどれか。

(1)　組立て，解体又は変更の時期，範囲及び順序を当該作業に従事する労働者に周知させること。

(2)　労働者に安全帯を使用させる等労働者の墜落による危険を防止するための措置を講ずること。

(3)　組立て，解体又は変更の作業を行う区域内のうち特に危険な区域内を除き，関係労働者以外の労働者の立入りをさせることができる。

(4)　足場(つり足場を除く)における作業を行うときは，その日の作業を開始する前に，作業を行う箇所に設けた設備の取りはずし及び脱落の有無について点検し，異常を認めたときは，直ちに補修しなければならない。

解 答　組立て，解体又は変更の作業を行う区域内には，関係労働者以外の労働者の立入りを禁止する。

したがって，(3)は**誤っている**。　**答**　(3)

**3** 足場(つり足場を除く)に関する次の記述のうち，労働安全衛生法上，**誤っているもの**はどれか。

(1) 高さ2m以上の足場は，床材と建地との隙間を12cm未満とする。
(2) 高さ2m以上の足場は，幅40cm以上の作業床を設ける。
(3) 高さ2m以上の足場は，床材間の隙間を3cm以下とする。
(4) 高さ2m以上の足場は，床材が転位し脱落しないよう1つ以上の支持物に取り付ける。

**解答** 高さ2m以上の足場は，床材が転位し脱落しないよう2つ以上の支持物に取り付ける。
したがって，(4)は**誤っている**。 **答** (4)

**4** 建設現場の通路などの安全に関する次の記述のうち，労働安全衛生法令上，**誤っているもの**はどれか。

(1) 架設通路は，設置の期間が6ヶ月以上で，通路の長さと高さがともに定められた一定の規模を超えるものは，設置の計画書を労働基準監督署長に届け出なければならない。
(2) 架設通路の勾配が定められた勾配より急になる場合は，踏さんその他のすべり止めを設けなければならない。
(3) 墜落の危険性のある箇所には，高さ75cmの手すりを設けなければならない。
(4) 機械間又は他の設備との間に設ける通路については，幅80cm以上としなければならない。

**解答** 墜落の危険性のある箇所には，高さ85cm以上の手すりを設けなければならない。
したがって，(3)は**誤っている**。 **答** (3)

**5** 高さが2メートル以上の箇所で作業を行う場合の墜落防止に関する次の記述のうち，**適当でないもの**はどれか。

(1) 作業床に設ける手すりの高さは，床面から90センチメートル程度として，中さんを設けた。
(2) 墜落の危険があるが，作業床を設けることができなかったので，防網を張り，安全帯を使用させて作業をした。

(3) 強風が吹いて危険が予測されたので，作業を中止した。

(4) 作業床の端，開口部に設置する手すり，囲い等の替わりにカラーコーン及び注意標識看板を設置した。

**解 答** 作業床の端，開口部で手すり・囲いなどを設けることが著しく困難な場合には，防護網を張る，監視員を配置するなどの措置をする。

したがって，(4)は**適当でない**。 **答** (4)

試験によく出る重要事項

## 足場の安全管理

a．組立て・解体または変更の時期・範囲および順序を，当該労働者に周知させる。

b．組立て等の作業区域内には，関係労働者以外の立入りを禁止する。

c．強風や大雨により，足場作業の危険が予想されるときは，作業を中止する。

d．材料・器具・工具等をおろすときは，吊り綱・吊り袋等を使用させる。

e．作業主任者は，作業方法を決定し，工具等を点検して不良品を除去するとともに，安全帯などの使用状況を監視する。

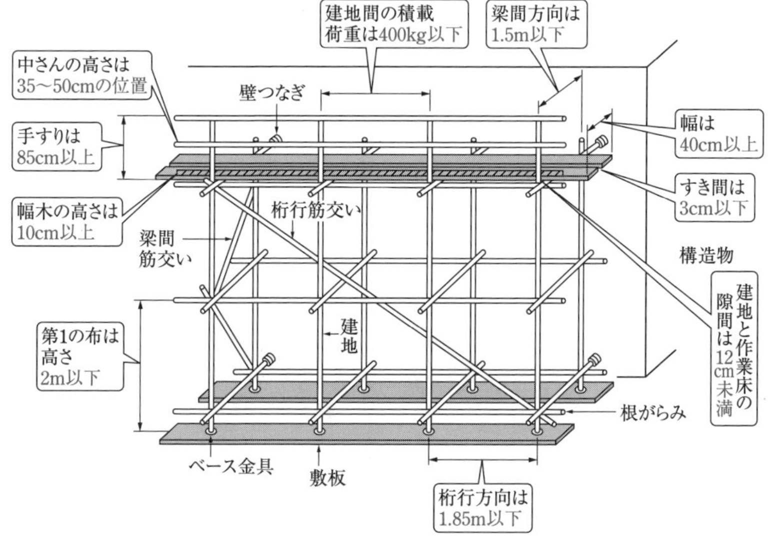


鋼管による本足場

## 5-3 施工管理 安全管理 型枠支保工 ★★

**フォーカス** 型枠支保工に関しては，組立て図の作成，作業主任者の選任，パイプサポートの使用上の注意等が出題されている。過去問の演習で要点を覚えておく。

**6** 型わく支保工に関する次の記述のうち，労働安全衛生法上，**誤っているものはどれか。**

(1) コンクリートの打設を行うときは，作業の前日までに型わく支保工について点検しなければならない。

(2) 型わく支保工に使用する材料は，著しい損傷，変形又は腐食があるものを使用してはならない。

(3) 型わく支保工を組み立てるときは，組立図を作成し，かつ，当該組立図により組み立てなければならない。

(4) 型わく支保工の支柱の継手は，突合せ継手又は差込み継手としなければならない。

**解 答** コンクリートの打設を行うときは，作業の前に型わく支保工について点検しなければならない。

したがって，(1)は**誤っている。** **答** (1)

**7** 型わく支保工の倒壊防止に関する次の記述のうち，労働安全衛生規則上，**誤っているものはどれか。**

(1) 強風や大雨等の悪天候のため危険が予想される場合は，組立て作業を行わない。

(2) 鋼管(単管パイプ)を支柱とする場合は，高さ2m以内ごとに水平つなぎを2方向に設け，水平つなぎの変位を防止する。

(3) 支柱を継ぎ足して使用する場合の継手構造は，重ね継手を基本とする。

(4) パイプサポートを支柱として用いる場合は，パイプサポートを3以上継いで用いない。

**解 答** 支柱を継ぎ足して使用する場合の継手構造は，突合せ継手または差し込み継手を基本とする。

したがって，(3)は**誤っている。** **答** (3)

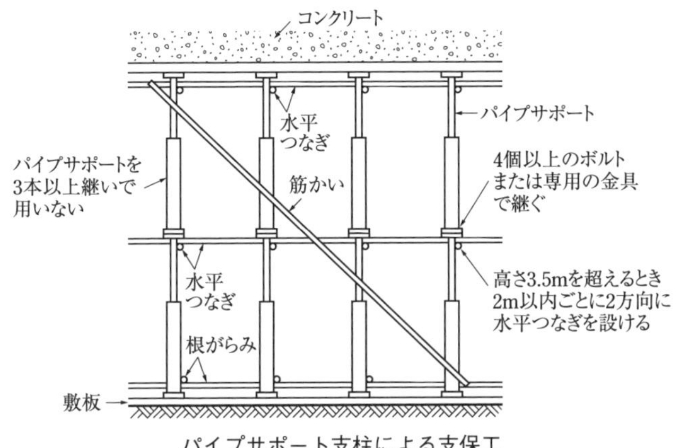


パイプサポート支柱による支保工

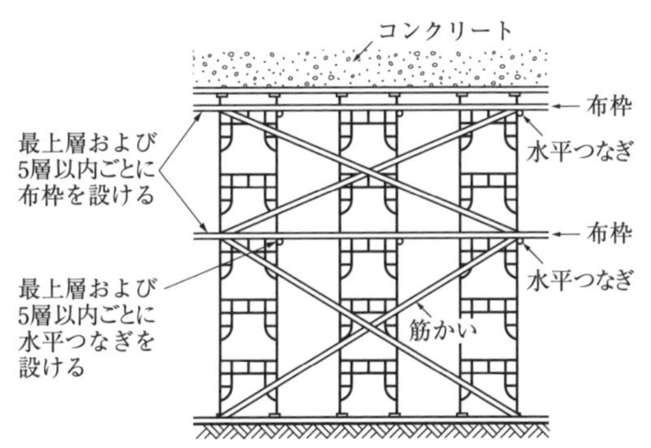


鋼管枠支柱による型枠支保工



試験によく出る重要事項

## 型枠支保工の組立て上の留意事項

a．型枠支保工を組立てるときは，組立図を作成し，これにもとづいて組立てる。
b．型枠支保工の組立てや解体作業を行うときは，作業主任者を選任して行う。
c．強風・大雨の危険が予測されるときは，作業を中止する。
d．パイプサポートは，3本以上継いで用いない。
e．支柱の継手は，突合せ継手または差し込み継手とする。

## 5-3 施工管理 安全管理 建設機械 ★★★

フォーカス 車両系建設機械については，作業中の危険個所への立入り禁止，定期自主検査等に関する出題が多い。過去問で出題の多い設問に注意して要点を覚えておく。

**8** 移動式クレーンを用いた作業において，事業者が行うべき事項に関する次の記述のうち，クレーン等安全規則上，**誤っているもの**はどれか。

(1) 運転者や玉掛け者が，つり荷の重心を常時知ることができるよう，表示しなければならない。

(2) 強風のため，作業の実施について危険が予想されるときは，作業を中止しなければならない。

(3) アウトリガー又は拡幅式のクローラは，原則として最大限に張り出さなければならない。

(4) 運転者を，荷をつったままの状態で運転位置から離れさせてはならない。

解 答 運転者や玉掛け者が，定格荷重を常時知ることができるよう，表示しなければならない。

したがって，(1)は**誤っている**。 **答** (1)



**9** 事業者が行う建設機械作業の安全確保に関する次の記述のうち，労働安全衛生規則上，**誤っているもの**はどれか。

(1) 車両系建設機械の運転者が運転位置から離れるときは，原動機を止め，かつ，ブレーキを確実にかけ逸走を防止する措置を講じさせなければならない。

(2) 車両系建設機械に接触することにより労働者に危険が生ずるおそれのある箇所には，原則として労働者を立ち入れさせてはならない。

(3) 車両系建設機械を用いて作業を行うときは，あらかじめ，地形や地質を調査により知り得たところに適応する作業計画を定める。

(4) 車両系建設機械の運転時に誘導者を置くときは，運転者の見える位置に複数の誘導者を置き，それぞれの判断により合図を行わせなければならない。

解 答 車両系建設機械の運転時に誘導者を置くときは，運転者の見える位置に1名誘導者を置き，その判断により合図を行わせなければならない。

したがって，(4)は**誤っている**。 **答** (4)

**10** 車両系建設機械を用いて行う作業に関する次の記述のうち，労働安全衛生規則上，**正しいもの**はどれか。

(1) 作業工程が遅れているときには，誘導員を適切に配置していれば，作業場内の制限速度を超えて車両系建設機械を運転することができる。

(2) トラクターショベルによる積込み作業中に，作業の一時的中止が必要となったときには，運転者はバケットを上げた状態で運転席を離れることができる。

(3) 車両系建設機械を用いて作業を行うときは，乗車席以外の箇所に労働者を乗せてはならない。

(4) 使用中である車両系建設機械については，当該機械の運転者が，作業装置の異常の有無等について定期に自主検査を実施しなければならない。

**解 答** (1) 誘導員を適切に配置していても，制限速度を超えて運転してはならない。

(2) 一時的中止でも，運転者はバケットを上げた状態で運転席を離れることはできない。

(4) 使用中である車両系建設機械については，管理責任者がオペレータまたは点検責任者に，作業装置の異常の有無等について定期に自主検査を実施させなければならない。

(3)は，記述のとおり**正しい**。 **答** (3)

施工管理

## 試験によく出る重要事項

### 建設機械の安全管理

a．運転中の危険防止：車両系建設機械に接触する危険のある個所には，労働者は立入禁止にする。

b．クレーン作業：ハッカーを用いて玉掛けをした荷が吊り上げられているときには，吊り荷の下に作業員を立ち入らせない。

c．離　席：運転者が運転位置から離れるときは，バケットを地上に下し，逸走防止措置を行う。

d．点　検：車両系建設機械は，作業開始前に点検を行い，また，定期に自主検査を実施する

## 5-3 施工管理 安全管理 掘削・土留め ★★★

**フォーカス** 明かり掘削および土留めの安全に関する出題が多い。特に掘削する地山の種類と掘削勾配との関係をしっかり覚えておく。

**11** 地山の掘削作業の安全確保に関する次の記述のうち，労働安全衛生法上，**誤っているもの**はどれか。

(1) 地山の掘削及び土止め支保工作業主任者技能講習を修了した者のうちから，地山の掘削作業主任者を選任する。

(2) 掘削により露出したガス導管のつり防護や受け防護の作業については，当該作業を指揮する者を指名して，その者の指揮のもとに当該作業を行う。

(3) 発破等により崩壊しやすい状態になっている地山の掘削の作業を行うときは，掘削面のこう配を45度以下とし，又は掘削面の高さを2m未満とする。

(4) 手掘りにより砂からなる地山の掘削の作業を行うときは，掘削面のこう配を60度以下とし，又は掘削面の高さを5m未満とする。

**解答** 手掘りにより砂からなる地山の掘削の作業を行うときは，掘削面のこう配を35度以下とし，又は掘削面の高さを5m未満とする。

したがって，(4)は**誤っている**。 **答** (4)

**12** 事業者が，地山の掘削作業における災害を防止するために実施しなければならない事項に関する次の記述のうち，労働安全衛生法上，**誤っているもの**はどれか。

(1) 労働者に危険を及ぼすおそれがあるときは，作業箇所の形状，地質，き裂，湧水，埋設物の有無，ガス及び蒸気発生の有無を十分に調査する。

(2) 高さ2m以上の箇所で労働者に安全帯等を使用させるときは，安全帯等を安全に取り付けるための設備等を設ける。

(3) 掘削面の高さが2m以上となる場合は，地山の掘削作業主任者の特別教育を修了した者を地山の掘削作業主任者に選任する。

(4) 作業中に物が落下することにより労働者に危険を及ぼすおそれがあるときは，安全ネットの設置，立入区域の設定等の措置を講ずる。

**解答** 掘削面の高さが2m以上となる場合は，地山の掘削作業主任者の技能講習を修了した者を地山の掘削作業主任者に選任する。

したがって，(3)は**誤っている**。 **答** (3)

**13** 下図に示す土留め支保工を設置して掘削した場合の安全管理に関する次の記述のうち，**適当なものはどれか**。

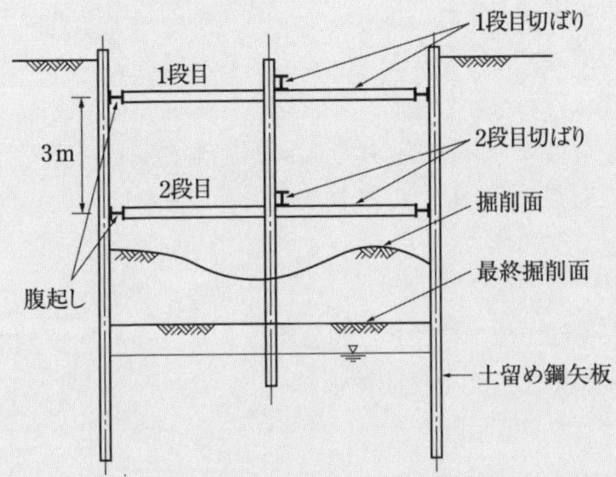


(1) 掘削作業は，できるだけ向き合った土留め鋼矢板に土圧が同じようにかかるよう，左右対称に掘削作業を進めた。

(2) 作業の大まかな手順は，土留め鋼矢板を所定の位置まで打設し，次に１段目の腹起しと切ばりを設置した後，腹起しから６ｍ下の最終掘削面まで掘削し，その後２段目の腹起しと切ばりを設置した。

(3) 掘削作業時，掘削に伴い周辺地山にき裂の発生が予測されたが，点検を行う者を指名しないで掘削作業を進めた。

(4) 土止め支保工作業主任者は，掘削作業中，土留め鋼矢板にはらみや切ばりにたわみが認められたがそのまま掘削作業の継続を指示した。

**解 答** (2) 作業の大まかな手順は，土留め鋼矢板を所定の位置まで打設し，次に１段目の腹起しと切ばりを設置した後，腹起しから３ｍ下の掘削面まで掘削し，その後２段目の腹起しと切ばりを設置した。

(3) 掘削作業時，掘削に伴い周辺地山にき裂の発生が予測されたので，点検を行う者を指名して掘削作業を進めた。

(4) 土止め支保工作業主任者は，掘削作業中，土留め鋼矢板にはらみや切ばりにたわみが認められた場合，掘削作業を中止して原因を調査する。

(1)は，記述のとおり**適当**である。 **答** (1)

施工管理

**14** 土留め支保工を設置して，深さ2m，幅1.5mを掘削する工事を行うときの対応に関する次の記述のうち，**適当なものはどれか。**

(1) 地山の掘削作業主任者は，ガス導管が掘削途中に発見された場合には，ガス導管を防護する作業を指揮する者を新たに指名し，ガス導管周辺の掘削作業の指揮は行わないものとする。

(2) 鉄筋や型枠等の資材を切ばり上に仮置きする場合は，土留め支保工の設置期間が短期間の場合は，工事責任者に相談しないで仮置きする事ができる。

(3) 掘削した土砂は，埋め戻す時まで土留め壁から2m以上はなれた所に積み上げるように計画する。

(4) 掘削した溝の開口部には，防護網の準備ができるまで転落しないようにカラーコーンを2mごとに設置する。

**解答** (1) 地山の掘削作業主任者は，ガス導管が掘削途中に発見された場合には，ガス導管周辺の掘削作業の指揮も行う。

(2) 鉄筋や型枠等の資材を切ばり上に仮置きする場合は，土留め支保工の設置期間が短期間の場合でも，工事責任者に相談する。

(4) 掘削した溝の開口部には，手すり・囲い等により立入禁止にする。

(3)は，記述のとおり**適当**である。 **答** (3)



試験によく出る重要事項

## 土質と掘削勾配等の制限

| 地山 | 掘削面の高さ | 勾配 | 備考 |
|---|---|---|---|
| 岩盤または固い粘土からなる地山 | 5m未満<br>5m以上 | 90度以下<br>75度以下 | 2m以上 掘削面の高さ 勾配<br>掘削面とは，2m以上の水平段に区切られるそれぞれの掘削面をいう。 |
| その他の地山 | 2m未満<br>2～5m未満<br>5m以上 | 90度以下<br>75度以下<br>60度以下 | |
| 砂からなる地山 | 5m未満　または　35度以下 | | |
| 発破などにより崩壊しやすい状態の地山 | 2m未満　または　45度以下 | | |

| 5-3 | 施工管理 | 安全管理 | 作業主任者 | ★★★ |
|---|---|---|---|---|

**フォーカス** 作業主任者を選任しなければならない作業の種類と作業主任者の名称および職務を覚えておく。土木法規など，他分野でも出題されるので，一緒に学習するとよい。

**15** コンクリート造の工作物の解体等作業主任者の職務内容に関する次の記述のうち，労働安全衛生法上，**該当しないもの**はどれか。

(1) 器具，工具，安全帯等及び保護帽の機能を点検し，不良品を取り除くこと。

(2) 作業の方法及び労働者の配置を決定し，作業を直接指揮すること。

(3) 強風，大雨等の悪天候が予想されるときの作業について当該作業を中止すること。

(4) 安全帯等及び保護帽の使用状況を監視すること。

**解 答** 強風，大雨等の悪天候が予想されるときは，事業者が当該作業を中止する。作業主任者の職務ではない。

したがって，(3)は**該当しない**。 **答** (3)



### 試験によく出る重要事項

## 作業主任者

1. **作業主任者の職務**

①作業の方法を決定し，作業を直接指揮する。

②材料の欠点の有無ならびに器具および工具を点検し，不良品を取り除く。

③安全帯および保護帽の使用状況を監視する。

2. **作業主任者の選任を必要とする作業(土木関係)**

a．地山の掘削：掘削面の高さが2m以上となる掘削の作業

b．土止め支保工：土止め支保工の切ばり，腹起しの取付け・取外しの作業

c．型枠支保工：型枠支保工の組立て・解体作業

d．足場の組立て：高さが5m以上の足場の組立・解体作業

e．コンクリート造の工作物：高さが5m以上のコンクリート造の工作物の解体・破壊作業

f．鋼橋・コンクリート橋架設等：橋梁の上部構造の高さが5m以上のもの，または，支間が30m以上の橋梁の架設・解体・変更作業

## 5-3 施工管理 安全管理 安全対策器具・用具 ★★★

フォーカス 保護帽・安全靴・安全帯などの取扱いについて，基本事項を覚えておく。

**16** 保護帽の使用に関する次の記述のうち，**適当でないものはどれか。**

(1) 保護帽は，頭によくあったものを使用し，あごひもは必ず正しく締める。
(2) 保護帽は，見やすい箇所に製造者名，製造年月日等が表示されているものを使用する。
(3) 保護帽は，大きな衝撃を受けた場合でも，外観に損傷がなければ使用できる。
(4) 保護帽は，改造あるいは加工したり，部品を取り除いてはならない。

解答 保護帽は，大きな衝撃を受けた場合は，外観に損傷がなくても使用しない。
したがって，(3)は**適当でない**。 **答** (3)



**17** 墜落による危険を防止する安全ネットに関する次の記述のうち，**適当でないものはどれか。**

(1) 安全ネットは，紫外線，油，有害ガスなどのない乾燥した場所に保管する。
(2) 安全ネットは，人体又はこれと同等以上の重さを有する落下物による衝撃を受けたものを使用しない。
(3) 安全ネットは，網目の大きさに規定はない。
(4) 安全ネットの材料は，合成繊維とする。

解答 安全ネットは，網目の大きさに規定がある。
したがって，(3)は**適当でない**。 **答** (3)

**18** 保護具の使用に関する次の記述のうち，労働安全衛生法令上，**誤っているものはどれか。**

(1) 酸素欠乏危険作業で転落のおそれがある場所では，親綱を設置し安全帯を使用しなければならない。
(2) 建設現場で用いられる刈払機(草刈機)を用いて作業を行う場合には，保護眼鏡などの保護具を用いて作業する。

(3)　高さ2m以上に積み上げられた土のうの上での作業では，保護帽を着用しなければならない。

(4)　ゴンドラの作業床における作業では，手すりや中さんの構造規格が定められているので，安全帯を使用する必要はない。

**解答**　ゴンドラの作業床における作業では，安全帯を使用する。
したがって，(4)は誤っている。　**答**　(4)

## 試験によく出る重要事項

### 主な安全保護具

1. **保護帽**：建設現場では，保護帽の着用が義務づけられている。
   ①　見やすい箇所に，製造者名，製造年月日，【労・検】ラベルが貼付されていること。
   ②　一度でも大きな衝撃を受けたら，外観に異常が無くても使用しない。
   ③　保護帽の改造・加工，部品の取り除きをしない。
   ④　使用期間が長い(FRP製などでは5年以上)保護帽は使用しない。
   ⑤　着装体の交換は，同一メーカーの同一型式の部品を使用する。
2. **墜落制止用器具**(安全帯)
   ①　墜落制止用器具(安全帯)は，フルハーネス型を原則とする。
   ②　高さが2m以上の箇所で，作業床を設けることが困難なところで，フルハーネス型を用いて行う作業に係る業務を行う労働者は，特別教育を受けなければならない。
3. **安全靴**
   ①　甲被(甲革)に破れが無い。
   ②　表底の意匠が著しく摩耗していない。
   ③　表底を曲げてみて，亀裂が入るような劣化しているものは使用しない。
4. **安全ネット**：合成繊維製で，網目の辺の長さは10cm以下。次のようなネットは，使用しない
   ①　人体，または，これと同等以上の重さを有する落下物による衝撃を受けたネット。
   ②　破損した部分が補修されていないネット。
   ③　強度が明らかでないネット。

## 5-3　施工管理　安全管理　安全作業一般　★★

フォーカス　作業上の一般的注意事項や，安全活動の種類などが，出題されている。過去問で演習しておくとよい。

**19**　特定元方事業者が，その労働者及び関係請負人の労働者の作業が同一の場所において行われることによって生じる労働災害を防止するために講ずべき措置に関する次の記述のうち，労働安全衛生法上，**正しいもの**はどれか。

(1)　作業間の連絡及び調整を行う。
(2)　労働者の安全又は衛生のための教育は，関係請負人の自主性に任せる。
(3)　一次下請け，二次下請けなどの関係請負人ごとに，協議組織を設置させる。
(4)　作業場所の巡視は，毎週の作業開始日に行う。

解答　(2)労働者の安全又は衛生のための教育は，関係請負人が行う。
(3)　一次下請け，二次下請けなどの関係請負人との，協議組織の設置及び運営を行う。
(4)　作業場所の巡視は，毎日行う。
(1)は，記述のとおり**正しい**。　**答**　(1)

**20**　事業者が行う熱中症対策に関する次の記述のうち，**適当でないもの**はどれか。

(1)　労働者に対し，高温多湿作業場所の作業を連続して行う時間を短縮する。
(2)　労働者に対し，あらかじめ熱中症予防方法などの労働衛生教育を行う。
(3)　労働者に対し，脱水症を防止するため，塩分の摂取を控えるよう指導する。
(4)　労働者に対し，作業開始前に健康状態を確認する。

解答　(3)　労働者に対し，脱水症を防止するため，水分や塩分が補給できるようにする。
したがって，(3)は**適当でない**。　**答**　(3)

### 試験によく出る重要事項

**工事現場での安全活動**

a．４　S：整理・整頓・清潔・清掃
b．安全朝礼：仕事時間への気持ちの切り替え，作業者の健康状態の確認。
c．指差し呼称：作業者の錯覚・誤判断・誤操作の防止。
d．ヒヤリ・ハット報告制度：各人が作業中にヒヤリあるいはハットしたことを報告する。

# 第４章　品質管理

## ●出題傾向分析（出題数４問）

| 出題事項 | 設問内容 | 出題頻度 |
|---|---|---|
| 管理図 | ヒストグラム・$\overline{x}-R$ 管理図 | 毎年 |
| 品質管理方法 | 品質管理試験と管理項目，品質特性，PDCA | 隔年程度 |
| 舗装の品質管理 | 道路舗装の品質管理 | 隔年程度 |
| 盛土の締固め | 締固め管理方法，締固めの施工 | 毎年 |
| レディーミクストコンクリートの品質管理 | 受入れ検査項目と判定基準，許容値 | 毎年 |

### ◎学習の指針

1．ヒストグラムなどの管理図について，データの読み方や利用方法などが，毎年出題されている。問題演習で基本事項を覚えておく。

2．品質管理のための試験名と管理項目・品質特性および求めた値の利用について，隔年程度の頻度で出題されている。過去に出題された試験名と試験対象の品質特性は覚えておく。

3．品質管理の管理方法の基本であるPDCAについて，作業内容を覚えておく。

4．盛土の締固め管理について，毎年出題されている。締固めにより，強度が増加する機構を理解しておくと，正解の選択が容易になる。土工および道路盛土などに共通する内容なので，合わせて学習するとよい。

5．レディーミクストコンクリートの受入検査は，検査項目・判定基準が高い頻度で出題されている。許容値などの数字は覚えておく。

## 5-4 施工管理 品質管理 品質特性 ★★★

フォーカス 試験名・試験方法と求めた値(特性値)の利用に関する出題が多い。それらの関係を覚えておく。

**1** 品質管理における「品質特性」と「試験方法」に関する次の組合せのうち，**適当でないものはどれか。**

| | [品質特性] | [試験方法] |
|---|---|---|
| (1) | フレッシュコンクリートの空気量 | プルーフローリング試験 |
| (2) | 加熱アスファルト混合物の安定度 | マーシャル安定度試験 |
| (3) | 盛土の締固め度 | 砂置換法による土の密度試験 |
| (4) | コンクリート用骨材の粒度 | ふるい分け試験 |

解答 フレッシュコンクリートの空気量は，空気量測定器で試験する。プルーフローリング試験は路床や路盤のたわみ量の試験である。

したがって，(1)は**適当でない。** **答** (1)



**2** 道路のアスファルト舗装の品質管理における品質特性と試験方法との次の組合せのうち，**適当なものはどれか。**

| | [品質特性] | [試験方法] |
|---|---|---|
| (1) | 粒度 | 伸度試験 |
| (2) | 針入度 | ふるい分け試験 |
| (3) | アスファルト混合物の安定度 | CBR 試験 |
| (4) | アスファルト舗装の厚さ | コア採取による測定 |

解答 アスファルト舗装の品質管理における品質特性に対応する試験方法は，以下の通り。

(1) 粒　度：ふるい分け試験
(2) 針入度：針入度試験
(3) 安定度：マーシャル安定度試験
(4) 舗装厚：コア採取による測定 **答** (4)

**3** 土木工事の品質管理における各工種の品質特性と試験方法との組合せとして次のうち，**適当なもの**はどれか。

［工種・品質特性］　［試験方法］

(1) コンクリート工・骨材の混合割合…… 粗骨材の密度及び吸水率試験方法
(2) 土工・土の支持力値…………………… 砂置換法による土の密度試験方法
(3) アスファルト舗装工・アスファルト合材の粒度…… 粗骨材中の軟石量試験
(4) 路盤工・路盤材料の最適含水比…… 突固めによる土の締固め試験方法

**解答** (1) コンクリート工・骨材の混合割合……洗い分析試験方法
(2) 土工・土の支持力値………………平板載荷試験方法
(3) アスファルト舗装工・アスファルト合材の粒度…ふるい分け試験方法
(4)は，記述のとおり**適当である**。　**答** (4)

**4** 品質管理における品質特性と試験方法との次の組合せのうち，**適当でないもの**はどれか。

［品質特性］　［試験方法］

(1) 路盤の支持力 ………………………… 平板載荷試験
(2) 土の最大乾燥密度 ……………………… 単位体積重量試験
(3) コンクリート用骨材の粒度 ……………… ふるい分け試験
(4) 加熱アスファルト混合物の安定度 ………… マーシャル安定度試験

**解答** 土の最大乾燥密度は，突固めによる土の締固め試験によって求められ，盛土の締固め管理に用いられる。単位体積重量試験は，現場において，単位体積あたりの質量を求める試験である。

したがって，(2)は**適当でない**。　**答** (2)

## 試験によく出る重要事項

### 試験と品質特性(管理項目)

| 試験名 | 品質特性（管理項目） |
|---|---|
| a．**平板載荷試験** | 地盤反力係数，路盤の支持力 |
| b．**締固め試験** | 最大乾燥密度，盛土締固めの管理 |
| c．**CBR 試験** | 支持力値 |
| d．**透水試験** | 透水係数，地盤改良 |
| e．**砂置換法** | 乾燥密度，締固め度の管理 |

施工管理

## 5-4 施工管理 品質管理 品質管理の方法 ★★★

フォーカス 品質管理の基本となっているISO9000ファミリーの品質マネジメントシステムについて，基礎的事項は覚えておく。

**5** 品質管理活動における(イ)～(ニ)の作業内容について，品質管理のPDCA（Plan, Do, Check, Action）の手順として，**適当なもの**は次のうちどれか。

(イ) 作業標準に基づき，作業を実施する。
(ロ) 異常原因を追究し，除去する処置をとる。
(ハ) 統計的手法により，解析・検討を行う。
(ニ) 品質特性の選定と，品質規格を決定する。

(1) (イ) → (ニ) → (ハ) → (ロ)
(2) (ハ) → (ニ) → (ロ) → (イ)
(3) (ロ) → (ハ) → (イ) → (ニ)
(4) (ニ) → (イ) → (ハ) → (ロ)

解答 P(ニ)品質特性の選定と，D(イ)品質規格を決定する。C(ハ)作業標準に基づき，作業を実施する。A(ロ)異常原因を追究し，除去する処置をとる。

**答** (4)



### 試験によく出る重要事項

**品質管理手法**

a．品質管理のPDCA

ア．**P**lan：品質特性を決める。次に品質標準を決める。
イ．**D**o：作業標準に従って施工・データ採取。
ウ．**C**heck：データの解析・検討。
エ．**A**ction：異常の原因を追求・除去。

b．ISO 9000ファミリー規格：品質マネジメントシステムで，顧客の満足と信頼を得るための組織的な活動の仕組みを定めている。

## 5-4 施工管理 品質管理 管理図 ★★★

**フォーカス**　$\overline{x}$ 管理図，$R$ 管理図，$\overline{x}-R$ 管理図について，概要を覚え，計算できるようにしておく。

**6**　$\overline{x}-R$ 管理図に関する次の記述のうち，**適当なもの**はどれか。

(1)　$\overline{x}$ 管理図は，ロットの最大値と最小値との差により作成し，$R$ 管理図はロットの平均値により作成する。
(2)　管理図は通常連続した柱状図で示される。
(3)　管理図上に記入した点が管理限界線の外に出た場合は，原則としてその工程に異常があると判断しなければならない。
(4)　$\overline{x}-R$ 管理図では，連続量として測定される計数値を扱うことが多い。

**解 答**　(1)　$\overline{x}$ 管理図は，ロットの平均値により作成し，$R$ 管理図はロットの最大値と最小値との差により作成する。
(2)　管理図は通常連続した折れ線図で示される。
(4)　$\overline{x}-R$ 管理図では，連続量として測定される計量値を扱うことが多い。
(3)は，記述のとおり**正しい**。　**答**　(3)

**7**　$\overline{x}-R$ 管理図の作成にあたり，下記のデータシートＡ～Ｄ組の $\overline{x}$ と $R$ の値について，両方とも**正しい組**は，次のうちどれか。

(1)　Ａ組　　(3)　Ｃ組
(2)　Ｂ組　　(4)　Ｄ組

| 組 | 測定値 | | | $\overline{x}$ | $R$ |
|---|---|---|---|---|---|
| | $x_1$ | $x_2$ | $x_3$ | | |
| A | 40 | 37 | 37 | 38 | 5 |
| B | 38 | 41 | 44 | 43 | 6 |
| C | 38 | 40 | 39 | 40 | 4 |
| D | 42 | 42 | 45 | 43 | 3 |

**解 答**　計算式は，次のとおり。$\overline{x}=(X_1+X_2+X_3)\div 3$，$R=X_{max}-X_{min}$
$\overline{x}$ と $R$ の値について，両方とも**正しい**のは，Ｄ組である。　**答**　(4)

### 試験によく出る重要事項

**管理図**

ａ．計量値：舗装の厚さ・強度など，データが連続的な値。
ｂ．計数値：1か月の事故発生数など，データが離散的(不連続)な値。

## 5-4　施工管理　品質管理　ヒストグラム　★★★

**フォーカス**　ヒストグラムの出題が多い。データから，度数分布表と柱状図を作成できるようにしておく。

**8**　測定データ（整数）を整理した下図のヒストグラムから読み取れる内容に関する次の記述のうち，**適当でないもの**はどれか。

(1)　測定されたデータの最大値は8である。
(2)　測定されたデータの平均値は6である。
(3)　測定されたデータの範囲は4である。
(4)　測定されたデータの総数は18である。

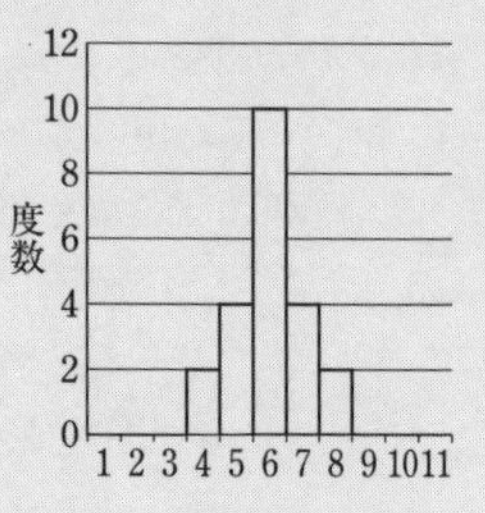


**解答**　測定されたデータの総数は，2+4+10+4+2=22　である。
したがって，(4)は**適当でない**。　**答**　(4)

**9**　品質管理における下図に示すA～Cのヒストグラムについて，ばらつきの度合いを示す標準偏差σの大きい順番に並べているものは，次のうちどれか。

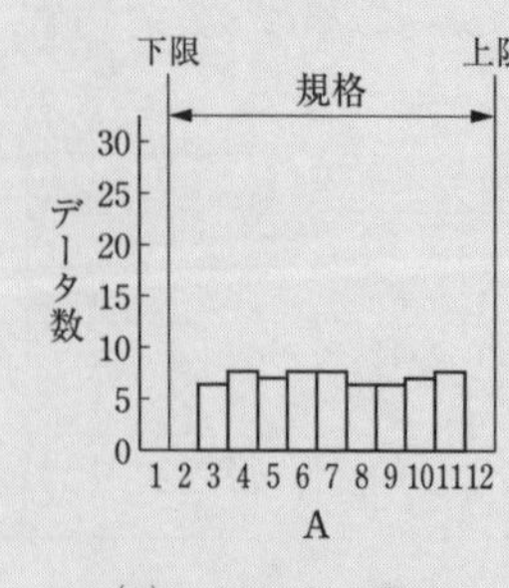

A

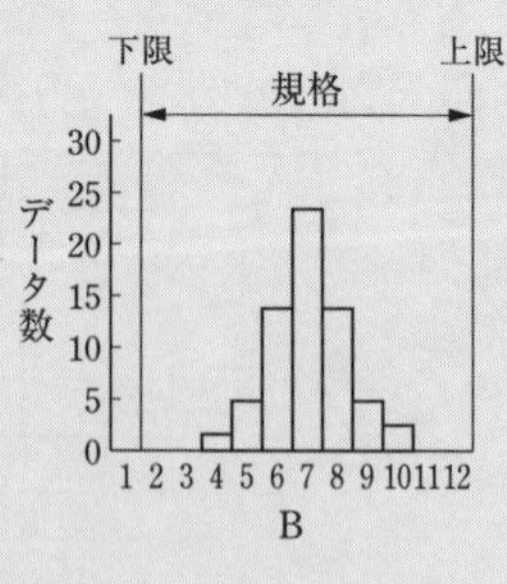

B

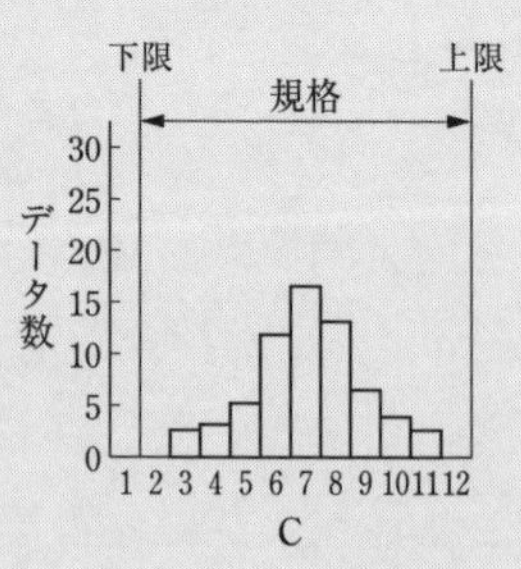

C

(1)　A→C→B　　(3)　B→A→C
(2)　B→C→A　　(4)　C→A→B

**解答**　ばらつきが最も小さいのは中央値にデータが集まっているB，大きいのはAである。したがって，A→C→Bとなる。　**答**　(1)

施工管理

**10** 品質管理に用いるヒストグラムに関する次の記述のうち，**適当でないもの**はどれか。

(1) ヒストグラムの形状が度数分布の山が左右二つに分かれる場合は，工程に異常が起きていると考えられる。

(2) ヒストグラムは，データの存在する範囲をいくつかの区間に分け，それぞれの区間に入るデータの数を度数として高さで表す。

(3) ヒストグラムは，時系列データの変化時の分布状況を知るために用いられる。

(4) ヒストグラムは，ある品質でつくられた製品の特性が，集団としてどのような状態にあるかが判定できる。

**解 答** ヒストグラムは，データのバラツキ状態を知るために用いられる。個々のデータの時間的変化や変動の様子はわからない。

したがって，(3)は**適当でない**。 **答** (3)



## 試験によく出る重要事項

### ヒストグラム

a．**作成目的**：長さ・重さ・時間・強度などのデータ(計量値)の分布状況を柱状図で表す。

b．**特　徴**：通常は，左右対称の形となるが，異常があると，不規則な形になる。

c．**品質管理上の活用**：ヒストグラムに規格値を入れると，全体に対し，どの程度の不良品・不合格品が出ているかがわかる。

d．**作成手順**

① 収集した全データの中から最大値と最小値を求める。

② データを分類するクラス幅を求める。

③ 各クラスにデータを割り振り，度数分布表をつくる。

④ 横軸に品質特性値(測定値)，縦軸に度数データを表示する。

## 5-4 施工管理 品質管理 盛土の締固め ★★★

フォーカス 盛土の品質管理の目的，試験名と試験方法，土質と締固めの規定方法(工法規定方式・品質規定方式)などを覚えておく。

**11** 盛土の締固めの品質に関する次の記述のうち，**適当でないもの**はどれか。

(1) 最もよく締まる含水比は，最大乾燥密度が得られる含水比で施工含水比である。
(2) 締固めの品質規定方式は，盛土の締固め度などを規定する方法である。
(3) 締固めの工法規定方式は，使用する締固め機械の機種や締固め回数などを規定する方法である。
(4) 締固めの目的は，土の空気間げきを少なくし吸水による膨張を小さくし，土を安定した状態にすることである。

解答 最もよく締まる含水比は，最大乾燥密度が得られる含水比で最適含水比である。
したがって，(1)は**適当でない**。 **答** (1)



**12** 盛土の品質管理における締固めた密度を測定できる試験方法は，次のうちどれか。

(1) 平板載荷試験
(2) RI 計器による試験
(3) 標準貫入試験
(4) 静的コーン貫入試験

解答 盛土の品質管理における締固めた密度を測定できる試験方法は，RI 計器による試験である。 **答** (2)
(1) 平板載荷試験：地盤支持力値，(3) 標準貫入試験：地盤の硬軟判定，N 値の測定，(4) 静的コーン貫入試験：軟弱地盤の強度判定など。

**13** 盛土の締固めの目的に関する次の記述のうち，**適当でないもの**はどれか。

(1) 土の空気間隙を大きくし，透水性を大きくする。
(2) 盛土の法面の安定や土の支持力増加など，必要な強度を得る。
(3) 完成後の盛土自体の圧縮沈下を抑える。
(4) 雨水の浸入による土の軟化や吸水による膨張を小さくする。

**解 答** 土の空気間隙を小さくし，透水性を小さくする。
したがって，(1)は**適当でない**。 **答** (1)

**14** 盛土の締固め管理に関する次の記述のうち，**適当なもの**はどれか。
(1) 盛土の締固めを品質で規定する方式は，締固め機械の種類で規定する。
(2) 盛土の締固めの効果や性質は，土の種類や含水比，施工方法によって変化する。
(3) 盛土の締固めを工法で規定する方式は，締固め度で規定するのが一般的である。
(4) 現場での土の乾燥密度の測定は，プルーフローリングによる方法がある。

**解 答** (1) 盛土の締固めを品質で規定する方式は，締固め度などで規定する。
(3) 盛土の締固めを工法で規定する方式は，機械の種類，敷均し厚さ，走行回数などで規定するのが一般的である。
(4) 現場での土の乾燥密度の測定は，土の単位体積質量試験で行う。
(2)は，記述のとおり**適当である**。 **答** (2)



試験によく出る重要事項

**盛土の締固めの管理方式**

**工法規定方式**と**品質規定方式**とがある。

a．工法規定方式：締固めに使用する機械の機種，締固め回数，盛土材料のまき出し厚などを規定する方法。

b．品質規定方式：乾燥密度，含水比，空気間げき率などで規定する方法。
盛土材料が砂質土や礫質土の場合は，締固め度を密度により規定する。
現場での単位体積質量試験(現場密度試験)の測定は，砂置換法やRI計器などの方法がある。

## 5-4 施工管理 品質管理 道路舗装 ★★★

**フォーカス** アスファルト舗装において，過去に出題されている試験名を中心に，品質管理対象項目，試験方法などを整理し，覚えておく。

**15** アスファルト舗装の路床の強さを判定するために行う試験として，**適当なものは**次のうちどれか。

(1) PI(塑性指数)試験
(2) CBR 試験
(3) マーシャル安定度試験
(4) すり減り減量試験

**解答** (1) PI(塑性指数)試験は，土の塑性限界を測定する。
(3) マーシャル安定度試験は，アスファルト混合物の安定度を測定する。
(4) すり減り減量試験は，アスファルト混合物のすり減り減量を測定する。
(2)は，記述のとおり**適当である**。 **答** (2)



**16** アスファルト舗装の品質管理に関する次の測定や試験のうち，現場で**行わないもの**はどれか。

(1) プルーフローリング試験
(2) 舗装路面の平たん性測定
(3) 針入度試験
(4) RI による密度の測定

**解答** 針入度試験は，舗装用石油アスファルトの等級分けに使用される材料試験であり，現場では行わない。 **答** (3)

**17** 道路舗装における品質管理項目と試験方法に関する次の組合せとして，**適当でないもの**はどれか。

| | [品質管理項目] | [試験方法] |
|---|---|---|
| (1) | アスファルト舗装の平坦性 | プルーフローリング試験 |
| (2) | 路盤の支持力 | CBR 試験 |
| (3) | アスファルト舗装の厚さ | コア採取による測定 |
| (4) | 土の締固め度 | 現場密度の測定 |

**解答** アスファルト舗装の平坦性は，プロフィルメータなどによる平坦性試験で管理する。プルーフローリング試験は，路盤などの締固め管理に用いる。

したがって，(1)は**適当でない**。 **答** (1)

**18** 道路のアスファルト舗装に用いる加熱アスファルト混合物の現場で行う品質管理項目として，次のうち**適当でないもの**はどれか。

(1) 温度
(2) アスファルト乳剤量
(3) 締固め度
(4) アスファルト量

**解答** アスファルト乳剤量は，現場で行う品質管理項目ではない。

したがって，(2)は**適当でない**。 **答** (2)

**19** 道路舗装におけるアスファルト混合物の現場受入れ時に，品質を確認する項目として，**該当しないもの**は次のうちどれか。

(1) 目視による色及びつや
(2) 目視による粒度のバラツキ
(3) 針入度の測定
(4) 温度の測定

**解答** 針入度の測定は，材料としてのアスファルトの硬さを調べるためのもので，受け入れ時には行わない。

したがって，(3)は**該当しない**。 **答** (3)



試験によく出る重要事項

## 道路のアスファルト舗装における品質管理項目と試験方法

| 品質管理項目 | 試験方法 | 品質管理項目 | 試験方法 |
|---|---|---|---|
| 敷均し温度 | 温度測定 | 平坦性 | 平坦性試験：プロフィルメータ |
| 安定度 | マーシャル安定度試験 | アスファルトの混合割合 | コア採取による混合割合試験 |
| 厚さ | コア採取による厚さ測定 | アスファルトの硬さ | 針入度試験 |
| 密度 | 密度試験 | 路盤・路床の締固め状態 | プルーフローリング試験 |

## 5-4 施工管理 品質管理 レディーミクストコンクリート ★★★

**フォーカス** レディーミクストコンクリートの受入れ検査項目や，そのときの検査の許容範囲に関する出題が多い。許容値の値は覚えておく。

**20** 呼び強度24，スランプ12 cm，空気量4.5%と指定したレディーミクストコンクリート（JIS A 5308）の受入れ時の判定基準を**満足しないものは**，次のうちどれか。

(1) 3回の圧縮強度試験結果の平均値は，25 N/mm$^2$である。
(2) 1回の圧縮強度試験結果は，19 N/mm$^2$である。
(3) スランプ試験の結果は，10.0 cmである。
(4) 空気量試験の結果は，3.0%である。

**解答** (1) 3回の圧縮強度の平均値は，指定呼び強度24以上の25 N/mm$^2$なので，満足している。

(2) 1回の圧縮強度は，指定呼び強度の85%（24×85%＝20.4）以上なので，19N/mm$^2$は満足していない。

(3) スランプ試験は，12±2.5＝9.5～14.5以内の10.0 cmで，満足している。

(4) 空気量は，4.5±1.5%＝3.0～6.0以内の3.0%で，満足している。

したがって，(2)は**満足しない**。 **答** (2)



### 試験によく出る重要事項

**レディーミクストコンクリート**

a．受け入れ検査項目
① 圧縮強度 ② 空気量 ③ スランプ ④ 塩化物イオン量

b．許容差
① 圧縮強度は，3回の試験結果の平均値が指定呼び強度以上で，かつ，どの回の試験結果も指定呼び強度の85%以上が合格である。
② 空気量：コンクリートの種類に関係なく±1.5%以内。
③ スランプ：8 cmから18 cmの場合は，±2.5 cm以内
④ 塩化物イオン量は，原則として0.30 kg/m$^3$以下

c．アルカリ骨材反応：配合表により確認する。

# 第 5 章　環境保全

**●出題傾向分析**（出題数 2 問）

| 出題事項 | 設問内容 | 出題頻度 |
|---|---|---|
| 環境対策 | 工事の環境対策・環境調査・環境影響評価・住民説明会，発生汚濁水 | 5 年に 2 回程度 |
| 騒音・振動規制 | 騒音・振動規制，騒音振動対策 | 隔年程度 |
| 建設リサイクル法 | 特定建設資材 | 毎年 |
| 産業廃棄物処理法 | 産業廃棄物の種類と処理方法，管理票 | 5 年に 2 回程度 |

**◎学習の指針**

1．環境保全の問題は，環境保全対策，騒音・振動規制，建設リサイクル，建設廃棄物の処理・処分が中心で，それぞれの法律の条文から出題されている。

2．環境対策は，環境保全関係の法律の名前と概要，工事の施工にあたって周辺地域に対して行うべき対策についての問題が多い。常識で判断できる内容なので，日頃から環境対策に注意しておくことが知識習得の近道である。

3．騒音・振動対策は，車両系建設機械の騒音・振動対策など，常識で判断できる内容が多い。

4．建設リサイクル法では，特定建設資材の 4 品目の名前を覚えておく。

## 5-5 施工管理 環境保全 建設リサイクル ★★★

**フォーカス** 「建設リサイクル法」の特定建設資材，3R(発生抑制・再使用・再生利用)，産業廃棄物に関する出題が多い。特に特定建設資材4品目は覚えておく。

**1** 建設工事に係る資材の再資源化等に関する法律(建設リサイクル法)に定められている特定建設資材に**該当しないもの**は，次のうちどれか。

(1) アスファルト・コンクリート (3) コンクリート

(2) 木材 (4) 建設発生土

**解 答** 建設発生土は，建設リサイクル法で定められている特定建設資材に**該当しない**。 **答** (4)

**2** 建設工事から発生する廃棄物の種類に関する記述のうち，「廃棄物の処理及び清掃に関する法律」上，**誤っているもの**はどれか。

(1) 工作物の除去に伴って生ずるコンクリートの破片は，産業廃棄物である。

(2) 防水アスファルトやアスファルト乳剤の使用残さなどの廃油は，産業廃棄物である。

(3) 工作物の新築に伴って生ずる段ボールなどの紙くずは，一般廃棄物である。

(4) 灯油類などの廃油は，特別管理産業廃棄物である。

**解 答** 工作物の新築に伴って生ずる段ボールなどの紙くずは，産業廃棄物である。したがって，(3)は**誤っている**。 **答** (3)

**3** 建設工事から発生する廃棄物の種類に関する次の記述のうち，**適当でないもの**はどれか。

(1) 工作物の除去に伴って生じた繊維くずは，一般廃棄物である。

(2) 工作物の除去に伴って生じたガラスくず及び陶磁器くずは，産業廃棄物である。

(3) 揮発油類，灯油類，軽油類の廃油は，特別管理産業廃棄物である。

(4) 工作物の除去に伴って生じたアスファルト・コンクリートの破片は，産業廃棄物である。

**解答**　工作物の除去に伴って生じた繊維くずは，産業廃棄物である。
したがって，(1)は**適当でない**。　**答**　(1)

**4**　建設現場で発生する産業廃棄物の処理に関する次の記述のうち，**適当でないもの**はどれか。

(1)　事業者は，産業廃棄物の処理を委託する場合，産業廃棄物の発生から最終処分が終了するまでの処理が適正に行われるために必要な措置を講じなければならない。
(2)　産業廃棄物の収集運搬にあたっては，産業廃棄物が飛散及び流出しないようにしなければならない。
(3)　産業廃棄物管理票(マニフェスト)の写しの保存期間は，関係法令上５年間である。
(4)　産業廃棄物の処理責任は，公共工事では原則として発注者が責任を負う。

**解答**　産業廃棄物の処理責任は，公共工事では原則として排出事業者(元請者)が責任を負う。
したがって，(4)は**適当でない**。　**答**　(4)



試験によく出る重要事項

**特定建設資材・再生資源，リサイクルの優先順位**

a．建設リサイクル法における特定建設資材
①コンクリート　②コンクリート及び鉄からなる建設資材　③木材
④アスファルト・コンクリート

b．建設発生土(土砂)は「資源の有効な利用の促進に関する法律」(資源有効利用促進法)の再生資源に指定されている。

c．循環型社会に向けた対策の優先順位
①発生抑制　②再使用　③再生利用　④熱回収　⑤適正処分

## 5-5 施工管理 環境保全 環境対策 ★★★

**フォーカス** 現場作業において，地域住民の生活環境を保全するために守らなければならない法令や留意すべき事項を覚える。一般常識で判断できる事項も多い。

**5** 建設工事における環境保全対策に関する次の記述のうち，**適当でないもの**はどれか。

(1) 土工機械の選定では，足回りの構造で振動の発生量が異なるので，機械と地盤との相互作用により振動の発生量が低い機種を選定する。

(2) トラクタショベルによる掘削作業では，バケットの落下や地盤との衝突での振動が大きくなる傾向にある。

(3) ブルドーザによる掘削運搬作業では，騒音の発生状況は，後進の速度が遅くなるほど大きくなる。

(4) 建設工事では，土砂，残土などを多量に運搬する場合，運搬経路が工事現場の内外を問わず騒音が問題となることがある。

**解答** ブルドーザによる掘削運搬作業では，騒音の発生状況は，後進の速度が早くなるほど大きくなる。

したがって，(3)は**適当でない**。 **答** (3)

**6** 環境影響評価法に関する下記の文章の(イ)，(ロ)に当てはまる適切な語句の組合せとして，次のうち**適当なもの**はどれか。

環境影響評価とは，土木工事など特定の目的のために行われる一連の土地の形状変更ならびに工作物の新設及び増改築工事など事業の実施について，環境に及ぼす影響の調査，(イ)，評価を行うと共に，その事業に関する環境の保全のための措置を検討し，この措置の環境に及ぼす影響を総合的に評価することで，(ロ)が工事の前に環境影響評価を行うものである。

| | (イ) | | (ロ) |
|---|---|---|---|
| (1) | 説明 | ……… | 事業者 |
| (2) | 説明 | ……… | 請負者 |
| (3) | 予測 | ……… | 事業者 |
| (4) | 予測 | ……… | 請負者 |

施工管理

**解答** 環境影響評価とは，土木工事など特定の目的のために行われる一連の土地の形状変更ならびに工作物の新設及び増改築工事など事業の実施について，環境に及ぼす影響の調査，予測，評価を行うと共に，その事業に関する環境の保全のための措置を検討し，この措置の環境に及ぼす影響を総合的に評価することで，事業者が工事の前に環境影響評価を行うものである。

したがって，(3)が**適当である**。 **答** (3)

**7** 環境保全に関する「関係する法律」とその「測定項目」との組合せとして，次のうち**適当でないもの**はどれか。

| | [関係する法律] | [測定項目] |
|---|---|---|
| (1) | 水質汚濁防止法 | 化学的酸素要求量 |
| (2) | 悪臭防止法 | 窒素酸化物 |
| (3) | 騒音規制法 | 騒音 |
| (4) | 大気汚染防止法 | 光化学オキシダント |

**解答** 悪臭防止法は，特定悪臭物質(アンモニア等)の測定・規制等についての法律である。

したがって，(2)は**適当でない**。 **答** (2)

施工管理

**8** 環境基本法で規定する「公害」とそれを防止するための「法律」との組合せとして，次のうち**正しいもの**はどれか。

| | [公害] | [法律] |
|---|---|---|
| (1) | 地盤沈下 | 建築物用地下水の採取の規制に関する法律 |
| (2) | 大気汚染 | 悪臭防止法 |
| (3) | 水質汚濁 | 土壌汚染対策法 |
| (4) | 振動 | 労働安全衛生法 |

**解答** (2) 大気汚染：大気汚染防止法

(3) 水質汚濁：水質汚濁防止法

(4) 振動：振動規制法

(1)は，記述のとおり**正しい**。 **答** (1)

試験によく出る重要事項

## 各種法律と対象項目

1．環境に関する法律と，その規制対象

a．水質汚濁防止法：水質汚濁

b．騒音規制法：騒音

c．振動規制法：振動

d．大気汚染防止法：大気汚染

e．悪臭防止法：悪臭

2．環境影響評価は，事業者が環境に及ぼす影響の調査・予測・評価を行う。

# 第６編　実地試験

Ⅰ．実地試験 ……………………………… 230
Ⅱ．施工経験記述 …………………………… 232
Ⅲ．施工経験記述の書き方 ………………… 233
Ⅳ．施工経験記述添削例 …………………… 238
Ⅴ．参　考 …………………………………… 244
Ⅵ．学科記述 ………………………………… 246

施工経験記述と学科記述とがあります．

**施工経験記述**は，施工管理者としてふさわしい経験・知識，および，文章で表現する能力について判定するものです。文章を書くことに慣れていない受験生も多く，合格のための難関の一つになっています。

施工経験記述は，**必ず事前に書いて準備しておきましょう。**

**学科記述**は，学科試験と同じ範囲からの出題ですが，記述形式の解答となっている点が異なります。記述形式ですから，必要に応じて，**漢字で書けるよう練習しておきましょう。**

# Ⅰ．実地試験

## 1．実地試験の目的と構成

実地試験は，受験者が2級土木施工管理技士として，

① **施工管理について，資格にふさわしい実務経験と専門知識をもっているか。**

② **施工計画や説明資料，報告書などの理解・作成能力があるか。**

を判定するための試験です。

③ 試験は，問題1の**施工経験記述**と問題2～9の**学科記述**の9問題で構成されています。試験時間は，例年，全体で120分です。

## 2．施工経験記述

① 施工経験記述は，問題1として，受験者の実務経験を判別するものです。

② 施工管理の課題が二つ程度示され，受験者は課題の一つを選択して，現場の施工管理者の立場からの経験を文章で記述します。

③ 問題1の施工経験記述は，必ず解答しなければならない必須問題で，これを解答しなければ，問題2以降は採点されません。

④ 課題は，安全管理・品質管理・工程管理・環境対策が高い頻度で出題されています。



## 3．学科記述

① 学科記述のうち，問題2～5は，土工とコンクリートについての知識を問うもので，必ず解答しなければならない必須問題です。

② 穴埋め部分を語句群から選択する語句選択と，間違っている箇所や数字を訂正する問題が出題されています。

③ 問題6～9は，(1)と(2)があり，施工計画・工程管理・安全管理・品質管理・環境管理・建設副産物からそれぞれ2問が出題され，各1問を選択して解答します。

④ 問題6～9の(1)は，穴埋め部分を語句群から選択する語句選択問題，(2)は施工管理について，方法・特徴，留意事項，安全対策などの要点を簡潔に記述する問題が出題されています。

⑤ 学科記述の問題は，学科試験の土工・コンクリート・施工管理と同じ範囲から出題されます。ただし，記述形式の解答なので，知識を確実に身につけておく必要があります。

⑥ 学科記述問題の出題傾向は，次ページの表のとおりです。

| | 出題項目 | 設問内容 | 出題頻度 |
|---|---|---|---|
| 土工 必須 | 軟弱地盤対策 | 軟弱地盤対策工法名と概要・特徴 | ほぼ毎年 |
| | 盛土の施工 | 施工の留意事項，材料の管理，使用機械 | 5年で3回程度 |
| | 法面保護 | 保護工法名と概要・特徴 | 5年で2回程度 |
| | 建設機械 | 機械名と用途・特徴・機能 | 5年で2回程度 |
| | 裏込め・埋戻し | 施工の留意事項，材料の要件 | 5年で2回程度 |
| | 切土の施工 | 施工の留意事項，使用機械 | 5年で1回程度 |
| | 土量変化率 | 土量計算 | 5年で1回程度 |
| コンクリート 必須 | 打込み・仕上げ・養生 | 施工方法の概要，施工の留意事項 | ほぼ毎年 |
| | 打継目 | 施工の留意事項， | 5年で2回程度 |
| | 混和材料 | 混和剤(材)名と使用目的・特徴 | 5年で1回程度 |
| | 鉄筋の加工組立 | 施工の留意事項 | 5年で2回程度 |
| | 型枠・支保工 | 型枠施工・支保工施工の留意事項 | 5年で2回程度 |
| | 用語 | コンクリートの用語と，その説明 | 5年で2回程度 |
| 品質管理 | レミコン検査 | レミコンの受入検査項目・判定基準，アルカリシリカ検査の概要，購入時の指定項目 | ほぼ毎年 |
| | 盛土の施工管理 | 締固め管理方法・検査方法，敷均し・締固めの留意事項，材料の条件 | 5年で3回程度 |
| | 土質試験 | 原位置試験名と結果の利用<br>土質試験名と結果の利用 | 5年で2回程度 |
| | 鉄筋・型枠 | 組立の管理基準 | 5年で2回程度 |
| 安全管理 | 機械作業の安全管理 | 架空線事故対策，埋設物破損対策，クレーン作業・玉掛け作業の安全 | 5年で2回程度 |
| | 掘削作業の安全管理 | 明り掘削の安全管理<br>土留め支保工の安全管理規定 | 5年で2回程度 |
| | 足場の安全作業 | 足場の安全管理規定，墜落事故防止対策 | 5年で2回程度 |
| 工程管理 | 工程表作成 | 作業手順からバーチャートを作成 | 5年で2回程度 |
| | 工程表の特徴 | 工程表の名称と特徴 | 5年で2回程度 |
| 施工計画・環境保全 | 工事の環境対策 | ブルドーザー・バックホゥの騒音，振動対策 | 5年で1回程度 |
| | 建設副産物 | 特定建設資材の再資源化方法，用途<br>建設発生土の利用・用途<br>コンクリート塊の利用・用途 | 5年で3回程度 |

注．設問は，単独のほか，組み合わせて出題されることがある。

# Ⅱ. 施工経験記述

## 1. 施工経験記述の目的

① 実務経験の判別：受験者が現場監督者として，経験があるかどうかを判定する。

受験者に実務経験がないと判断された場合は，不合格になる。

② 知識・経験と文章での説明力の判別：設問の課題についての知識・経験が十分あり，求められている事項について，的確に表現する能力があるかを判定する。

## 2. 施工経験記述の出題形式

施工経験記述は問題1として出題され，必ず解答しなければならない必須問題であり，課題が変わる以外は，毎年同じような形式で出題される。

問題1で，

① 設問1の解答が無記載または記述漏れがある場合，

② 設問2の解答が無記載または設問で求められている内容以外の記述の場合，

**どちらの場合も，問題2以降は**採点の対象とならない。

【問題1】 あなたが経験した**土木工事の現場において，工夫した○○管理又は工夫した△△管理のうちから1つ選び，次の〔設問1〕，〔設問2〕に答えなさい。**

〔設問1〕 あなたが**経験した土木工事**に関し，次の事項について解答欄に明確に記述しなさい。

**〔注意〕** 「経験した土木工事」は，あなたが工事請負者の技術者の場合は，あなたの所属会社が受注した工事内容について記述してください。従って，あなたの所属会社が二次下請業者の場合は，発注者名は一次下請業者名となります。

なお，あなたの所属が発注機関の場合の発注者名は，所属機関名となります。

(1) **工事名**

(2) **工事の内容**

① **発注者名** ② **工事場所** ③ **工期** ④ **主な工種** ⑤ **施工量**

(3) **工事現場における施工管理上のあなたの立場**

実地試験

〔設問 2〕　上記工事で実施した「現場で工夫した○○管理」又は「現場で工夫した△△管理」のいずれかを選び，次の事項について解答欄に具体的に記述しなさい。

(1)　特に留意した技術的課題

(2)　技術的課題を解決するために検討した項目と検討理由及び検討内容

(3)　上記検討の結果，現場で実施した対応処置とその評価

### 3．出題傾向

①　〔設問 1〕の工事概要の記入項目は，毎年，同じである。

②　〔設問 2〕の施工管理の課題は，安全管理・品質管理・工程管理・施工計画・環境管理(建設副産物)のうちから，毎年，異なる二つが提示される。

### 4．施工経験記述の事前準備

①　施工経験記述は，準備無しで，試験会場で書くことは不可能なので，**必ず準備しておく。**

②　少なくとも３課題(**品質管理・安全管理・工程管理**)は準備しておく。

③　文章は，採点者に読んでもらい，内容を理解してもらう必要がある。

④　そのためには，必ず**他人にみてもらい批評・添削を受ける**ことが大切である。



## Ⅲ．施工経験記述の書き方

### 1．〔設問 1〕経験した土木工事の概要

(1)　「工事名」記入の注意事項

| 工事名 | |
|---|---|

a．土木工事であること。

土木工事として認められる工事の種類や業務は，試験機関(一般財団法人　全国建設研修センター)から公表されている。

特殊な工事や，土木工事かどうか判定しにくいものは避けたほうがよい。

b．その工事が現実に実施され，どこで(場所)，何の工事(工事の種類)だったのかを特定できるように書く。

工事時期(年度)は，工期の欄に記入しているので，書かなくてもよい。

工事の種類はできるだけ具体的に書く。(道路工事ではなく舗装工事など，河川工

事ではなく護岸工事など)

【例】 県道〇〇号線△△交差点改良工事
横浜モノレール(〇〇川地区)P1 ～ P5 橋脚補強工事

c．記入欄をはみ出すような長い工事名は，工事内容がわかる範囲で削除する。

【例】 ~~(〇〇年度)~~ △△地区~~から〇〇地区~~県道〇〇号線~~第１工区～第３工区~~歩道拡幅・舗装打ち換え工事~~(その１の３)~~

d．発注者固有の記号・符号などは，できる限りわかりやすく書き直す。
e．できるだけ，新しい工事を選定する。
f．あまり小規模な工事や短期間の工事は，２級土木施工管理技士の資格対象としてふさわしくないと判定される恐れがある。ある程度の規模の工事を選定する。

(2)「工事の内容」記入の注意事項

| ① | 発注者名 | |
|---|---|---|

a．官庁発注の場合は役所名，民間発注の場合は会社名を記入。
b．所属が二次下請け業者の場合は，発注者名は一次下請け業者名となる。

【例】 東京都〇〇局〇〇建設事務所
国土交通省中部地方整備局〇〇国道事務所
株式会社〇〇建設

| ② | 工事場所 | |
|---|---|---|

a．都道府県名，市町村名，番地まで記入する。場所が特定できること。

【例】 〇〇県□□郡△△町〇〇地先
〇〇県□□市△△町〇〇番地

| ③ | 工期 | |
|---|---|---|

a．終了している工事(工期)であること。
b．工事契約書のとおり，日まで記入する。

【例】 令和〇年〇月〇〇日～令和△年△月△△日

c．工期と施工量との関係が適切であること(大規模工事なのに工期が短かすぎるなどは，現場経験無しと判定される恐れがある)。

| ④ | 主な工種 | |
|---|---|---|

a．主な工種は，工事の全体像が把握できるようなものを選定する。

b．〔設問 2〕の技術的課題に取り上げる工種を含めて，3～5工種程度を記入する。

c．〔設問 2〕で記述する内容と一致していること。

d．○○工事ではなく，○○工と書く。

【例】 盛土工　　（注意：盛土工事とは書かない）

| ⑤ | 施工量 | |
|---|---|---|

a．施工量は，主な工種に対応させて枠内におさまる程度で記入する。

b．施工量の数量は，規模がわかるように単位をつけて記入する。

【例】 盛土工→盛土 5,000 $m^3$

c．鋼管杭・鋼矢板のように，サイズや形式があるものは，それも記入する。

【例】 鋼管杭（$\phi$ 1000×20 m）　打設：20 本

d．工期との整合性に注意する。

e．〔設問 2〕の技術的課題に取り上げる工種は，施工(作業)規模や概要がわかるような数量を書く。

(3)「工事現場における施工管理上のあなたの立場」記入の注意事項

| 立場 | |
|---|---|

a．施工管理についての指導・監督者であること。

【例】 現場監督員，現場監督，現場主任，現場代理人，発注者側監督員など

b．「督」の文字を，間違えずに正確に書くこと。

## 2. 〔設問 2〕現場で工夫(留意)した○○管理

〔設問 2〕 上記工事で実施した「**現場で工夫した品質管理**」又は「**現場で工夫した安全管理**」のいずれかを選び，次の事項について解答欄に具体的に記述しなさい。

ただし，安全管理については，交通誘導員の配置のみに関する記述は除く。

(1) 特に留意した**技術的課題**

(2) 技術的課題を解決するために**検討した項目と検討理由及び検討内容**

(理由を書く必要がある)

(3) 上記検討の結果，**現場で実施した対応処置とその評価**(評価の記述が必要)

1. 書き方を**パターン化**する。

〔設問 2〕は，例年，施工管理の課題に対し，(1)技術的な課題(7 行)，(2)検討項目・検討理由・検討内容(9 ～ 11 行で指定されることが多い)，(3)実施した対応処置と評価(9 ～ 10 行で指定されることが多い)という形で出題されるので，1 行を 30 字程度で指定行数通りに記述する。

解答にあたっては，設問の要求に沿って，できるだけパターン化して記述するとよい。理由・評価などを求められている場合は，必ず記述すること。

2. **文章を書く場合の一般的な注意事項**

① 文章の書き出しは**1 字下げ**とし，2 字目から書き出す。

② 文章の大きな区切りは**改行**し，改行した文章の書き出しも 1 字下げる。

③ 文章の終りには「。」必要な箇所には「,」をつけて，**読みやすく**する。

④ 文字は，採点者が読みやすいよう，**ていねい**に書く。

⑤ 誤字・脱字のないように注意する。

⑥ 1 行**30 字**程度を目安に，極端に小さな，または，大きな文字にしない。

⑦ 練習では，空白行を残さないように，**最後の行まで埋める**。

3. パターン化(例)

(1) 具体的な現場状況と特に留意した技術的課題(7 行)

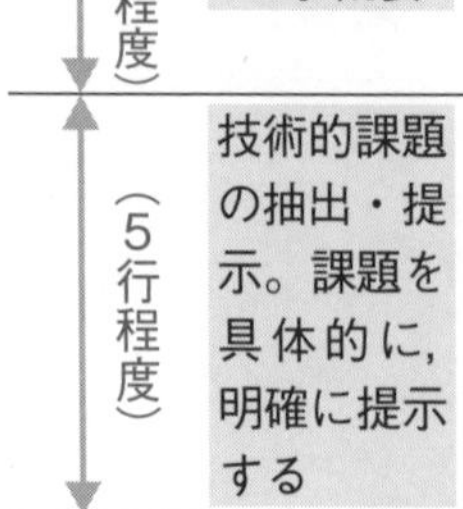

|  |  |  |
|---|---|---|
| (2 行程度) | 工事概要 | ①工事概要は何のための，どのような工事なのかがわかるよう，工事目的・工事規模などを入れる。<br>②設問 1 を踏まえて，重複しないよう簡潔に記述する。 |
| (5 行程度) | 技術的課題の抽出・提示。課題を具体的に，明確に提示する | ①現場状況は，この現場の周辺環境や地理的・地質的・施工的な条件などが背景・要因となって課題が生じた，ということがわかるように書く。<br>②課題は，具体的に記述する。数値などで説明するとよい。<br>施工にあたり…〔○○を課題とした。〕 |

実地試験

(2)　技術的な課題を解決するために検討した項目と検討理由および検討内容（9行）

| | | |
|---|---|---|
| （1行程度） | 前文 | ○○するため，以下を検討した。 |
| （8行程度） | 検討項目と検討理由および内容を記入 | ①検討項目は2～4項目程度とする。多すぎないよう注意する。<br>②箇条書きを活用する。<br>③検討目的があると，説得力が増す。<br>④検討理由は検討項目ごとに書く。<br>⑤現場状況を踏まえて，なぜ検討項目としたか，何のために何を検討したかを具体的かつ簡潔・明瞭に書く。できるだけ数値等を活用する。<br>⑥マニュアルの丸写しとならないよう，注意する。<br>⑦対応処置まで一緒に書かないよう，注意する。<br>⑧特殊な工事，専門性の高い作業などは，工事に精通していない採点者でも理解できるよう，わかりやすい表現を使う。<br>⑨技術用語・専門用語は，公的機関から発行されている仕様書・要綱・指針などで使用されているものを使う。<br>⑩1行目に「～以下を検討した。」と書いてあれば，検討項目ごとに「～を検討した。」と書かなくてよい。 |

(3)　上記検討の結果，現場で実施した対応処置とその評価（9行）

| | | |
|---|---|---|
| （1行） | 前文 | ○○するため，以下の（次の）処置をした。 |
| （7行） | 処置内容 | 検討項目と対応させて記述する。<br>（a→a′，b→b′）<br>①対応・処置では，技術的な結果・内容を具体的に書く（「大幅に」「適切に」などのあいまいな表現を避け，数値等を活用する）。<br>②現場の状況を踏まえての対応・処置が大切である（マニュアルどおりの対応・処置であっても，現場での工夫・状況からの判断などを入れる）。<br>③課題に対しての対応処置を書く。（安全管理に対し，工期を○日短縮した。など，他のことを加えない） |
| （1行） | 評価 | …以上により<br>○○を△△以内で完成した。○○ができた。<br>課題の再提示と達成の確認・評価 |

注．指定行数は，年度により異なることがある。

# Ⅳ．施工経験記述添削例

## A．品質管理

### 1.〔設問 1〕の解答例

添削前（赤字は，記述内容への添削指摘）

(1) 工事名

| 工事名 | F県H町用地造成工事 |
|---|---|

注．例文は，工事名・発注者名・工事場所等について，記号などで表記してある。

本試験では，実際に経験した工事について，具体的な地名などを記述すること。

(2) 工事の内容

| ① | 発注者名 | F県T土木事務所 | 実際の発注者名を記入 |
|---|---|---|---|
| ② | 工事場所 | F県H町H地区内他 | できるだけ詳細に記入 |
| ③ | 工期 | 令和○年○月～令和△年△月 | 「日」まで記入する。 |
| ④ | 主な工種 | 用地造成盛土<br>区画内道路新設工事 | 「工」を入れる。<br>工事を「工」とする。 |
| ⑤ | 施工量 | 用地造成盛土　土量　49,000<br>区画道路　400m | 単位をつける。<br>形状を記入する。 |

(3) 工事現場における施工管理上のあなたの立場

| 立　場 | 係長 |
|---|---|

現場施工管理での監督者としての立場を記入する

立場は，現場における指導・監督者であること。

(例)現場監督員，現場監督，現場主任，主任技術者，現場代理人，発注者側監督員

### 2.〔設問 2〕の解答例

添削前（赤字は，記述内容への添削指摘）　　1行30字程度

**現場で工夫した品質管理**

(1) 特に留意した技術的課題（7行）

本工事は，東日本大震災の津波で被災した畑・水田などの農地4.5 haを盛土し，商業用地および宅地とする工事である。　工事概要

盛土に使用する土は，近くの山を切り崩して使用することとなっていた。この現地採取土は，見かけは礫状であるが，風化した泥岩で，土質試験結果からシルトで，かつ，スレーキングする土であることが判明した。

特に留意した技術的課題

このため盛土の締固め管理を課題とした。

課題の明確化と提示

(2)　技術的課題を解決するために検討した項目と検討理由および検討内容（9行）

現地採取の盛土材はシルトで，かつ，スレーキングする土であることから，以下を検討した。

①　締固め度管理はできないため，空気間隙率管理とし，管理に必要な規格値を満足する敷均し厚さ，転圧回数を把握する。

②　スレーキング土は水分を含むと崩壊し，転圧不能となるため，降雨時の対策を作成する。

③　RI計器による測定を行うため，事前の試験施工によってRI計器の入力補正データを求める。

具体的検討内容が書かれていない。

8行で終わっている。練習では9行全部を埋めること。

(3)　技術的課題に対し，現場で実施した対応処置と評価（9行）

①　試験施工において振動ローラで片道3回，6回，9回の締固め走行を行い，砂置換法による締固後のデータをとった。その値より9回の走行が最適となった。

②　降雨対策として，天気予報により1mm以上の雨の日は，運搬および締固めを行わないこととした。

③　RI計器と締固め試験のデータを比較し，値を補正し，規定値の間隙率の確保に万全を期した。

これらの処置により，所定の盛土を完了した。

検討3項目の再提示と達成の確認。

8行で終わっている。練習では9行全部を埋めること。

## 3.〔設問1〕の解答例　添削後

(1)　工事名

| 工事名 | F県H町H地区用地造成工事 |
|---|---|

(2)　工事の内容

場所の特定ができること

| ① | 発注者名 | F県T土木事務所 |
|---|---|---|

| ② | 工事場所 | F県H町H地区内他 |
|---|---|---|
| ③ | 工期 | 令和○年○月○日～令和△年△月△日 |
| ④ | 主な工種 | 用地造成盛土工<br>区画内道路新設工 |
| ⑤ | 施工量 | 用地造成盛土　面積 64,000 $m^2$　土量 49,000 $m^3$<br>区画道路　幅員 12m　延長 400m |

場所の特定ができること
「日」まで記入する。

(3) 工事現場における施工管理上のあなたの立場

| 立　場 | 現場監督員 |
|---|---|

立場は，現場における指導・監督者であること。
(例)現場監督員，現場監督，現場主任，主任技術者，現場代理人，発注者側監督員

## 4.〔設問 2〕の解答例　添削後　　1 行 30 字程度

### 現場で工夫した品質管理

(1) 特に留意した技術的課題(7 行)

本工事は，東日本大震災の津波で被災した畑・水田などの農地4.5 ha を盛土し，町復興の商業用地および宅地とする工事である。
（工事概要）

盛土に使用する土は，3.5 km ほど離れた県有地の山を切り崩して使用することとなっていた。この現地採取土は，見かけは礫状であるが，土質試験結果から最大乾燥密度 1.3 ～ 1.4 g/$cm^3$ のシルトで，かつ，スレーキングする土であることが判明した。
（特に留意した技術的課題）

このため，盛土締固めの品質管理を課題とした。
（課題の明確化と提示）

(2) 技術的課題を解決するために検討した項目と検討理由および検討内容(9 行)

現地採取の盛土材はシルトで，かつ，スレーキング土であることから，盛土の品質管理について，以下を検討した。

① 締固め度管理はできないため，間隙率管理とし，発注者より示された空気間隙率の管理値 13%を満足する敷均し厚さおよび転圧回数を試験施工で把握する。

② スレーキング土は水分を含むと崩壊し，転圧不能となるため，降雨時の運搬，および，転圧の対策を作成する。

③ 施工後の締固め結果を迅速に把握するため，RI 計器による測定を行うこととし，試験施工で RI 計器の入力補正データを求める。

（検討した 3 項目と検討理由および検討内容）

実地試験

(3)　技術的課題に対し，現場で実施した対応処置と評価(9行)

①　試験施工において振動ローラを使用し，片道3回，6回，9回の締固め走行を行い，9回が最適締固め走行であるという結果を得，片道9回で施工した。
②　降雨時の締固め試験の結果から，1mm以上の降雨の日は，運搬および締固めを行わないこととし，天気予報と現場の天気を確認し，施工開始1時間前には中止の指示を出す体制を整えた。
③　事前の試験施工のデータより，RI計器の値を補正し，締固め後の間隙率を正確かつ迅速に把握できた。

} 検討3項目の再提示と達成の確認

これらの処置によって規定の品質を確保し，盛土を完了した。 } 評価

## B．安全管理

### 1．〔設問1〕の解答例

添削前(赤字は，記述内容への添削指摘)

(1)　工事名

| 工事名 | F県H町下水処理場水処理棟FRP管布設工事 |
|---|---|

注．例文は，工事名・発注者名・工事場所等について，記号などで表記してある。

本試験では，実際に経験した工事について，具体的に記述すること。

(2)　工事の内容

| ① | 発注者名 | ㈱TT工業製作所 | 実際の発注者名を記入 |
|---|---|---|---|
| ② | 工事場所 | F県H町 | できるだけ詳細に記入 |
| ③ | 工期 | 令和○年○月～令和△年△月 | 「日」まで記入する。 |
| ④ | 主な工種 | 掘削・埋戻し<br>管路埋設工事 | 「工」を入れる。<br>工事を「工」とする。 |
| ⑤ | 施工量 | 掘削，埋戻し：土量　498<br>FEP管布設：4条　400m | 単位をつける。<br>形状を記入する。 |

(3)　工事現場における施工管理上のあなたの立場

| 立　場 | 工事課係長 |
|---|---|

現場施工管理での監督者としての立場を記入する

立場は，現場における指導・監督者であること。

(例)現場監督員，現場監督，現場主任，主任技術者，現場代理人，発注者側監督員

実地試験

### 2. 〔設問 2〕の解答例

添削前(赤字は，記述内容への添削指摘) 1行30字程度

#### 現場で工夫した安全管理

(1) 特に留意した技術的課題(7行)

本工事は，H町の下水処理場内の水処理棟へ幅1m×深さ1.5m×延長100mの掘削を行い，FEP管を地中埋設するものである。 ｝工事概要

作業は夜間に限定されたため，狭い区域での夜間工事における掘削機械と作業員との接触事故等に対する安全確保が課題であった。 ｝特に留意した技術的課題

4行で終わっている。練習では7行全部を埋めること。

(2) 技術的課題を解決するために検討した項目と検討理由及び検討内容(9行)

作業員の安全確保について，以下の検討を行った。

① 掘削機と作業員の接触事故を防ぐため，旋回時は赤色ランプ回転灯を点滅させる。

② 周囲に外部照明を設置し，影などによる視認障害を排除する。

③ 掘削溝の範囲に，夜光発色テープを巻いた単管パイプによる手すりを設置し，作業員の転落防止等をはかる。

｝検討理由および具体的検討内容をもっと書く

6行で終わっている。練習では9行全部を埋めること。

(3) 技術的課題に対し，現場で実施した対応処置と評価(9行)

作業員の安全確保のため，以下の処置を行った。

① 赤色ランプ回転灯と笛の2つの方法による注意喚起により，掘削機械と労働者との接触等の事故を防止した。

② 周囲に水銀灯400W×4灯の外部照明を設置し，影などによる視認障害を排除した。

③ 夜光発色テープを巻いた高さ1mの単管パイプを設置して，転落防止など，作業員の安全を確保した。

｝検討3項目の再提示と達成の確認，

｝評価が書かれていない。

7行で終わっている。練習では9行全部を埋めること。

実地試験

## 3.〔設問 1〕の解答例　添削後

(1)　工事名

| 工事名 | F 県 H 町下水処理場水処理棟 FRP 管布設工事 |
|---|---|

(2)　工事の内容

| ① | 発注者名 | ㈱ TT 工業製作所 |
|---|---|---|
| ② | 工事場所 | F 県 H 町字 Y 地区 1 丁目 1 番地 |
| ③ | 工期 | 令和○年○月○日～令和△年△月△日 |
| ④ | 主な工種 | 掘削・埋戻し工，<br>管路埋設設置工 |
| ⑤ | 施工量 | 掘削，埋戻し：土量　498 $m^3$<br>FEP 管布設：Φ200　4 条　総延長　400 m |

場所の特定ができること
「日」まで記入する。

(3)　工事現場における施工管理上のあなたの立場

| 立　場 | 現場主任 |
|---|---|



## 4.〔設問 2〕の解答例　添削後　　1 行 30 字程度

### 現場で工夫した安全管理

(1)　特に留意した技術的課題（7 行）

本工事は，H 町の下水処理場内の水処理棟へ通すため，幅 1 m × 深さ 1.5 m ×延長約 100 m の溝掘削を行い，$\phi$ 200 の FEP 管を埋設布設するものであった。

施工場所は水処理施設と幅 3 m の歩道との間の幅 6 m 程度の狭い区域で，作業は夜間に限定された。

（工事概要と具体的な現場状況）

このため，狭い区域での夜間工事における掘削機と作業員との接触および作業員の掘削箇所への転落防止が課題であった。

（特に留意した技術的課題）

(2)　技術的課題を解決するために検討した項目と検討理由および検討内容（9 行）

作業員の安全確保について，以下を検討した。

①　掘削期間短縮のため，バケット容量 0.8 $m^3$ のバックホウを採用

した。後方張出が大きいため，運転席上部に赤色ランプを設置し，旋回時に回転点滅させる。また，作業箇所に監視誘導員を配置し，笛などで注意喚起する。

② 歩道にある樹木の影などによる視認障害を排除するため，作業区域の周囲に水銀灯 400 W × 4 灯の外部照明を設置する。

③ 作業員の転落を防止するため，掘削範囲に夜光発色テープを巻いた高さ 1 m の単管パイプによる柵を設置する。

検討3項目 検討理由および検討内容

(3) 技術的課題に対し，現場で実施した対応処置と評価(9 行)

作業員の安全確保のため，以下の処置を行った。

① バックホウ旋回時の赤色ランプ回転灯の点滅と監視員の笛による注意喚起を行い，掘削機械と作業員との接触事故を完全に防止した。

② 400 W×4 灯の水銀灯の設置により作業区域の視認障害がなくなり，作業全体の安全向上と効率化がはかれた。

③ 掘削範囲に高さ 1 m の夜光発色テープ巻きの柵を設置したことで，作業員の転落を防止できた。

検討3項目の再提示

いずれも，効果的な安全対策であり，無事故で作業を終了した。

評価と達成の確認

# V. 参　考

現場でよく見られる，施工管理の技術的課題と検討内容・対応処置の例。

| | 技術的課題 | 検討内容・対応処置 |
|---|---|---|
| 品質管理 | ①路床・路盤の品質確保<br>②舗装の品質確保<br>③盛土の品質確保<br>④コンクリートの品質確保 | a．使用材料<br>①材料の品質管理（粒度分布等）<br>②材料の温度管理（アスファルトコンクリート・レディーミクストコンクリート） |
| 品質管理 | ⑤打継目など，構造物の接合の品質確保 | ③材料の受入検査（内部規格の設定等）<br>b．使用機械<br>①材料に適合した機械の使用<br>②適正な能力の機械の使用<br>③施工方法に適合した機械の選定<br>c．施工法<br>①敷均し厚・仕上げ厚の管理<br>②締固め・養生の管理<br>③締固め度，密度・強度の管理<br>④出来形の管理 |

| | 技術的課題 | 検討内容・対応処置 |
|---|---|---|
| 工程管理 | ①各工程の遵守による工期の確保<br>②各工程の短縮による工期の確保<br>③各工程の相互調整による工期の短縮 | a．使用材料<br>①材料手配の管理<br>②工場製品の利用による短縮<br>③使用材料の変更による短縮<br>b．使用機械<br>①機械の大型化による短縮<br>②使用台数の増加による短縮<br>③使用機械の適正な組合せによる短縮<br>c．施工法<br>①施工箇所の複数化<br>②班の増加，並行作業<br>③作業の平準化<br>④工法の改良 |
| 施工計画 | ①仮設備の安全確保（足場，型枠支保工，土留め工，仮設通路など）<br>②工程計画：工期の確保<br>③品質計画：品質の確保<br>④環境保全計画 | 施工計画は，施工の全てが対象となるので，品質管理・工程管理・安全管理の内容を参照する。 |
| 安全管理 | ①労働者の安全確保<br>②施工機械の転倒等の防止<br>③仮設構造物，および，施工の安全確保<br>④歩行者の安全確保<br>⑤一般車両との事故防止 | a．使用材料・設備<br>①仮設備の設置及び点検<br>②仮設材料の安全性の点検<br>b．使用機械<br>①使用機械の転倒防止処置<br>②機械との接触防止対策<br>③機械の日常点検・使用前点検<br>c．施工法<br>①安全用囲い，離隔距離等の設置<br>②立入禁止措置<br>③安全管理体制の強化・適正化<br>④危険物取扱いの教育 |

# Ⅵ. 学科記述

| 学科記述 | 土 工 | 軟弱地盤対策工法① |
|---|---|---|

軟弱地盤対策工法に関する**次の工法から2つ選び，工法名とその工法の特徴**についてそれぞれ解答欄に記述しなさい。

- 盛土載荷重工法
- サンドドレーン工法
- 発泡スチロールブロック工法
- 深層混合処理工法(機械かくはん方式)
- 押え盛土工法

**解 説**

工法名と，その特徴は，以下のとおり。

| 工法名 | 工法の概要と特徴 |
|---|---|
| 盛土載荷重工法 | 地盤にあらかじめ荷重をかけて沈下を促進し，計画構造物の沈下を軽減させる。<br>①地盤状況を見ながら時間をかけて荷重を増やすことができ，安全性が高い。<br>②施工に時間を要する。<br>③盛土材を近傍で調達できる場合は，工事費を節約できる。 |
| サンドドレーン工法 | 地盤中に適当な間隔で鉛直方向に砂柱を設置し，水平方向の圧密排水距離を短縮し，圧密沈下の促進と強度増加を図る工法。<br>①地中の排水を促進する工法なので，排水層としてのサンドマットおよび載荷重のための盛土などを併用する。<br>②施工方法には鋼管を打込んだり，振動で押込む，ウォータージェットで削孔した後，砂柱をつくるなど，各種の方法がある。<br>③施工にあたっては，砂の投入量や砂柱の折れ，不連続に注意する。 |
| 発泡スチロールブロック工法 | 発泡スチロールブロックを使用し，盛土本体の重量を軽減し，原地盤へ与える影響を少なくする工法。<br>①垂直壁を有する盛土にも適用が可能である。<br>②地下水の高い所では，浮力について検討する必要がある。<br>③材料としての発泡スチロールブロックの許容応力，寿命の範囲内で使用する。<br>④材料費は高いが，施工を含めたトータルコストが安くなる場合がある。 |
| 深層混合処理工法(機械かくはん方式) | 軟弱地盤の表面からかなりの深さまで，石灰などの安定材と原地盤の土とを混合し，柱体状または全面的に地盤を改良して強度を増し，沈下およびすべり破壊を阻止する工法。<br>①施工後の地盤は，改良体と未改良地盤の複合地盤として評価する。<br>②複合地盤の評価は，改良体の強度や平面改良率等により決まる。<br>③改良体の強度は，在来地盤の土質性状や安定材の添加量等に影響されるため，予め配合試験を行い，決定する。 |

| 工法名 | 工法の概要と特徴 |
| --- | --- |
| 押え盛土工法 | 盛土の側方に押え盛土をしたり，法面勾配をゆるくしたりして，すべりに抵抗するモーメントを増加させ，盛土のすべり破壊を防止する工法。<br>①軟弱層が厚く，支持力が著しく不足している場合に有効な方法である。<br>②押え盛土のための余分な用地と土砂が必要である。<br>③押え盛土は，本体盛土より先に，または，本体と同時に行う必要がある。 |

解答例：解説の中から２つ選んで記述する。

| 工法名 | 特　徴 |
| --- | --- |
| 盛土載荷重工法 | ①地盤状況を見ながら時間をかけて荷重を増やすことができ，安全性が高い。<br>②施工に時間を要する。<br>③盛土材を近傍で調達できる場合は，工事費を節約できる。 |
| 押え盛土工法 | ①軟弱層が厚く，支持力が著しく不足している場合に有効な方法である。<br>②押え盛土のための余分な用地と土砂が必要である。<br>③押え盛土は，本体盛土より先に，または，本体と同時に行う必要がある。 |

## 学科記述　土　工　軟弱地盤対策工法②

軟弱地盤対策工法に関する次の工法から２つ選び，工法名とその工法の特徴についてそれぞれ解答欄に記述しなさい。

・サンドマット工法　・地下水位低下工法　・掘削置換工法
・緩速載荷工法　・表層混合処理工

### 解説

工法名と，工法の特徴等は，以下のとおり。

| 工　法 | 工法の概要 | 特　　徴 |
|---|---|---|
| サンドマット | 軟弱地盤上に透水性の高い砂または砂礫を５０～１２０ｃｍの厚さに敷均す工法。 | ①　圧密促進のために行うプレロード盛土と併用して用いられ，地下水の上部排水層の役割を果たす。<br>②　盛土内の地下排水層となって盛土内の水位を低下させる。<br>③　盛土作業に必要な施工機械のトラフィカビリティを確保する。<br>④　軟弱地盤が表層部の浅い部分だけにあるような場合は，サンドマットの施工だけで軟弱地盤処理の目的を果たすことがある。 |
| 緩速載荷 | 軟弱地盤が破壊しない範囲で盛土荷重をかけ，圧密進行に伴って増加する地盤のせん断強さを期待しながら時間をかけ，ゆっくりと盛土を仕上げていく工法。 | ①　軟弱地盤の処理は特に行わず，特別の機械も必要としない。<br>②　工期に余裕がある場合は，経済性にすぐれている。 |
| 地下水位低下 | 地下水位以下の掘削を行う場合に用いる工法で，掘削作業を容易にするとともに，掘削個所の側面ならびに底面の破壊または変形を防止する目的で行われる。 | 利点として，次のようなことがあげられる。<br>①　地下水位をあらかじめ掘削面以下に下げておけば，地上と全く同じに作業ができる。<br>②　湧水による切土斜面の破壊，掘削側面のボイリングなどを防止できる。<br>③　土留工事をするときでも，土圧の大幅な軽減が可能である。<br>欠点は，以下のとおりである。<br>①　地下水位を下げることで，地盤が沈下したり，周辺の井戸水が涸れたり，広い範囲の地下水位が低下することがある。 |

| 工　法 | 工法の概要 | 特　　　徴 |
| --- | --- | --- |
| 表層混合処理 | 生石灰・消石灰およびセメントなどの安定材を，スラリー状あるいは粉体のまま軟弱な表層地盤と混合する工法。 | ①　地盤の支持力・安定性を増加させて，施工機械のトラフィカビリティを確保する。<br>②　盛土の支持地盤の安定性および締固め効率の向上を図る。<br>③　安定材の添加量は，土質条件や要求される改良強度により，試験練りを行って決定する。<br>④　安定材と土との強度増加の反応は，施工時期や土質条件により差があることなどから，試験施工により，養生時間や施工方法等を確認する。 |
| 掘削置換 | 基礎地盤の一部または全部を良質土と置き換えて，基礎地盤として適したものに改良する工法。 | ①　軟弱層が比較的浅い場合に用いられる。<br>②　置き換えた地盤を支持地盤とする場合は，置き換えた層についても十分に締固めを行い，荷重が均等に分散するように締固める。 |

解答例：解説の中から２つ選んで記述する。

| 工　法 | 特　徴 |
| --- | --- |
| 緩速載荷工法 | 工期に余裕がある場合は，経済性にすぐれている。 |
| 掘削置換工法 | 軟弱層が比較的浅い場合に用いられる。 |

## 学科記述 土 工 軟弱地盤盛土

軟弱な基礎地盤に盛土を行う場合に，**盛土の沈下対策又は盛土の安定性の確保に効果のある工法名を５つ解答欄に記入しなさい。**

ただし，解答欄の記入例と同一内容は不可とする。

**解 説** 軟弱地盤における盛土の安定対策のための分類と工法名の例を以下に示す。

| 分類 | 工法名 |
|---|---|
| 表層処理工法 | a. 敷設材工法　b. 表層混合処理工法　c. サンドマット工法 |
| 載荷重工法 | a. 押さえ盛土工法　b. プレローディング工法 |
| 排水工法 | a. ウェルポイント工法　b. ディープウェル工法 |
| バーチカルドレーン工法 | a. サンドドレーン工法　b. ペーパードレーン工法 |
| 固化工法 | a. 深層混合処理工法　b. 薬液注入工法 |
| 置換工法 | a. 全面置換工法　b. 部分置換工法 |
| 締固め工法 | a. サンドコンパクション工法　b. バイブロフローテーション工法<br>c. ロッドコンパクション工法　d. 重錘落下工法 |

解答例

解説から５つ選んで，記入する。

| | |
|---|---|
| ① | サンドマット工法 |
| ② | プレローディング工法 |
| ③ | 深層処理工法 |
| ④ | 全面置換工法 |
| ⑤ | 押さえ盛土工法 |

| 学科記述 | 土 工 | 土量変化率 |
|---|---|---|

土工に関する次の文章の［ ］の(イ)～(ホ)に当てはまる**適切な語句又は数値を，下記の語句又は数値から選び**解答欄に記入しなさい。

(1) 土量の変化率($L$)は，［ (イ) ］($m^3$)／地山土量($m^3$) で求められる。

(2) 土量の変化率($C$)は，［ (ロ) ］($m^3$)／地山土量($m^3$) で求められる。

(3) 土量の変化率($L$)は，土の［ (ハ) ］計画の立案に用いられる。

(4) 土量の変化率($C$)は，土の［ (ニ) ］計画の立案に用いられる。

(5) 300 $m^3$ の地山土量を掘削し，運搬して締め固めると［ (ホ) ］$m^3$ となる。

ただし，$L = 1.2$，$C = 0.8$ とし，運搬ロスはないものとする。

［語句又は数値］ 補正土量，配分，累加土量，保全，運搬，200，掘削土量，資材，ほぐした土量，250，締め固めた土量，安全，240，労務，残土量

**解 説**

土量の計算は，地山を基準に行う。変化率 $L$，$C$ は，土の容積の状態変化を示すもので，地山を基準(1.0)とする。

$L$(Loose)：掘削などでほぐした状態。

$C$(Compact)：ほぐした土を締固めた状態。ほぐした土を締固めると土の粒子間が密になり，土量は地山の 0.85 ～ 0.95 倍と少なくなる。

$$\text{ほぐし率 } L = \frac{\text{ほぐした土量の体積}}{\text{地山土量の体積}} \qquad \text{締固め率 } C = \frac{\text{締め固めた土量の体積}}{\text{地山土量の体積}}$$

解答

| (イ) | (ロ) | (ハ) | (ニ) | (ホ) |
|---|---|---|---|---|
| ほぐした土量 | 締め固めた土量 | 運搬 | 配分 | 240 |

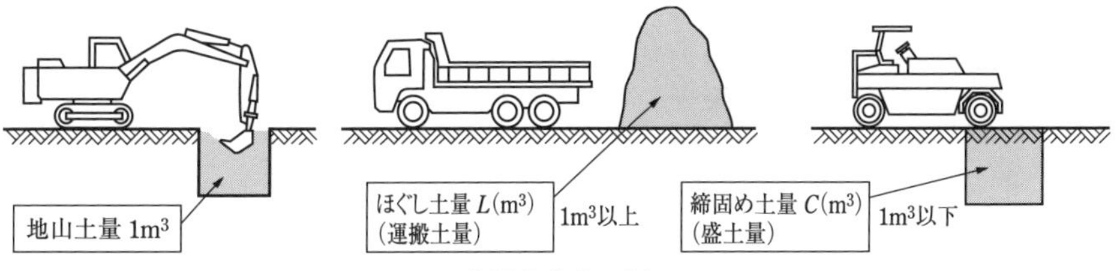


土量変化率の例

実地試験

| 学科記述 | 土 工 | 高含水比現場発生土を使用した盛土の施工 |
|---|---|---|

盛土に高含水比の現場発生土を使用する場合，下記の(1)，(2)について**それぞれ1つ**解答欄に記述しなさい。

(1) 土の含水量の調節方法

(2) 敷均し時の施工上の留意点

**解 説**

**(1) 土の含水量の調節方法**

① 水切：高含水現場発生土を水はけのよい地盤上に山状に仮置きして重力による脱水を行う方法。

② 天日乾燥：高含水現場発生土を平面上に薄く広げ，天日にさらして乾燥させる。

③ 良質土混合：砂等の良質土を混合して，含水比を調節する方法。

④ 水位低下掘削：地下水位の高い砂質系の現場の場合，掘削地山の地下水位をあらかじめトレンチやウエルポイントなどで低下させておき，掘削する発生土の含水比を下げておく方法。

⑤ 改良材混合掘削：石灰・セメント等の改良材を原位置で混合しながら掘削し，含水比を改善した発生土とする方法。

**(2) 敷均し時の施工上の留意点**

① 施工機械の選定：使用する材料のコーン指数を確認し，土の強度に応じた機械を選定する。

② 敷きならす範囲に一定間隔で排水層や溝などを設置しておく。

解答例：解説から1つ選んで，記述する。

| | |
|---|---|
| (1) 土の含水量の調節方法 | 高含水現場発生土を平面上に薄く広げ，天日にさらして乾燥させる。 |
| (2) 敷均し時の施工上の留意点 | 使用する材料のコーン指数を確認し，土の強度に応じた機械を選定する。 |

| 学科記述 | 土　工 | 裏込め・埋戻し |
|---|---|---|

下図のような構造物の裏込め及び埋戻しに関する次の文章の［　　］の(イ)〜(ホ)に当てはまる**適切な語句又は数値を，次の語句又は数値から選び**解答欄に記入しなさい。

(1) 裏込め材料は，［(イ)］で透水性があり，締固めが容易で，かつ水の浸入による強度の低下が［(ロ)］安定した材料を用いる。

(2) 裏込め，埋戻しの施工においては，小型ブルドーザ，人力などにより平坦に敷均し，仕上り厚は［(ハ)］cm 以下とする。

(3) 締固めにおいては，できるだけ大型の締固め機械を使用し，構造物縁部などについてはソイルコンパクタや［(ニ)］などの小型締固め機械により入念に締め固めなければならない。

(4) 裏込め部においては，雨水が流入したり，たまりやすいので，工事中は雨水の流入をできるだけ防止するとともに，浸透水に対しては，［(ホ)］を設けて処理をすることが望ましい。

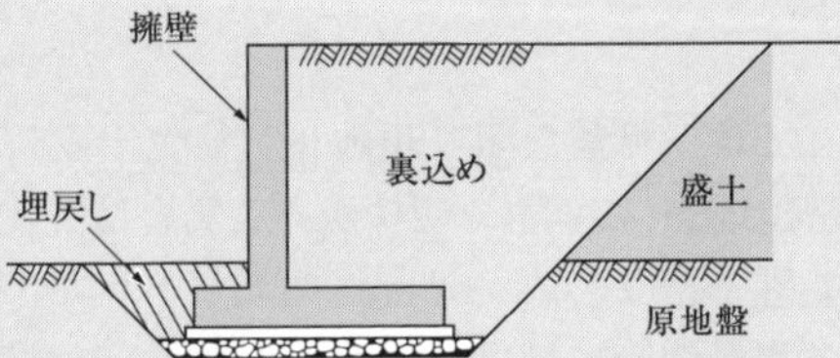


［語句又は数値］　弾性体，40，振動ローラ，少ない，地表面排水溝，乾燥施設，可撓性，高い，ランマ，20，大きい，地下排水溝，非圧縮性，60，タイヤローラ

**解説**　**擁壁裏込め・埋戻し施工の留意事項**

(1) 裏込め材料は，［(イ) 非圧縮性］で透水性が高い，締固めが容易，吸水による強度の低下が［(ロ) 少ない］ことが望ましい。

(2) 裏込め，埋戻しの施工は，小型ブルドーザ，人力などにより平坦に敷均し，締固め後の1層の仕上り厚は路床では［(ハ) 20］cm 以下とする。

(3) 構造物縁部などの締固めはソイルコンパクタや［(ニ) ランマ］などの小型締固め機械により入念に締め固める。

(4) 裏込め部の浸透水に対しては，［(ホ) 地下排水溝］を設けて処理をする。

解答

| (イ) | (ロ) | (ハ) | (ニ) | (ホ) |
|---|---|---|---|---|
| 非圧縮性 | 少ない | 20 | ランマ | 地下排水溝 |

実地試験

## 学科記述 土 工 盛土の施工①

盛土の施工に関する次の文章の［　　］の(イ)～(ホ)に当てはまる**適切な語句を**，**次の語句から選び**解答欄に記入しなさい。

(1) 盛土材料としては，可能な限り現地［(イ)］を有効利用することを原則としている。

(2) 盛土の［(ロ)］に草木や切株がある場合は，伐開除根など施工に先立って適切な処理を行うものとする。

(3) 盛土材料の含水量調節にはばっ気と［(ハ)］があるが，これらは一般に敷均しの際に行われる。

(4) 盛土の施工にあたっては，雨水の浸入による盛土の［(ニ)］や豪雨時などの盛土自体の崩壊を防ぐため，盛土施工時の［(ホ)］を適切に行うものとする。

［語句］ 購入土，固化材，サンドマット，腐植土，軟弱化，発生土，基礎地盤，日照，粉じん，粒度調整，散水，補強材，排水，不透水層，越水

### 解 説

(1) 盛土材料としては，可能な限り現地［(イ) 発生土］を有効利用する。

(2) 盛土の［(ロ) 基礎地盤］に草木や切株がある場合は，伐開除根など施工に先立って適切な処理を行う。

(3) 盛土材料の含水量調節にはばっ気と［(ハ) 散水］がある。

(4) 盛土の施工にあたっては，雨水の浸入による盛土の［(ニ) 軟弱化］や豪雨時などの盛土自体の崩壊を防ぐため，盛土施工時の［(ホ) 排水］を適切に行う。

解答

| (イ) | (ロ) | (ハ) | (ニ) | (ホ) |
|---|---|---|---|---|
| 発生土 | 基礎地盤 | 散水 | 軟弱化 | 排水 |

## 学科記述　土　工　盛土の施工②

盛土の施工に関する次の文章の［　　］に当てはまる**適切な語句を下記の語句から選び**，解答欄に記入しなさい。

(1) 盛土に用いる材料は，敷均しや締固めが容易で締固め後のせん断強度が［(イ)］，［(ロ)］が小さく，雨水などの浸食に強いとともに，吸水による［(ハ)］が低いことが望ましい。

(2) 盛土材料が［(ニ)］で法面勾配が1：2.0程度までの場合には，ブルドーザを法面に丹念に走らせて締め固める方法もあり，この場合，法尻にブルドーザのための平地があるとよい。

(3) 盛土法面における法面保護工は，法面の長期的な安定性確保とともに自然環境の保全や修景を主目的とする点から，初めに法面［(ホ)］工の適用について検討することが望ましい。

［語句］擁壁，高く，せん断力，有機質，伸縮性，良質，粘性，低く，膨潤性，岩塊，湿潤性，緑化，圧縮性，水平，モルタル吹付

### 解説　盛土施工の留意事項

(1) 盛土に用いる材料は，敷均しや締固めが容易で締固め後のせん断強度が［(イ) 高く］，［(ロ) 圧縮性］が小さく，雨水などの侵食に強いとともに，吸水による［(ハ) 膨潤性］が低いことが望ましい。

(2) 盛土材料が［(ニ) 良質］で法面勾配が1：2.0程度までの場合には，ブルドーザを法面に丹念に走らせて締め固める方法もあり，この場合，法尻にブルドーザのための平地があるとよい。

(3) 盛土法面における法面保護工は，法面の長期的な安定性確保とともに自然環境の保全や修景を主目的とする点から，初めに法面［(ホ) 緑化］工の適用について検討することが望ましい。

解答

| (イ) | (ロ) | (ハ) | (ニ) | (ホ) |
|---|---|---|---|---|
| 高く | 圧縮性 | 膨潤性 | 良質 | 緑化 |

## 学科記述 土 工 切土の施工

切土の施工に関する次の文章の[　　]の(イ)～(ホ)に当てはまる**適切な語句を，下記の語句から選び**解答欄に記入しなさい。

(1) 施工機械は，地質・[(イ)]条件，工事工程などに合わせて最も効率的で経済的となるよう選定する。

(2) 切土の施工中にも，雨水による法面[(ロ)]や崩壊・落石が発生しないように，一時的な法面の排水，法面保護，落石防止を行うのがよい。

(3) 地山が土砂の場合の切土面の施工にあたっては，丁張にしたがって[(ハ)]から余裕をもたせて本体を掘削し，その後，法面を仕上げるのがよい。

(4) 切土法面では[(イ)]・岩質・法面の規模に応じて，高さ5～10 m ごとに1～2 m 幅の[(ニ)]を設けるのがよい。

(5) 切土部は常に[(ホ)]を考えて適切な勾配をとり，かつ切土面を滑らかに整形するとともに，雨水などが湛水しないように配慮する。

［語句］ 浸食，親綱，仕上げ面，日照，補強，地表面，水質，景観，小段，粉じん，防護柵，表面排水，越水，垂直面，土質

**解 説**

(1) 施工機械は，地質・[(イ) 土質]条件，工事工程などに合わせて最も効率的で経済的となるよう選定する。

(2) 切土の施工中にも，雨水による法面[(ロ) 浸食]や崩壊・落石が発生しないように，一時的な法面の排水，法面保護，落石防止を行うのがよい。

(3) 地山が土砂の場合の切土面の施工にあたっては，丁張にしたがって[(ハ) 仕上げ面]から余裕をもたせて本体を掘削する。

(4) 切土法面では[(イ) 土質]・岩質・法面の規模に応じて，高さ5～10 m ごとに1～2 m 幅の[(ニ) 小段]を設けるのがよい。

(5) 切土部は常に[(ホ) 表面排水]を考えて適切な勾配をとる。

解答

| (イ) | (ロ) | (ハ) | (ニ) | (ホ) |
|---|---|---|---|---|
| 土質 | 浸食 | 仕上げ面 | 小段 | 表面排水 |

## 学科記述 土 工 切土法面の施工

切土法面の施工に関する次の文章の［　　］に当てはまる適切な語句を，下記の［語句］から選び解答欄に記入しなさい。

(1) 切土法面の施工中は，雨水などによる法面［(イ)］や崩壊・落石などが発生しないように一時的な法面の排水，法面保護，落石防止を行う。また，掘削終了を待たずに切土の施工段階に応じて順次［(ロ)］から保護工を施工するのがよい。

(2) 一時的な切土法面の排水は，ビニールシートや土のうなどの組合せにより，仮排水路を［(ハ)］の上や小段に設け，雨水を集水して［(ニ)］で法尻へ導いて排水し，できるだけ切土部への水の浸透を防止するとともに法面に雨水などが流れないようにすることが望ましい。

(3) 法面保護は，法面全体をビニールシートなどで被覆したり，モルタル吹付けにより法面を保護することもある。

(4) 落石防止としては，亀裂の多い岩盤や礫などの［(ホ)］の多い法面では，仮設の落石防護網や落石防護柵を施工することもある。

［語句］ 飛散，縦排水路，転倒，中間部，法肩，上方，傾斜面，浸食，水平排水孔，浮石，植生工，地下水，地下排水溝，下方，乾燥

### 解説 切土法面施工の留意事項

(1) 切土法面の施工中は，雨水などによる法面［(イ) 浸食］が発生しないように一時的な法面の排水を行う。また，掘削終了を待たずに切土の施工段階に応じて順次［(ロ) 上方］から保護工を施工するのがよい。

(2) 一時的な切土法面の排水は，(中略)仮排水路を［(ハ) 法肩］の上や小段に設け，雨水を集水して［(ニ) 縦排水路］で法尻へ導いて排水し，(中略)法面に雨水などが流れないようにすることが望ましい。

(4) 落石防止としては，亀裂の多い岩盤や礫などの［(ホ) 浮石］の多い法面では，仮設の落石防護網や落石防護柵を施工することもある。

解答

| (イ) | (ロ) | (ハ) | (ニ) | (ホ) |
|---|---|---|---|---|
| 浸食 | 上方 | 法肩 | 縦排水路 | 浮石 |

実地試験

## 学科記述 土 工 法面保護工

植生による法面保護工と構造物による法面保護工について，**それぞれ1つずつ工法名とその目的又は特徴について**解答欄に記述しなさい。ただし，解答欄の(例)と同一内容は不可とする。

(1) 植生による法面保護工
(2) 構造物による法面保護工

**解説** 主な法面保護工の工法名と目的・特徴は表のとおり。

| | 工法名 | 目的または特徴 |
|---|---|---|
| 植生による法面保護工 | 種子散布工・客土吹付工・植生基材吹付工・張芝工・植生マット工・植生シート工 | 浸食防止，凍上崩落抑制，全面植生(緑化) |
| | 植生筋工・筋芝工 | 盛土のり面の浸食防止，部分植生 |
| | 植栽工 | 景観形成 |
| 構造物による法面保護工 | モルタルコンクリート吹付工・石張工・ブロック張工・コンクリートブロック枠工* | 風化・浸食防止，表面水の浸透防止 |
| | コンクリート張工・吹付枠工，現場打ちコンクリート枠工 | 法面表層部の崩落防止，多少の土圧を受ける恐れのある倒所の土留め，岩盤はく落防止 |
| | 石積・ブロック張工・ふとんかご工・井桁組擁壁工・コンクリート擁壁工 | ある程度の土圧に対抗 |

*開放型と密閉型がある。

解答例：解説から1つずつ選んで記述する。

| | 工法名 | 目　的 |
|---|---|---|
| (1) | 種子散布工 | 浸食防止・凍上崩落抑制・全面植生 |
| (2) | ブロック張工 | 風化・浸食防止，表面水の浸透防止 |

## 学科記述　土　工　締固め機械

盛土の締固め作業及び締固め機械に関する次の文章の［　　］の(イ)～(ホ)に当てはまる適切な語句を，下記の語句から選び解答欄に記入しなさい。

(1)　盛土材料としては，破砕された岩から高含水比の［(イ)］にいたるまで多種にわたり，また，同じ土質であっても［(ロ)］の状態で締固めに対する方法が異なることが多い。

(2)　締固め機械としてのタイヤローラは，機動性に優れ，種々の土質に適用できるなどの点から締固め機械として最も多く使用されている。

一般に砕石等の締固めには，［(ハ)］を高くして使用している。

施工では，タイヤの［(ハ)］は載荷重及び空気圧により変化させることができ，［(ニ)］を載荷することによって総重量を変えることができる。

(3)　振動ローラは，振動によって土の［(ホ)］を密な配列に移行させ，小さな重量で大きな効果を得ようとするもので，一般に粘性に乏しい砂利や砂質土の締固めに効果がある。

［語句］　バラスト，平率，粒径，鋭敏比，接地圧，透水係数，粒度，粘性土，
トラフィカビリティー，砕石，岩塊，含水比，耐圧，粒子，バランス



**解説**

(1)　盛土材料としては，破砕された岩から高含水比の［(イ) 粘性土］にいたるまで多種にわたり，また，同じ土質であっても［(ロ) 含水比］の状態で締固めに対する方法が異なることが多い。

(2)　締固め機械としてのタイヤローラは，機動性に優れ，種々の土質に適用できるなどの点から締固め機械として最も多く使用されている。

一般に砕石等の締固めには，［(ハ) 接地圧］を高くして使用している。

施工では，タイヤの［(ハ) 接地圧］は載荷重及び空気圧により変化させることができ，［(ニ) バラスト］を載荷することによって総重量を変えることができる。

(3)　振動ローラは，振動によって土の［(ホ) 粒子］を密な配列に移行させ，小さな重量で大きな効果を得ようとするもので，一般に粘性に乏しい砂利や砂質土の締固めに効果がある。

解答

| (イ) | (ロ) | (ハ) | (ニ) | (ホ) |
|---|---|---|---|---|
| 粘性土 | 含水比 | 接地圧 | バラスト | 粒子 |

## 学科記述 土 工 建設機械

次の建設機械の中から２つ選び，その主な特徴（用途，機能）を解答欄に記述しなさい。

- ブルドーザ
- 振動ローラ
- クラムシェル
- トラクターショベル（ローダ）
- モーターグレーダ

**解 説** 各機械の特徴

| 建設機械 | 用途 | 機能 |
|---|---|---|
| ブルドーザ | 掘削，押土運搬，敷均し・整地・転圧 | クローラ式のトラクターにブレードを取り付けて，掘削・整地・押土などの作業を行う。比較的堅硬な地盤から，湿地用は軟弱地盤での作業もできる。40度までの作業勾配に対応できる。 |
| 振動ローラ | 締固め | 自重＋振動エネルギーで締固める。一般のローラより小型。細粒化しにくい砂利・土砂の締固めに適する。無振動で，ローラとしても用いる。 |
| クラムシェル | 掘削 | 水中掘削，オープンケーソンやウエル等の狭い場所の掘削に用いる。機械の位置より低い所の掘削と高揚程の積込みができる。 |
| トラクターショベル（ローダ） | 積込み・運搬 | 主に掘削土砂や破砕された岩などのダンプトラックへの積込みに用いる。ショベルに入れた土砂の短距離運搬もできる。 |
| モーターグレーダ | 整地・切取り・敷均し | スカリファイヤによる固結土のかき起こし，ブレードでの整地・敷均し，ブレードを振っての切取り作業ができる。 |

解答例：解説から２つ選んで，記述する。

| 建設機械 | 特徴（用途・機能） |
|---|---|
| ブルドーザ | 掘削・整地・押土などの作業を行う。比較的堅硬な地盤から，湿地用は軟弱地盤での作業もできる。40度までの作業勾配に対応できる。 |
| 振動ローラ | 自重＋振動エネルギーで締固める。一般のローラより小型である。細粒化しにくい砂利・土砂の締固めに適する。無振動でローラとしても用いる。 |

## 学科記述 コンクリート コンクリートの施工

コンクリートの施工に関する次の①～④の記述のいずれにも語句又は数値の誤りが文中に含まれている。**①～④のうちから２つ選び，その番号をあげ，誤っている語句又は数値と正しい語句又は数値**をそれぞれ解答欄に記述しなさい。

① コンクリートを打込む際のシュートや輸送管，バケットなどの吐出口と打込み面までの高さは2.0 m以下が標準である。

② コンクリートを棒状バイブレータで締固める際の挿入間隔は，平均的な流動性及び粘性を有するコンクリートに対しては，一般に100 cm以下にするとよい。

③ 打込んだコンクリートの仕上げ後，コンクリートが固まり始めるまでの間に発生したひび割れは，棒状バイブレータと再仕上げによって修復しなければならない。

④ 打込み後のコンクリートは，その部位に応じた適切な養生方法により一定期間は十分な乾燥状態に保たなければならない。

**解 説** 誤り個所を赤字で訂正する。

① コンクリートを打込む際のシュートや輸送管，バケットなどの吐出口と打込み面までの高さは1.5 m以下が標準である。

② コンクリートを棒状バイブレータで締固める際の挿入間隔は，平均的な流動性及び粘性を有するコンクリートに対しては，一般に50 cm以下にするとよい。

③ 打込んだコンクリートの仕上げ後，コンクリートが固まり始めるまでの間に発生したひび割れは，タンピングと再仕上げによって修復しなければならない。

④ 打込み後のコンクリートは，その部位に応じた適切な養生方法により一定期間は十分な湿潤状態に保たなければならない。

解答例

| 番号 | 誤 | 正 |
|---|---|---|
| ② | 一般に100 cm以下 | 一般に50 cm以下 |
| ④ | 一定期間は十分な乾燥状態 | 一定期間は十分な湿潤状態 |

| 学科記述 | コンクリート | 打込み・締固め① |
|---|---|---|

コンクリートの打込み及び締固めに関する，次の文章の［　　］に当てはまる**適切な語句又は数値を，下記の［語句］から選び解答欄に記入しなさい。**

(1) コンクリートは，打上がり面がほぼ水平になるように打ち込むことを原則とする。コンクリートを2層以上に分けて打ち込む場合，上層と下層が一体となるように施工しなければならない。

下層のコンクリートに上層のコンクリートを打ち重ねる時間間隔は外気温が25℃を超える場合には許容打重ね時間間隔は［(イ)］時間を標準と定められている。下層のコンクリートが固まり始めている場合に打ち込むと上層と下層が完全に一体化していない不連続面の［(ロ)］が発生する。

締固めにあたっては，棒状バイブレータ(内部振動機)を下層のコンクリート中に［(ハ)］cm程度挿入しなければならない。

(2) コンクリートを十分に締め固められるように，棒状バイブレータ(内部振動機)はなるべく鉛直に一様な間隔で差し込み，一般に［(ニ)］cm以下にするとよい。1箇所あたりの締固め時間の目安は，コンクリート表面に光沢が現れてコンクリート全体が均一に溶けあったようにみえることなどからわかり，一般に［(ホ)］秒程度である。

［語句］150，　10，　4，　5～15，　コンシステンシー，
フレッシュペースト，　80，　3，　20～30，　100，
50，　30～60，　コールドジョイント，　30，　2

**解説** (1) (前略)コンクリートを打ち重ねる時間間隔は外気温が25℃を超える場合には許容打重ね時間間隔は［(イ) 2］時間を標準と定められている。(中略)上層と下層が完全に一体化していない不連続面の［(ロ) コールドジョイント］が発生する。締固めにあたっては，棒状バイブレータ(内部振動機)を下層のコンクリート中に［(ハ) 10］cm程度挿入しなければならない。

(2) (前略)棒状バイブレータ(内部振動機)はなるべく鉛直に一様な間隔で差し込み，一般に［(ニ) 50］cm以下にするとよい。1箇所あたりの締固め時間の目安は，(中略)一般に［(ホ) 5～15］秒程度である。

解答

| (イ) | (ロ) | (ハ) | (ニ) | (ホ) |
|---|---|---|---|---|
| 2 | コールドジョイント | 10 | 50 | 5～15 |

実地試験

## 学科記述　コンクリート　打込み・締固め②

コンクリート打込み及び締固め作業時に関する次表の①～⑧から標準的な施工内容の記述として適切でないものを**2つ抽出し，その番号と適切でない箇所をあげ，その箇所を訂正して解答欄に記入しなさい**

コンクリート標準示方書で対象とする標準的な施工方法

| 作業区分 | 標準的な施工内容 |
|---|---|
| 打込み作業時 | ①　シュートの吐出口と打込み面までの高さは，2.5 m 以下とする。<br>②　1層当たりの打込み高さは，40～50 cm 以下とする。<br>③　外気温 25℃以下での上層のコンクリートの打ち込まれるまでの許容打重ね時間間隔は 3.0 時間とする。<br>④　外気温 25℃を超える時での上層のコンクリートの打ち込まれるまでの許容打重ね時間間隔は 2.0 時間とする。<br>⑤　締固め作業には内部振動機を用いることとする。 |
| 締固め作業時 | ⑥　内部振動機の挿入間隔は 1 m 程度とする。<br>⑦　内部振動機を下層のコンクリート中に 10 cm 程度挿入する。<br>⑧　1箇所当たりの振動時間の目安は 5～15 秒程度とする。 |

**解説**　適切でない箇所と番号は，以下のとおり。

①　シュートの吐出口と打込み面までの高さは，**1.5 m** 以下とする。

③　外気温 **25℃**以下での上層のコンクリートの打ち込まれるまでの許容打重ね時間間隔は **2.5** 時間以内とする。

⑥　内部振動機の挿入間隔は **50 cm** 以下とする。

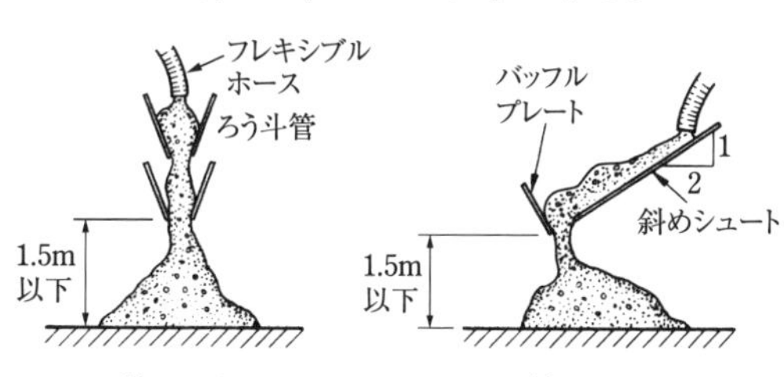

シュートによる打込み

コンクリートの打込みにシュートを用いる場合は，縦シュートを標準とする。やむを得ず斜めシュートを用いる場合は，水平2に対し鉛直1程度の傾斜とし，吐出し口にバッフルプレートを取り付ける。

解答例：解説から2つ抽出し，記入する。

| 番号 | 適切でない箇所 | 訂　正 |
|---|---|---|
| ① | シュートの吐出口と打込み面までの高さは，2.5 m 以下とする。 | シュートの吐出口と打込み面までの高さは，1.5 m 以下とする。 |
| ⑥ | 内部振動機の挿入間隔は 1 m 程度とする。 | 内部振動機の挿入間隔は 50 cm 以下とする。 |

実地試験

| 学科記述 | コンクリート | 締固めの施工 |
|---|---|---|

コンクリートの締固めの施工に関する**留意点を２つ**解答欄に記述しなさい。

**解説**　コンクリートの締固めの施工に関する留意点は，以下のとおり。

① 締固めは，内部振動機を用いることを原則とする。

② 内部振動機は，なるべく鉛直に挿入し，その間隔は振動が有効と認められる範囲の直径以下とする。挿入間隔は一般に 50 cm 以下に差込んで締固める。

③ 振動機は，下層のコンクリート中に 10 cm 程度挿入し，1 箇所あたりの振動時間は５～15秒とする。

④ 振動機の引抜きは徐々に行い，後に穴が残らないようにしなければならない。

⑤ 内部振動機は，コンクリートを横移動させる目的で使用してはならない。

⑥ コンクリートは，打込み後，速やかに十分締固め，コンクリートが鉄筋の周囲および型枠の隅々に行き渡るようにしなければならない。

⑦ 密な配筋の箇所など，コンクリートの行き渡りにくいところでは，コンクリートのワーカビリティーが低下しないうちに入念に締固める。

⑧ いったん，コンクリートの上層・下層を締固めた後，適切な時期に再び振動を加えると，コンクリートは再び流動化して，コンクリート中にできた空隙や余剰水が少なくなり，コンクリートの強度，鉄筋との付着強度の増加，沈下ひび割れの防止などに効果がある。

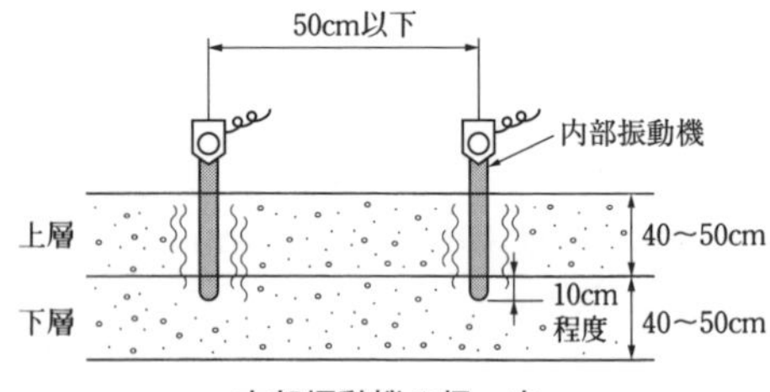

内部振動機の扱い方

解答例：解説から２つ選んで記述する。

| 締固めの留意点 | ①締固めは，内部振動機を用いることを原則とする。<br>②振動機の引抜きは徐々に行い，後に穴が残らないようにしなければならない。 |
|---|---|

## 学科記述 コンクリート 打継ぎの施工

コンクリートの打継ぎの施工に関する次の文章の[ ]の(イ)〜(ホ)に当てはまる**適切な語句を，下記の語句から選び解答欄に記入しなさい。**

(1) 打継目は，構造上の弱点になりやすく，[(イ)]やひび割れの原因にもなりやすいため，その配置や処理に注意しなければならない。

(2) 打継目には，水平打継目と鉛直打継目とがある。いずれの場合にも，新コンクリートを打ち継ぐ際には，打継面の[(ロ)]や緩んだ骨材粒を完全に取り除き，コンクリート表面を[(ハ)]にした後，十分に[(ニ)]させる。

(3) 水密を要するコンクリート構造物の鉛直打継目では，[(ホ)]を用いる。

［語句］ ワーカビリティー，乾燥，モルタル，密実，漏水，
コンシステンシー，平滑，吸水，はく離剤，粗，
レイタンス，豆板，止水板，セメント，給熱

**解 説**

(1) 打継目は，構造上の弱点になりやすく，[(イ) 漏水]やひび割れの原因にもなりやすい。

(2) 打継目には，水平打継目と鉛直打継目とがある。いずれの場合にも，新コンクリートを打ち継ぐ際には，打継面の[(ロ) レイタンス]や緩んだ骨材粒を完全に取り除き，コンクリート表面を[(ハ) 粗]にした後，十分に[(ニ) 吸水]させる。

(3) 水密を要するコンクリート構造物の鉛直打継目では，[(ホ) 止水板]を用いる。

解答

| (イ) | (ロ) | (ハ) | (ニ) | (ホ) |
|---|---|---|---|---|
| 漏水 | レイタンス | 粗 | 吸水 | 止水板 |

## 学科記述 コンクリート 仕上げ・養生・打継目

フレッシュコンクリートの仕上げ，養生及び硬化したコンクリートの打継目に関する次の文章の［　　］の(イ)〜(ホ)に当てはまる**適切な語句を，次の語句から選び**解答欄に記入しなさい。

(1) 仕上げとは，打込み，締固めがなされたフレッシュコンクリートの表面を平滑に整える作業のことである。仕上げ後，ブリーディングなどが原因の［(イ)］ひび割れが発生することがある。

(2) 仕上げ後，コンクリートが固まり始めるまでに，ひび割れが発生した場合は，［(ロ)］や再仕上げを行う。

(3) 養生とは，打込み後一定期間，硬化に必要な適当な温度と湿度を与え，有害な外力などから保護する作業である。湿潤養生期間は，日平均気温が15℃以上では［(ハ)］で7日と，使用するセメントの種類や養生期間中の温度に応じた標準日数が定められている。

(4) 新コンクリートを打ち継ぐ際には，打継面の［(ニ)］や緩んだ骨材粒を完全に取り除き，十分に［(ホ)］させなければならない。

［語句］ 水分，普通ポルトランドセメント，吸水，乾燥収縮，パイピング，
プラスチック収縮，タンピング，保温，レイタンス，混合セメント（B種），
ポンピング，乾燥，沈下，早強ポルトランドセメント，エアー



**解説**

(1) 仕上げ後，ブリーディングなどが原因の［(イ) 沈下］ひび割れが発生することがある。

(2) 仕上げ後，コンクリートが固まり始めるまでに，ひび割れが発生した場合は［(ロ) タンピング］や再仕上げを行う。

(3) 湿潤養生期間は，日平均気温が15℃以上では［(ハ) 混合セメント（B種）］で7日である。

(4) 新コンクリートを打ち継ぐ際には，打継面の［(ニ) レイタンス］や緩んだ骨材粒を完全に取り除き，十分に［(ホ) 吸水］させなければならない。

解答

| (イ) | (ロ) | (ハ) | (ニ) | (ホ) |
|---|---|---|---|---|
| 沈下 | タンピング | 混合セメント（B種） | レイタンス | 吸水 |

## 学科記述 コンクリート 養 生

コンクリートの養生は，コンクリート打込み後の一定期間実施するが，**養生の役割又は具体的な方法を２つ**解答欄に記述しなさい。

### 解 説

養生の役割および具体的な方法

| 養生の役割 | 具体的な方法 |
|---|---|
| コンクリートが短期間に乾燥しないよう，硬化中，十分に湿潤な状態を保つ | ①コンクリートの露出面に散水する。<br>②コンクリートの露出面をシートなどで覆う。<br>③コンクリートの露出面を湛水状態にする。<br>④コンクリートを水中に入れる。<br>⑤コンクリートの露出面に膜養生材を散布し，水の蒸発を防ぐ。 |
| 硬化が十分に進むまで，必要な温度を保つように温度制御を行う | ①マスコンクリートにおけるパイプクーリング<br>②寒中コンクリートにおける給熱養生，蒸気養生<br>③暑中コンクリートにおける散水養生，日覆い<br>④硬化促進のための蒸気養生 |

解答例：解説から２つ選んで記述する。

| 養生の具体的な方法 | コンクリートの露出面に散水して湿潤状態を保つ |
|---|---|
| | コンクリートの露出面をシートなどで覆う |

## 学科記述 コンクリート 鉄筋・型枠の施工

鉄筋コンクリート構造物の施工管理に関して，コンクリート打込み前に，鉄筋工及び型枠において現場作業で**確認すべき事項をそれぞれ１つずつ**解答欄に記述しなさい。

ただし，解答欄の記入例と同一内容は不可とする。

### 解説

鉄筋工及び型枠において，現場作業で確認すべき主な事項は，以下の通り。

1．**鉄筋工の確認事項**

①鉄筋とコンクリートとの付着を害するおそれのある，浮きさび・どろ・油・ペンキなどの除去，②鉄筋の位置，③かぶり，④あき，⑤継手位置，⑥継手方法，⑦打込み時に動かないよう，強固に固定をしているか。

2．**型枠工の確認事項**(組立図をもとに，確認する)

①材料　②形状　③寸法　④接合方法　⑤部材の配置　⑥締付け材と締付け方法

解答例：解説からそれぞれ1つ選んで記述する。

| 施工事項 | 確認事項 |
|---|---|
| 鉄筋工 | 鉄筋の位置が設計図どおりか |
| 型枠工 | 型枠寸法が組立図どおりか |

## 学科記述　コンクリート　鉄筋の加工組立

コンクリート工事において，鉄筋を加工し，組み立てる場合の留意事項に関する次の文章の［　　］の(イ)〜(ホ)に当てはまる**適切な語句又は数値を，下記の語句又は数値から選び**解答欄に記入しなさい。

(1) 鉄筋は，組み立てる前に清掃し，どろ，浮きさび等，鉄筋とコンクリートとの［(イ)］を害するおそれのあるものを取り除かなければならない。

(2) 鉄筋は，正しい位置に配置し，コンクリートを打ち込むときに動かないように堅固に組み立てなければならない。鉄筋の交点の要所は，直径［(ロ)］mm 以上の焼なまし鉄線又は適切なクリップで緊結しなければならない。使用した焼なまし鉄線又はクリップは，［(ハ)］内に残してはならない。

(3) 鉄筋の［(ハ)］を正しく保つためにスペーサを必要な間隔に配置しなければならない。鉄筋は，材質を害しない方法で，［(ニ)］で加工することを原則とする。コンクリートを打ち込む前に鉄筋や型枠の配置や清掃状態などを確認するとともに，型枠をはがしやすくするために型枠表面に［(ホ)］剤を塗っておく。

［語句又は数値］　0.6，常温，圧縮，はく離，0.8，付着，有効高さ，0.4，スランプ，遅延，加熱，硬化，冷間，引張，かぶり

### 解説

(1)　鉄筋は，コンクリートとの［(イ) 付着］を害するおそれのあるものを取り除いておく。

(2)　鉄筋の交点の要所は，直径［(ロ) 0.8］mm 以上の焼なまし鉄線又は適切なクリップで緊結する。

(3)鉄筋の［(ハ) かぶり］を正しく保つためにスペーサを必要な間隔に配置する。

(4)鉄筋は，［(ニ) 常温］で加工することを原則とする。

(5)型枠は，はがしやすくするために表面に［(ホ) はく離剤］を塗る。

解答

| (イ) | (ロ) | (ハ) | (ニ) | (ホ) |
|---|---|---|---|---|
| 付着 | 0.8 | かぶり | 常温 | はく離 |

## 学科記述 コンクリート 型枠の施工

コンクリートの打込みにおける型枠の施工に関する次の文章の［　　］の(イ)～(ホ)に当てはまる**適切な語句を，次の語句から選び**解答欄に記入しなさい。

(1) 型枠は，フレッシュコンクリートの［(イ)］に対して安全性を確保できるものでなければならない。また，せき板の継目はモルタルが［(ロ)］しない構造としなければならない。

(2) 型枠の施工にあたっては，所定の［(ハ)］内におさまるよう，加工及び組立てを行わなければならない。型枠が所定の間隔以上に開かないように，［(ニ)］やフォームタイなどの締付け金物を使用する。

(3) コンクリート標準示方書に示された，橋・建物などのスラブ及び梁の下面の型枠を取り外してもよい時期のコンクリートの［(ホ)］強度の参考値は 14.0 N/mm$^2$ である。

［語句］ スペーサ，鉄筋，圧縮，引張り，曲げ，変色，精度，面積，季節，セパレータ，側圧，温度，水分，漏出，硬化

### 解説

(1) 型枠は，フレッシュコンクリートの［(イ) 側圧］に対して安全性を確保できるものでなければならない。また，せき板の継目はモルタルが［(ロ) 漏出］しない構造としなければならない。

(2) 型枠の施工にあたっては，所定の［(ハ) 精度］内におさまるよう，加工及び組立てを行わなければならない。型枠が所定の間隔以上に開かないように，［(ニ)セパレータ］やフォームタイなどの締付け金物を使用する。

(3) コンクリート標準示方書に示された，橋・建物などのスラブ及び梁の下面の型枠を取り外してもよい時期のコンクリートの［(ホ) 圧縮］強度の参考値は 14.0 N/mm$^2$ である。

解答

| (イ) | (ロ) | (ハ) | (ニ) | (ホ) |
|---|---|---|---|---|
| 側圧 | 漏出 | 精度 | セパレータ | 圧縮 |

## 学科記述 コンクリート 型枠及び支保工

コンクリート構造物の型枠及び支保工の設置又は取外しの**施工上の留意点を２つ**解答欄に記述しなさい。

**解説** 型枠および支保工の設置及び取外しの留意点は，以下のとおり。

**1. 型枠の施工**

① 型枠の締付けには，ボルトまたは棒鋼を用いることを標準とする。

② コンクリート表面から 2.5 cm の間にあるボルト・棒鋼等(木コンまたはプラスチックコーン)の部分は，穴をあけて取り除き，穴は高品質のモルタル等で埋めておく。

③ せき板内面には，コンクリートが型枠に付着するのを防ぐとともに，型枠の取外しを容易にするため，剝離剤を塗布する。

**2. 支保工の施工**

① 支保工の組立に先立って，基礎地盤を整地し，所要の支持力が得られるように，また，不等沈下などを生じないよう，適切な補強を行う。

② コンクリートの打込み前および打込み中に，支保工の寸法および支保工の移動・傾き・沈下など，不具合の有無を管理する。

**3. 型枠および支保工の取外し**

① 型枠および支保工は，コンクリートの自重および施工中に加わる荷重を受けるのに必要な強度に達するまで，これを取り外してはならない。

② コンクリートが必要な強度に達する時間を判定するには，これらと同じ状態で養生したコンクリート供試体の圧縮強度によるのがよい。(標準養生ではない)

解答例：解説から２つ選んで記述する。

| | 留意点 |
|---|---|
| 型枠の設置 | 型枠の締付けには，ボルトまたは棒鋼を用いる。 |
| 支保工の設置 | 支保工の組立に先立って，基礎地盤を整地し，所要の支持力が得られるように，また，不等沈下などを生じないよう，適切な補強を行う。 |

## 学科記述 コンクリート　コンクリートに関する用語①

コンクリートに関する次の用語から２つ選び，用語名とその用語の説明についてそれぞれ解答欄に記述しなさい。

・ブリーディング　・コールドジョイント　・AE剤　・流動化剤

### 解説

用語と，その説明は，以下のとおり。

| 用　語 | 説　明 |
|---|---|
| ブリーディング | フレッシュコンクリート・フレッシュモルタル・フレッシュペーストにおいて，個体材料の沈降または分離によって練混ぜ水の一部が遊離して上昇する現象。 |
| コールドジョイント | コンクリートを層状に打ち込む場合，先に打ち込んだコンクリートと後から打ち込んだコンクリートとの間が，完全に一体化していない不連続面。 |
| AE剤 | コンクリートの中に微細な独立した気泡を一様に分布させる混和剤。 |
| 流動化剤 | 予め練り混ぜられたコンクリートに添加し，これを撹拌することによって，その流動性を増大させることを主たる目的とする化学混和剤。 |

解答例：解説から２つ選んで記述する。

| 用　語 | 説　明 |
|---|---|
| ブリーディング | フレッシュコンクリート・フレッシュモルタル・フレッシュペーストにおいて，個体材料の沈降または分離によって練混ぜ水の一部が遊離して上昇する現象。 |
| コールドジョイント | コンクリートを層状に打ち込む場合，先に打ち込んだコンクリートと後から打ち込んだコンクリートとの間が，完全に一体化していない不連続面。 |

## 学科記述　コンクリート　コンクリートに関する用語②

コンクリートに関する次の用語から２つ選び，用語とその用語の説明をそれぞれ解答欄に記述しなさい。

ただし，解答欄の記入例と同一内容は不可とする。

- エントレインドエア
- ブリーディング
- コールドジョイント
- スランプ
- 呼び強度

### 解説

用語の説明は以下のとおり。

| 用　語 | 説　明 |
| --- | --- |
| エントレインドエア | AE 剤または空気連行作用のある混和剤を用いてコンクリート中に連行させた，独立した微細な空気泡。 |
| スランプ | フレッシュコンクリートの軟らかさの程度を表す指標の１つで，スランプコーンを引き上げた直後に測った頭部からの下がりで表す。 |
| ブリーディング | フレッシュコンクリート・フレッシュモルタルおよびフレッシュペーストにおいて，固体材料の沈降または分離によって練混ぜ水の一部が遊離し，上昇する現象。 |
| 呼び強度 | JISA5308「レディミクストコンクリート」の品質の規定に示されている条件で保証される，強度を表す値。 |
| コールドジョイント | コンクリートを層状に打込む場合，先に打込んだコンクリートと後から打込んだコンクリートとの間が完全に一体化していない不連続面。 |

解答例：解説から２つ選んで記述する。

| 用　語 | 説　明 |
| --- | --- |
| エントレインドエア | AE 剤または空気連行作用のある混和剤を用いてコンクリート中に連行させた，独立した微細な空気泡。 |
| スランプ | フレッシュコンクリートの軟らかさの程度を表す指標の１つで，スランプコーンを引き上げた直後に測った頭部からの下がりで表す。 |

| 学科記述 | コンクリート | コンクリート用混和剤 |
|---|---|---|

コンクリート用混和剤の種類と機能に関する次の文章の［　　］の(イ)〜(ホ)に当てはまる適切な語句を，下記の語句から選び解答欄に記入しなさい。

(1) AE 剤は，ワーカビリティー，［(イ)］などを改善させるものである。

(2) 減水剤は，ワーカビリティーを向上させ，所要の単位水量及び［(ロ)］を減少させるものである。

(3) 高性能減水剤は，大きな減水効果が得られ，［(ハ)］を著しく高めることが可能なものである。

(4) 高性能 AE 減水剤は，所要の単位水量を著しく減少させ，良好な［(ニ)］保持性を有するものである。

(5) 鉄筋コンクリート用［(ホ)］剤は，塩化物イオンによる鉄筋の腐食を抑制させるものである。

［語句］ 中性化，単位セメント量，凍結，空気量，強度，コンクリート温度，遅延，
スランプ，粗骨材量，塩化物量，防せい，ブリーディング，細骨材率，
耐凍害性，アルカリシリカ反応

**解 説** 各混和材料の使用目的は，以下のとおり。

① **膨張材**

a．コンクリートの乾燥収縮や硬化収縮による，ひび割れの発生を低減させる。

b．コンクリートの硬化過程において，体積膨張を生じさせる。

② **AE 剤**

a．コンクリートのワーカビリティーを向上させ，所要の単位水量および単位セメント量を減少させる。

b．耐凍結性を改善させる。

③ **流動化剤**

a．コンクリートの配合や硬化後の品質を変えることなくコンクリートの流動性を大幅に改普させる。

④ **急結剤**

a．瞬間的にコンクリートを凝結硬化させるもので，吹付けコンクリートに用いられる。

⑤ 鉄筋コンクリート用防せい剤

a. コンクリート内部の鉄筋・鋼材の腐食を防止する。

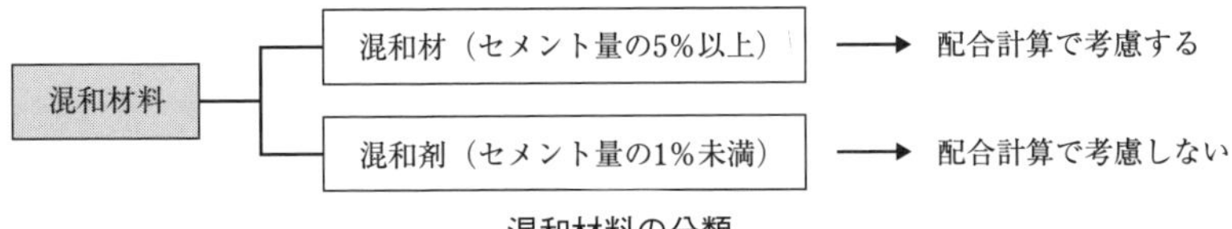


混和材料の分類

**解 答**

| (イ) | (ロ) | (ハ) | (ニ) | (ホ) |
|---|---|---|---|---|
| 耐凍害性 | 単位セメント量 | 強度 | 空気量 | 防せい |

## 学科記述　工程管理　施工計画

〔設問 1〕 施工計画作成にあたっての留意すべき基本的事項について，次の文章の［　　］に当てはまる適切な語句を，下記の語句から選び解答欄に記入しなさい。

(1) 発注者の［(イ)］を確保するとともに，安全を最優先にした施工を基本とした計画とする。

(2) 施工計画の決定にあたっては，従来の経験のみで満足せず，常に改良を試み，［(ロ)］工法，［(ロ)］技術に積極的に取り組む心構えが大切である。

(3) 施工計画は，［(ハ)］を立てその中から最良の案を選定する。

(4) 施工計画の検討にあたっては，関係する［(ニ)］に限定せず，できるだけ会社内の他組織も活用して，全社的な高度の技術水準を活用するよう検討すること。

(5) 手持資材や労働力及び機械類の確保状況などによっては，発注者が設定した工期が必ずしも［(ホ)］工期であるとは限らないので，さらに経済的な工程を検討すること。

［語句］ 支払条件，　指定，　事業損失，　新しい，　単一案，
材料メーカー，　複数案，　難しい，　固定案，　現場技術者，　限界，　リース会社担当者，　最適，　要求品質，
易しい



**解 説**　施工計画作成にあたっての基本事項は，以下のとおり。

(1) 発注者の［(イ) 要求品質］を確保し，安全を最優先とした施工計画を基本とする。

(2) ［(ロ) 新しい］工法，［(ロ) 新しい］技術に常に取り組む心構えを持つ。

(3) 計画は［(ハ) 複数案］を作成し，最良のものを選ぶ。

(4) 検討は担当の［(ニ) 現場技術者］の他，全社的な高度の技術を活用するようにする。

(5) 発注者の工期が［(ホ) 最適］工期であるとは限らないので，さらに経済的な工程を検討する。

解答

| (イ) | (ロ) | (ハ) | (ニ) | (ホ) |
|---|---|---|---|---|
| 要求品質 | 新しい | 複数案 | 現場技術者 | 最適 |

## 学科記述　工程管理　工程表の特徴

建設工事において用いる次の工程表の**特徴**について，**それぞれ１つずつ**解答欄に記述しなさい。ただし，解答欄の(例)と同一内容は不可とする。

(1)　横線式工程表

(2)　ネットワーク式工程表

**解 説**　横線式工程表及びネットワーク式工程表の特徴は，以下のとおり。

| | 特　　徴 | |
|---|---|---|
| | 長所 | 短所 |
| 横線式工程表(バーチャート) | • 工期が明確である。<br>• 表の作成が容易である。<br>• 所要日数が明確である。 | • 重点管理作業が不明である。<br>• 作業の相互関係がわかりにくい。 |
| ネットワーク式工程表 | • 工期が明確である。<br>• 重点管理作業が明確である。<br>• 作業の相互関係が明確である。<br>• 複雑な工事も管理できる。 | • 一目では，全体の出来高が不明である。 |

解答例：解説から１つずつ選んで記述する。

| 工程表 | 特　　徴 |
|---|---|
| 横線式工程表(バーチャート) | 表の作成が容易である。 |
| ネットワーク式工程表 | 作業の相互関係が明確である。 |

# 学科記述 工程管理 横線式工程表(バーチャート)の作成

下図のような現場打ちコンクリート側溝を築造する場合，施工手順に基づき工種名を記述し横線式工程表(バーチャート)を作成し，全所要日数を求め解答欄に記入しなさい。

各工種の作業日数は次のとおりとする。

・側壁型枠工５日　・底版コンクリート打設工１日　・側壁コンクリート打設工２日　・底版コンクリート養生工３日　・側壁コンクリート養生工４日　・基礎工３日　・床掘工５日　・埋戻し工３日　・側壁型枠脱型工２日

ただし，床掘工と基礎工については１日の重複作業で，また側壁型枠工と側壁コンクリート打設工についても１日の重複作業で行うものとする。

また，解答用紙に記載されている工種は施工手順として決められたものとする。

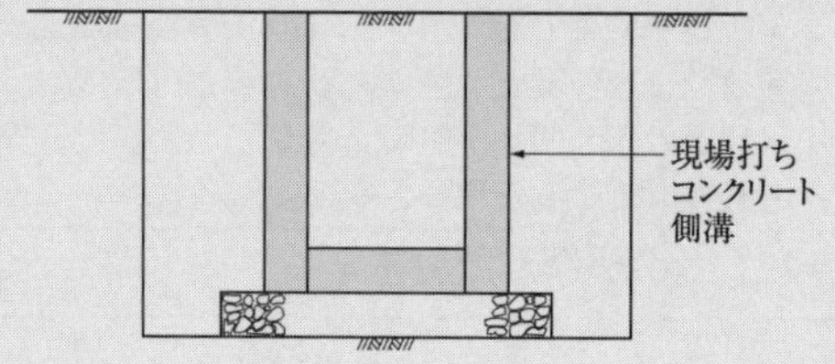


実地試験

## 解説

各工種の日数を入れた横線式工程表は，下図のようになる。

| 工種＼工程 | | | | | 5 | | | | | 10 | | | | | 15 | | | | | 20 | | | | | 25 | |
|---|---|---|---|---|---|---|---|---|---|---|---|---|---|---|---|---|---|---|---|---|---|---|---|---|---|---|
| 床掘工 | ■ | ■ | ■ | ■ | ■ | | | | | | | | | | | | | | | | | | | | | |
| 基礎工 | | | | | ■ | ■ | ■ | | | | | | | | | | | | | | | | | | | |
| 底版コンクリート打設工 | | | | | | | | ■ | | | | | | | | | | | | | | | | | | |
| 底版コンクリート養生工 | | | | | | | | | ■ | ■ | ■ | | | | | | | | | | | | | | | |
| 側壁型枠工 | | | | | | | | | | | | ■ | ■ | ■ | ■ | ■ | | | | | | | | | | |
| 側壁コンクリート打設工 | | | | | | | | | | | | | | | | ■ | ■ | | | | | | | | | |
| 側壁コンクリート養生工 | | | | | | | | | | | | | | | | | | ■ | ■ | ■ | ■ | | | | | |
| 側壁型枠脱型工 | | | | | | | | | | | | | | | | | | | | | | ■ | ■ | | | |
| 埋戻し工 | | | | | | | | | | | | | | | | | | | | | | | | ■ | ■ | ■ |

解答　全所要日数：26日

| 学科記述 | 安全管理 | 明り掘削 |
|---|---|---|

明り掘削作業時に事業者が行わなければならない安全管理に関し，労働安全衛生規則上，次の文章の［　　］の(イ)～(ホ)に当てはまる**適切な語句又は数値を，下記の語句又は数値から選び**解答欄に記入しなさい。

(1) 掘削面の高さが［(イ)］m 以上となる地山の掘削(ずい道及びたて坑以外の坑の掘削を除く。)作業については，地山の掘削作業主任者を選任し，作業を直接指揮させなければならない。

(2) 明り掘削の作業を行う場合において，地山の崩壊又は土石の落下により労働者に危険を及ぼすおそれのあるときは，あらかじめ，［(ロ)］を設け，防護網を張り，労働者の立入りを禁止する等当該危険を防止するための措置を講じなければならない。

(3) 明り掘削の作業を行うときは，点検者を指名して，作業箇所及びその周辺の地山について，その日の作業を開始する前，［(ハ)］の後及び中震以上の地震の後，浮石及び亀裂の有無及び状態ならびに含水，湧水及び凍結の状態の変化を点検させること。

(4) 明り掘削の作業を行う場合において，運搬機械等が労働者の作業箇所に後進して接近するとき，又は転落するおそれのあるときは，［(ニ)］者を配置しその者にこれらの機械を［(ニ)］させなければならない。

(5) 明り掘削の作業を行う場所については，当該作業を安全に行うため作業面にあまり強い影を作らないように必要な［(ホ)］を保持しなければならない。

［語句又は数値］ 角度，大雨，3，土止め支保工，突風，4，型枠支保工，照度，落雷，合図，誘導，濃度，足場工，見張り，2

**解答**

| (イ) | (ロ) | (ハ) | (ニ) | (ホ) |
|---|---|---|---|---|
| 2 | 土止め支保工 | 大雨 | 誘導 | 照度 |

実地試験

| 学科記述 | 安全管理 | 土止め支保工 |
|---|---|---|

下図に示す土止め支保工の組立て作業にあたり，**安全管理上必要な労働災害防止対策に関して労働安全衛生規則に定められている内容について２つ解答欄に記述しなさい。**

ただし，解答欄の(例)と同一内容は不可とする。

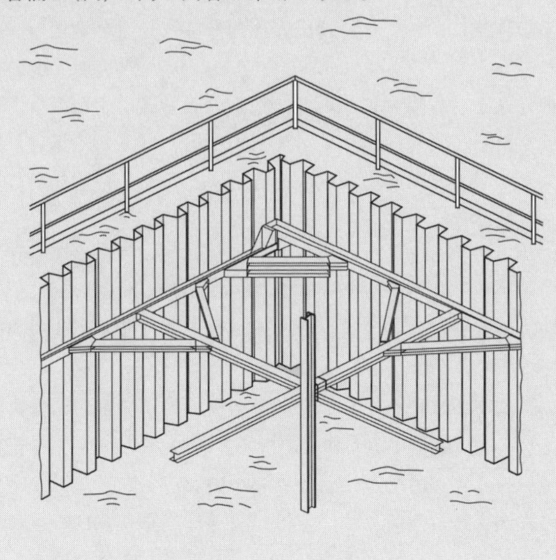



**解 説**　土止め支保工の組立て作業について，労働安全衛生規則に定められている内容は，以下のとおり。

① 土止め支保工の材料については，著しい損傷・変形または腐食があるものを使用してはならない。

② 土止め支保工の構造については，当該土止め支保工を設ける箇所の地山に係る形状・地質・地層・き裂・含水・湧(ゆう)水・凍結および埋設物などの状態に応じた堅固なものとしなければならない。

③ 土止め支保工を組み立てるときは，あらかじめ組立図を作成し，かつ，当該組立図により組み立てなければならない。

④ 組立図は，矢板・くい・背板・腹おこし・切りばりなどの部材の配置・寸法および材質，並びに取付けの時期および順序が示されているものでなければならない。

⑤　切りばりおよび腹おこしは，脱落を防止するため，矢板・くいなどに確実に取り付けること。

⑥　圧縮材(火打ちを除く)の継手は，突合せ継手とすること。

⑦　切りばりまたは火打ちの接続部および切りばりと切りばりとの交さ部は，当て板をあててボルトにより緊結し，溶接により接合するなどの方法によって堅固なものとすること。

⑧　中間支持柱を備えた土止め支保工にあっては，切りばりを当該中間支持柱に確実に取り付けること。

解答例　解説から２つ選んで解答欄に記述する

| | |
|---|---|
| ① | 土止め支保工の材料は，著しい損傷・変形または腐食があるものを使用してはならない。 |
| ② | 土止め支保工を組み立てるときは，あらかじめ組立図を作成し，かつ，当該組立図により組み立てなければならない。 |

| 学科記述 | 安全管理 | 架空線および地下埋設物との近接施工 |
|---|---|---|

下図のような道路上で架空線と地下埋設物に近接して水道管補修工事を行う場合において，工事用掘削機械を使用する際に次の項目の事故を防止するため配慮すべき**具体的な安全対策について，それぞれ 1 つ**解答欄に記述しなさい。

(1) 架空線損傷事故

(2) 地下埋設物損傷事故

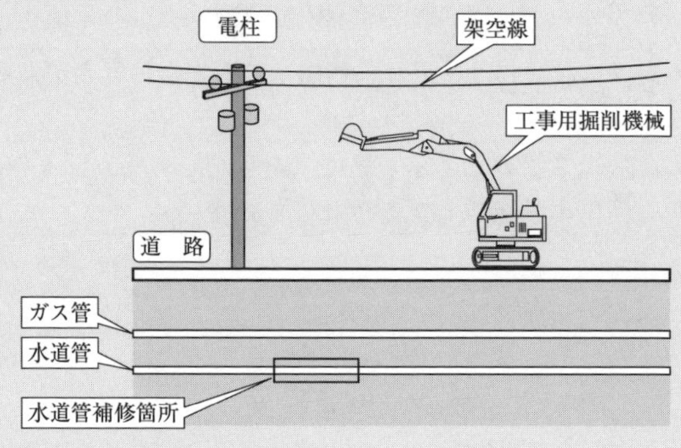


**解 説**



工事用掘削機械を使用する際の事故を防止するため配慮すべき安全対策は以下のとおり。

**(1) 架空線損傷事故防止対策**

1. 作業を行う場合に感電する危険のおそれがある場合は，次の措置を行う。
   ㋐ 当該充電電路を移設する。
   ㋑ 感電の危険を防止するための囲いを設ける。
   ㋒ 当該充電電路に絶縁用防護具を装着する。
   ㋓ 上記の措置を講ずることが著しく困難なときは，監視人を置いて作業を監視させる。
2. 送配電線の近くでの作業は，絶縁用防護措置がされていることを確認してから行う。
3. 絶縁用防護措置がされていない送配電線の近くでの作業時は，安全離隔距離を厳守して行う。

**(2) 地下埋設物損傷事故防止対策**

1. 埋設物の損壊のおそれがあるときは，これらを補強し，防止措置を講じてから作業に入る。

2. 掘削機械の使用により，ガス管・水道管損壊の危険のおそれがあるときは，これらの機械を使用しない。
3. 施工に先立ち，埋設物管理者等が保管する台帳に基づいて試掘等を行い，その埋設物の種類や位置(平面・深さ)，規格・構造等を原則として目視により確認する。
4. 試掘によって埋設物を確認した場合においては，その位置等を道路管理者，および，埋設物の管理者へ報告する。
5. 掘削作業で露出した埋設物には，物件の名称，保安上の必要事項，管理者の連絡先等を記載した掲示板を取り付けて，工事関係者へ注意喚起する。
6. 掘削作業で露出した補修予定以外の埋設物がすでに破損していた場合には，直ちに工事発注者，および，その埋設物の管理者へ連絡し，修理等の措置を求める。
7. 掘削作業で露出したガス導管の損壊による危険のおそれがあるときは，吊り防護・受け防護，ガス導管の移設等の危険防止措置を講じた後，作業に入る。
8. ガス管の防護作業については，当該作業を指揮する者を指名し，その者の直接指揮のもとで，作業を行う。
9. 埋設物まわりの埋戻しにあたっては，関係管理者の承諾を受け，または，その指示に従い，良質な砂等を用いて，十分締め固める。この場合，埋設物に偏圧や損傷等を与えないように施工する。

解答例：解説より１つずつ選んで記述する。

| 事　故 | 事故を防止するため配慮すべき具体的な安全対策 |
|---|---|
| 架空線損傷事故 | 事故のおそれがある当該充電電路に絶縁用防護具を装着する。 |
| 地下埋設物損傷事故 | 掘削作業で露出したガス導管の損壊のおそれがあるときは，吊り防護・受け防護，ガス導管の移設等の危険防止措置を講じた後，作業に入る。 |

| 学科記述 | 安全管理 | クレーンの安全対策 |
|---|---|---|

〔設問 2〕 供用中の道路上での大型道路情報板設置工事において，下図のような現場条件で移動式クレーンを使用する際に，架空線事故及びクレーンの転倒の防止をするための対策を各々１つ解答欄に記述しなさい。

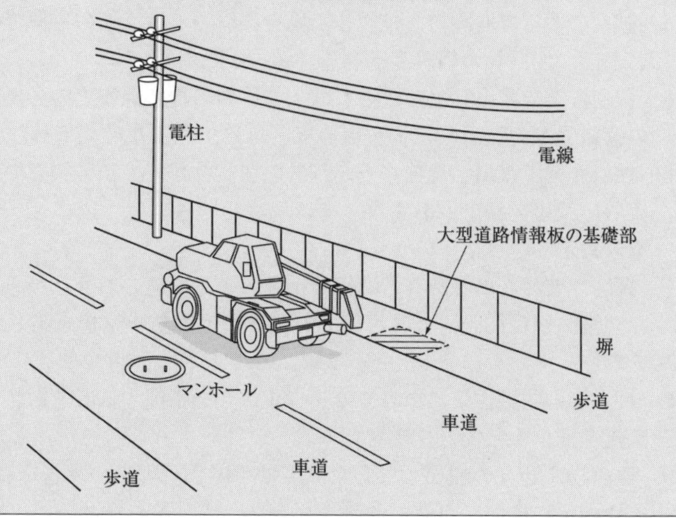




**解 答**　移動式クレーン作業時の架空線事故及びクレーン転倒の防止対策は，以下のとおり。1つ選んで記述する。

**1. 架空線事故防止対策**

① 電線に絶縁用防護具を装着し，それを確認してから作業を行う。

② 絶縁用防護措置ができない場合は，安全離隔距離を厳守して行う。

③ 感電の危険を防止するための囲いを設ける。

④ いずれも出来ない場合は，監視人を置き，作業を監視させる。

**2. クレーン転倒の防止対策**

移動式クレーンの転倒防止については，クレーン等安全規則および土木工事安全施工技術指針に，守るべき措置等が規定されている。図の現場条件における転倒防止対策を次に示す。1つ選んで記述する。

(1) 事前の周知：2車線道路である作業場所の広さ，舗装等の地盤状態，大型道路情報板の重量，使用する移動式クレーンの種類および能力を確認して，①移動式クレーンの作業方法，②転倒を防止するための方法，③作業員の配置および指揮系統について，作業前に関係作業員に周知させる。

(2) 作業範囲内の障害物の確認：図より，上空の電線，歩行者，通行車両，塀が考えられる。①電線については前記の架空線事故防止対策，②歩行者および通行車両に対しては交通規制（1 車線交互通行規制，通行止めなど），③塀に対しては，離隔の確保，防護材の設置などを行う。

(3) 地盤対策：据付け場所の地盤は舗装（アスファルト）で，埋設物のマンホールがあり，舗装の変形，マンホールの損壊による転倒が考えられる。このため，①必要な広さおよび強度を有する鉄板の敷設で補強し，その上に移動式クレーンを設置する。②アウトリガーを使用するときは，アウトリガーを当該鉄板上に設置する。

(4) アウトリガーの処置：アウトリガーは，①最大限張り出すこと。②塀，車道の交通規制条件によって最大限張り出すことができない場合は，クレーンに掛ける荷重が，当該アウトリガーの張出し幅に応じた定格荷重を下回ることを確認する。

(5) 作業中の点検：運転開始からしばらく時間が経ったところで，アウトリガーの状態を点検し，異常があれば矯正する。

(6) 誘導・合図：①一定の合図を定め，合図を行う者を指名して，その者に合図を行わせる。②合図者は，吊り荷がよく見え，オペレータからもよく見える位置で，かつ，作業範囲外に位置して合図を行うこと。③やむを得ず，オペレータから見えない位置で合図する場合は，無線等で確実に合図する。

(7) 介錯ロープ：荷を吊る際は，吊り荷の端部に介錯ロープを取り付け，かつ，合図者は安全な位置で誘導する。

解答例：解説より1つずつ選んで記述する。

| 架空線事故 | 電線に絶縁用防護具を装着し，それを確認してから作業を行う。 |
|---|---|
| クレーン転倒の防止 | 舗装の変形，マンホールの損壊による転倒防止のため，必要な広さおよび強度を有する鉄板の敷設で，地盤面を補強する。 |

## 学科記述 安全管理 切土の安全対策

人力により斜面の切土作業を行う場合の，安全作業に関する次の文章の［　　］に当てはまる**適切な語句を，下記の語句から選び**解答欄に記入しなさい。

(1) しらす，まさ，山砂，段丘礫層などは表面水による［(イ)］に弱く，落石や小崩壊，土砂流失が起こることが多い。

(2) 必ずその日の作業の［(ロ)］に，法肩や法面にき裂，湧水や落石などの異常がないか点検する。

(3) 切土作業は原則として［(ハ)］から［(ニ)］へ切り落とすこと。上下作業は避け，［(ニ)］の部分から切土するような［(ホ)］は絶対にしてはならない。

［語句］ 下部，　7日前，　すかし掘，　液状化，　水路部，
浸食，　つぼ掘，　2日前，　開始前，　圧密沈下，
溝掘，　中間部，　漏水部，　上部，　湧水部

**解説** (1) しらす，まさ，山砂，段丘礫層などは水の通りがよく，固着の度合いが小さい。そのため，大雨などによる表面水による［(イ) 浸食］を受けやすく，しばしば，崩落などをおこす地質地盤である。

(2) 必ずその日の作業［(ロ) 開始前］に，法肩や法面に亀裂，湧水や落石などの異常がないか点検し，安全を確認する。

(3) 切土作業は，安全上からも重力を利用し，原則として［(ハ) 上部］から［(ニ) 下部］へ向かって切り落としを行う。下から上へ向かっての施工は行わない。上下作業は避け，［(ニ) 下部］の部分から切土するような，庇(ひさし)を作るような［(ホ) すかし掘］は，災害・事故の防止からも行ってはならない。

解答

| (イ) | (ロ) | (ハ) | (ニ) | (ホ) |
|---|---|---|---|---|
| 浸食 | 開始前 | 上部 | 下部 | すかし掘 |

| 学科記述 | 安全管理 | 移動式クレーン・玉掛作業 |
|---|---|---|

建設工事における移動式クレーンを用いる作業及び玉掛作業の安全管理に関する，クレーン等安全規則上，次の文章の［　　］の(イ)〜(ホ)に当てはまる**適切な語句を，下記の語句から選び**解答欄に記入しなさい。

(1) 移動式クレーンで作業を行うときは，一定の［(イ)］を定め，［(イ)］を行う者を指名する。

(2) 移動式クレーンの上部旋回体と［(ロ)］することにより労働者に危険が生ずるおそれの箇所に労働者を立ち入らせてはならない。

(3) 移動式クレーンに，その［(ハ)］荷重をこえる荷重をかけて使用してはならない。

(4) 玉掛作業は，つり上げ荷重が1t以上の移動式クレーンの場合は，［(ニ)］講習を終了した者が行うこと。

(5) 玉掛けの作業を行うときは，その日の作業を開始する前にワイヤロープ等玉掛用具の［(ホ)］を行う。

［語句］ 誘導，定格，特別，旋回，措置，接触，維持，合図，防止，技能，異常，
自主，転倒，点検，監視

**解 説**

(1) 移動式クレーンで作業を行うときは，一定の［(イ) 合図］を定め，［(イ) 合図］を行う者を指名する。

(2) 移動式クレーンの上部旋回体と［(ロ) 接触］することにより労働者に危険が生ずるおそれの箇所に労働者を立ち入らせてはならない。

(3) 移動式クレーンに，その［(ハ) 定格］荷重をこえる荷重をかけて使用してはならない。

(4) 玉掛作業は，つり上げ荷重が1t以上の移動式クレーンの場合は，［(ニ) 技能］講習を終了した者が行うこと。

(5) 玉掛けの作業を行うときは，その日の作業を開始する前にワイヤロープ等玉掛用具の［(ホ) 点検］を行う。

解答

| (イ) | (ロ) | (ハ) | (ニ) | (ホ) |
|---|---|---|---|---|
| 合図 | 接触 | 定格 | 技能 | 点検 |

## 学科記述 安全管理 クレーン・玉掛け作業

〔設問2〕 移動式クレーンを用いて行う玉掛け作業での下記の(1), (2)について, **各々一つ**解答欄に記述しなさい。

(1) 事業者が安全対策として講ずべき措置

(2) 使用に不適格なワイヤーロープの損傷等の状態

**解 説** 以下から, それぞれ1つ選んで記述する。

(1) 事業者が安全対策として講ずべき措置。

① 吊り上げ荷重が**1t以上**の玉掛け作業は, 玉掛け技能講習を修了した者に就かせる。

② 吊り上げ荷重が1t未満の玉掛け作業は, 玉掛け技能講習を修了した者, または, 特別教育を受講した者に就かせる。

③ 玉掛け用具をあらかじめ点検し, ワイヤーロープにうねり・くせ・ねじりがあるものは, 取り替えるか, または, 直してから使用させる。

④ 移動式クレーンのフックは, 吊り荷の重心に誘導し, 吊り角度と水平面とのなす角度は60度以内として作業を行わせる。

(2) 使用に不適格なワイヤーロープの損傷等の状態。

① 安全係数の値が6未満であるもの。

② ワイヤーロープの**1**よりの間において, 素線の切断が**10%**のもの。

③ 直径の減少が, 公称径の7%を超えるもの。

④ キンクしているもの。

⑤ 著しい形くずれおよび腐食があるもの。

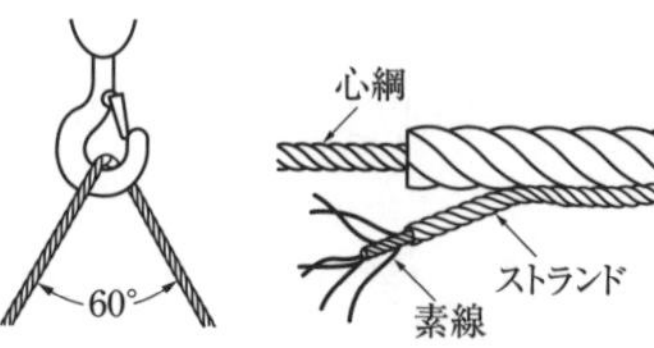


解答例

| (1) 事業者が安全対策として講ずべき措置 | 吊り上げ荷重が1t以上の玉掛け作業は, 玉掛け技能講習を修了した者に就かせる。 |
|---|---|
| (2) 使用に不適格なワイヤーロープの損傷等の状態 | 直径の減少が, 公称径の7%を超えるもの。 |

## 学科記述　安全管理　足場の安全対策

建設工事における足場を用いた場合の安全管理に関して，労働安全衛生法上，次の文章の［　　］の(イ)〜(ホ)に当てはまる**適切な語句又は数値を，下記の語句又は数値から選び解答欄に記入しなさい。**

(1) 高さ［(イ)］m 以上の作業場所には，作業床を設けその端部，開口部には囲い手すり，覆い等を設置しなければならない。また，安全帯のフックを掛ける位置は，墜落時の落下衝撃をなるべく小さくするため，腰［(ロ)］位置のほうが好ましい。

(2) 足場の作業床に設ける手すりの設置高さは，［(ハ)］cm 以上と規定されている。

(3) つり足場，張出し足場又は高さが 5 m 以上の構造の足場の組み立て，解体又は変更の作業を行うときは，足場の組立等［(ニ)］を選任しなければならない。

(4) つり足場の作業床は，幅を［(ホ)］cm 以上とし，かつ，すき間がないようにすること。

［語句又は数値］30，作業主任者，40，より高い，3，と同じ，1，より低い，100，主任技術者，2，50，75，安全管理者，85

### 解説

(1) 高さ［(イ) 2］m 以上の作業場所には，作業床を設ける。
安全帯のフックを掛ける位置は，腰［(ロ) より高い］位置のほうが好ましい。

(2) 手すりの設置高さは，［(ハ) 85］cm 以上と規定されている。

(3) 高さが 5 m 以上の構造の足場の組み立て，解体等の作業を行うときは，足場の組立等［(ニ) 作業主任者］を選任しなければならない。

(4) つり足場の作業床は，幅を［(ホ) 40］cm 以上とし，かつ，すき間がないようにすること。

解答

| (イ) | (ロ) | (ハ) | (ニ) | (ホ) |
|---|---|---|---|---|
| 2 | より高い | 85 | 作業主任者 | 40 |

実地試験

| 学科記述 | 安全管理 | 墜落防止対策 |
|---|---|---|

〔設問1〕 事業者が，行わなければならない墜落事故の防止対策に関し，労働安全衛生規則上，次の文章の［　　］に当てはまる**適切な語句又は数値を下記の語句又は数値から選び**，解答欄に記入しなさい。

(1) 高さが2m以上の箇所で作業を行う場合，労働者が墜落するおそれがあるときは，足場を組み立て［(イ)］を設けなければならない。

(2) 高さ2m以上の［(イ)］の端，開口部等で墜落のおそれがある箇所には，［(ロ)］，手すり，覆い等を設けなければならない。

(3) (2)において，［(ロ)］等を設けることが困難なときは，防網を張り，労働者に［(ハ)］等を使用させる等の措置を講じなければならない。

(4) 労働者に［(ハ)］等を使用させるときは，［(ハ)］等及びその取付け設備等の異常の有無について，［(ニ)］しなければならない。

(5) 高さ又は深さが［(ホ)］mをこえる箇所で作業を行うときは，作業に従事する労働者が安全に昇降するための設備等を設けなければならない。

［語句又は数値］ 安全ネット，適宜報告，保管管理，支保工，2，囲い，照明，1.5，保護帽，型枠工，2.5，作業床，時々点検，随時点検，安全帯



**解説**

(1) 高さが2m以上の箇所で作業を行う場合，(中略)足場を組み立て［(イ) 作業床］を設ける。

(2) 高さ2m以上の［(イ) 作業床］の端，開口部等で墜落のおそれがある箇所には，［(ロ) 安全ネット］，手すり，覆い等を設ける。

(3) (2)において，［(ロ) 安全ネット］等を設けることが困難なときは，防網を張り，労働者に［(ハ) 安全帯］等を使用させる(後略)。

(4) 労働者に［(ハ) 安全帯］等を使用させるときは，［(ハ) 安全帯］等及びその取付け設備等の異常の有無について，［(ニ) 随時点検］しなければならない。

(5) 高さ又は深さが［(ホ) 1.5］mをこえる箇所で作業を行うときは，(中略)安全に昇降するための設備等を設けなければならない。

解答

| (イ) | (ロ) | (ハ) | (ニ) | (ホ) |
|---|---|---|---|---|
| 作業床 | 安全ネット | 安全帯 | 随時点検 | 1.5 |

## 学科記述 安全管理 労働災害防止，保護具

〔設問 2〕 建設工事において労働災害防止のために着用が必要な保護具を 2 つあげ，各々の点検項目又は使用上の留意点について記述しなさい。

**解 説** 保護具とその点検項目または使用上の留意点は，以下のとおり。2つ選んで記述する。

**・保護靴**

① 足によく合ったものを使用する。
② かかとをつぶして履かない。
③ 先芯に穴を開ける等の加工をしない。
④ 一度，衝撃や圧迫を受けた安全靴および足甲プロテクタは使用しない。

**・保護帽**

① 使用前に，破損部分がないか，必ず点検する。
② ハンモックは，適切に調節(隙間 25 ～ 30 mm)されているか。
③ 保護帽の使用期限についてチェックする。

**・安全帯**

① ベルトの擦り切れや摩耗などがないか。
② 胴ベルトは，腰骨の上で締めて使用する。
③ ベルトを正しくバックルに通しているか。
④ フックは，D 環より高い位置にかけているか。

**・手袋**

① 乾燥したもので，破損のないものを着用する。
② 清潔なものを使用する。

**・保護メガネ**

① ガラスに損傷や曇りのないものを使用する。
② 機能が完全なものを使用する。
③ 使用後は，柔らかい布などで塵や汚れを拭き落としておく。

解答例：解説から２つ選んで記述する。

| 保護具 | 点検項目又は使用上の留意点 |
|---|---|
| 保護靴 | 一度，衝撃や圧迫を受けた安全靴および足甲プロテクタは使用しない。 |
| 保護帽 | 保護帽の使用期限についてチェックする。 |

実地試験

## 学科記述 品質管理 原位置試験①

土の原位置試験に関する次の文章の［　　］の(イ)～(ホ)に当てはまる**適切な語句を，下記の語句から選び**解答欄に記入しなさい。

(1) 原位置試験は，土がもともとの位置にある自然の状態のままで実施する試験の総称で，現場で比較的簡易に土質を判定しようとする場合や乱さない試料の採取が困難な場合に行われ，標準貫入試験，道路の平板載荷試験，砂置換法による土の［(イ)］試験などが広く用いられている。

(2) 標準貫入試験は，原位置における地盤の硬軟，締まり具合などを判定するための［(ロ)］や土質の判断などのために行い，試験結果から得られる情報を［(ハ)］に整理し，その情報が複数得られている場合は地質断面図にまとめる。

(3) 道路の平板載荷試験は，道路の路床や路盤などに剛な載荷板を設置して荷重を段階的に加え，その荷重の大きさと載荷板の［(ニ)］との関係から地盤反力係数を求める試験で，道路，空港，鉄道の路床，路盤の設計や締め固めた地盤の強度と剛性が確認できることから工事現場での［(ホ)］に利用される。

［語句］ 品質管理，粒度加積曲線，膨張量，出来形管理，沈下量，隆起量，$N$値，写真管理，密度，透水係数，土積図，含水比，土質柱状図，間隙水圧，粒度



### 解説

(1) 原位置試験は，(略)行われ，標準貫入試験，道路の平板載荷試験，砂置換法による土の［(イ) 密度］試験などが広く用いられている。

(2) 標準貫入試験は，原位置における地盤の硬軟，締まり具合などを判定するための［(ロ) $N$値］や土質の判断などのために行い，試験結果から得られる情報を［(ハ) 土質柱状図］に整理し，その情報が複数得られている場合は地質断面図にまとめる。

(3) 道路の平板載荷試験は，(略)荷重を段階的に加え，その荷重の大きさと載荷板の［(ニ) 沈下量］との関係から地盤反力係数を求める試験で，(略)確認できることから工事現場での［(ホ) 品質管理］に利用される。

解答

| (イ) | (ロ) | (ハ) | (ニ) | (ホ) |
|---|---|---|---|---|
| 密度 | $N$値 | 土質柱状図 | 沈下量 | 品質管理 |

| 学科記述 | 品質管理 | 原位置試験② |
|---|---|---|

〔設問 2〕 次の原位置試験の中から **2 つ選び，その試験から得られる結果と結果の利用法について解答欄に記述しなさい。**

- ポータブルコーン貫入試験
- 標準貫入試験
- 平板載荷試験
- 原位置ベーンせん断試験

**解説** 原位置試験結果とその利用法は，以下のとおり。

① **ポータブルコーン貫入試験**：ロッドの先端に取り付けた円錐コーンを地中に挿入し，貫入抵抗値（コーン指数 qc）を求める。試験結果は，建設機械の走行性（トラフィカビリティ）の判定に利用される。

貫入用ハンドル
ダイヤルゲージ
プルービングリング
ロッド $\phi$16±0.2mm
円錐コーン

ポータブルコーン貫入試験

② **標準貫入試験**：ハンマを自由落下させて，ボーリングロッドの先端に取り付けたサンプラを 30 cm 貫入させるのに要した打撃回数（$N$ 値）を求める。試験結果は，土の硬軟や締まり具合の判定に利用される。

③ **平板載荷試験**：地表面に置いた直径 30 cm の載荷板に荷量を加え，荷量強さと載荷板の沈下量との関係から地盤反力係数（$K$ 値）を求める。試験結果は道路の舗装の設計や盛土の締固め管理に利用される。

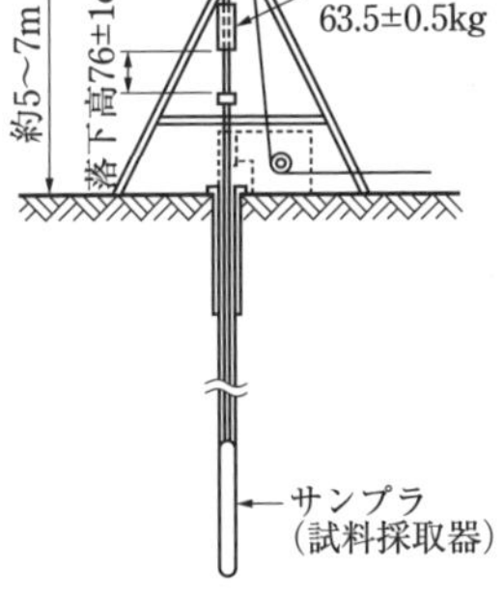


標準貫入試験

④ **ベーン試験**：高さ 10 cm，直径 5 cm の十字型の 4 枚羽根のベーンを地盤に挿入し，ロッドを回転させる。回転抵抗力 $P$(N) と回転角とを測定し，粘着力 $c$(N/mm$^2$) を求める。結果は，細粒土の斜面や基礎地盤の安定計算に用いる。

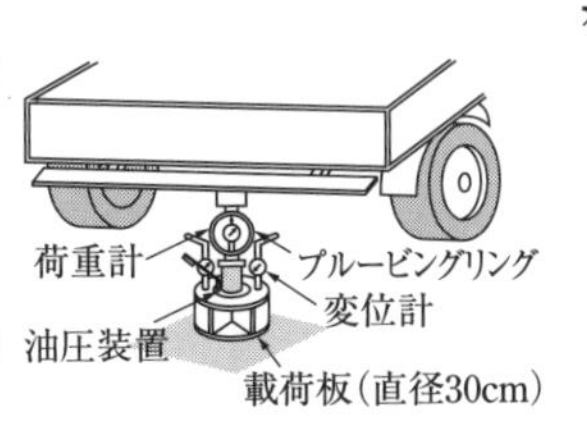


平板載荷試験

解答：解説から 2 つ選んで記述する。

| 試験名 | 結果 | 利用法 |
|---|---|---|
| 標準貫入試験 | 打撃回数（$N$ 値） | 土の硬軟，締まり具合の判定 |
| 平板載荷試験 | 地盤反力係数（$K$ 値） | 道路の舗装の設計 |

実地試験

| 学科記述 | 品質管理 | 土の工学的性質 |
|---|---|---|

土の工学的性質を確認するための試験の名称を5つ解答欄に記入しなさい。試験の名称は，原位置試験又は室内土質試験のどちらからでも可とする。
ただし，解答欄の記入例と同一内容は不可とする。

**解 説**

土の試験名と結果の利用例

| 原位置試験名 | 結果の利用 | 室内試験 | 結果の利用 |
|---|---|---|---|
| 標準貫入試験 | 土の硬軟判定 | 締固め試験 | 盛土締固め管理 |
| コーン貫入試験 | トラフィカビリティ判定 | せん断試験 | 支持力判定 |
| ベーン試験 | 地盤の安定計算 | 室内 CBR 試験 | 材料判定 |
| 平板載荷試験 | 締固め管理 | 圧密試験 | 沈下量判定 |
| 現場透水試験 | 透水性判定 | 含水量試験 | 締固め管理 |
| CBR 試験 | 舗装厚設計 | コンシステンシー試験 | 細粒土性質判定 |

解答例：解説から5つ選んで，記入する。

| ① | 標準貫入試験 |
|---|---|
| ② | 平板載荷試験 |
| ③ | CBR 試験 |
| ④ | 締固め試験 |
| ⑤ | 圧密試験 |

## 学科記述　品質管理　盛土の締固め管理

盛土の締固め管理に関する次の文章の［　　］の［(イ)］～［(ホ)］に当てはまる適切な語句を，次の語句から選び解答欄に記入しなさい。

(1) 盛土工事の締固めの管理方法には，［(イ)］規定方式と［(ロ)］規定方式があり，どちらの方法を適用するかは，工事の性格・規模・土質条件などをよく考えたうえで判断することが大切である。

(2) ［(イ)］規定のうち，最も一般的な管理方法は，締固め度で規定する方法である。

(3) 締固め度＝$\dfrac{\text{［(ハ)］で測定された土の［(ニ)］}}{\text{室内試験から得られる土の最大［(ニ)］}}$ ×100(%)

(4) ［(ロ)］規定方式は，使用する締固め機械の種類や締固め回数，盛土材料の［(ホ)］厚さなどを，仕様書に規定する方法である。

［語句］ 積算，安全，品質，工場，土かぶり，敷均し，余盛，現場，総合，環境基準，現場配合，工法，コスト，設計，乾燥密度

### 解 説

(1) 盛土工事の締固めの管理方法には，［(イ) 品質］規定方式と［(ロ) 工法］規定方式がある。

(2) ［(イ) 品質］規定のうち，最も一般的な管理方法は，締固め度で規定する方法である。

(3) 締固め度＝［(ハ) 現場］で測定された土の［(ニ) 乾燥密度］÷室内試験から得られる土の最大［(ニ) 乾燥密度］× 100%

(4) ［(ロ) 工法］規定方式は，使用する締固め機械の種類や締固め回数，盛土材料の［(ホ) 敷均し］厚さなどを，仕様書に規定する方法である。

解答

| (イ) | (ロ) | (ハ) | (ニ) | (ホ) |
|---|---|---|---|---|
| 品質 | 工法 | 現場 | 乾燥密度 | 敷均し |

| 学科記述 | 品質管理 | 盛土の施工管理① |
|---|---|---|

盛土に関する次の文章の［　　］の(イ)～(ホ)に当てはまる**適切な語句を次の語句から選び**解答欄に記入しなさい。

(1) 盛土の施工で重要な点は，盛土材料を水平に敷くことと［ (イ) ］に締め固めることである。

(2) 締固めの目的として，盛土法面の安定や土の支持力の増加など，土の構造物として必要な［ (ロ) ］が得られるようにすることが上げられる。

(3) 締固め作業にあたっては，適切な締固め機械を選定し，試験施工などによって求めた施工仕様に従って，所定の［ (ハ) ］の盛土を確保できるよう施工しなければならない。

(4) 盛土材料の含水量の調節は，材料の［ (ニ) ］含水比が締固め時に規定される施工含水比の範囲内にない場合にその範囲に入るよう調節するもので，［ (ホ) ］，トレンチ掘削による含水比の低下，散水などの方法がとられる。

［語句］ 押え盛土，膨張性，自然，軟弱，流動性，収縮性，最大，ばっ気乾燥，
強度特性，均等，多め，スランプ，品質，最小，軽量盛土

**解 説**

(1) 盛土の施工で重要な点は，盛土材料を水平に敷均し［(イ) 均等］に締め固めることである。

(2) 締固めの目的として，盛土法面の安定や土の支持力の増加など，土の構造物として必要な［(ロ) 強度特性］が得られるようにすることが上げられる。

(3) 締固め作業にあたっては，適切な締固め機械を選定し，試験施工などによって求めた施工仕様に従って，所定の［(ハ) 品質］の盛土を確保できるよう施工しなければならない。

(4) 盛土材料の含水量の調節は，材料の［(ニ) 自然］含水比が締固め時に規定される施工含水比の範囲内にない場合にその範囲に入るよう調節するもので，［(ホ) ばっ気乾燥］，トレンチ掘削による含水比の低下，散水などの方法がとられる。

解答

| (イ) | (ロ) | (ハ) | (ニ) | (ホ) |
|---|---|---|---|---|
| 均等 | 強度特性 | 品質 | 自然 | ばっ気乾燥 |

| 学科記述 | 品質管理 | 盛土の施工管理② |
|---|---|---|

盛土の品質を確保するために行う**敷均し及び締固めの施工上の留意事項**をそれぞれ解答欄に記述しなさい。

**解説**

敷均し及び締固めの施工上の留意事項は，以下のとおり。

**1．敷均し**

① 締固めを十分に行い，均一な品質の盛土をつくるために，高まきを避け，水平の層に薄く敷均す。

② 敷均し厚さは，盛土の種類，盛土材料の粒度，土質，締固め機械と施工法および要求される締固め度などの条件によって左右される。

③ 道路盛土の場合，一般に路体で1層の締固め後の仕上がり厚さを30 cm以下とし，この場合の敷均し厚さを35～45 cm以下にする。

④ 路床では，1層の締固め後の仕上がり厚さを20 cmとし，この場合の敷均し厚さを25～30 cmとしている。

⑤ 河川堤防では，1層あたりの敷均し厚さは35～45 cm以下とし，締固め後の仕上がり厚さを30 cm以下としている。

**2．締固め**

① 盛土材料の含水比をできるだけ最適合水比に近づけるよう処置をする。

② 盛土材料の土質に応じて適切な機種・重量の締固め機械を選定する。

③ 施工中の排水処理を十分に行う。

④ 運搬機械の走行路を固定せず，切回しを行うことで運搬機械の走行による締固め効果が得られるようにする。

⑤ 盛土のすり付け部や端部は，締固めが不十分になりやすいので，本体部とは別に締固め方法を検討し，両者の締固め度に差が生じないようにする。

解答例：解説より，それぞれ選んで記述する。

| 工　種 | 留意事項 |
|---|---|
| 敷均し | 高まきを避け，水平の層に薄く敷均す。 |
| 締固め | 盛土材料の土質に応じて適切な機種・重量の締固め機械を選定する。 |

| 学科記述 | 品質管理 | レディーミクストコンクリートの受入れ検査 |
|---|---|---|

レディーミクストコンクリート(JIS A 5308)の受入れ検査に関する次の文章の［　　］の(イ)～(ホ)に当てはまる**適切な語句又は数値を，次の語句又は数値から選び**解答欄に記入しなさい。

(1) ［(イ)］が 8 cm の場合，試験結果が ± 2.5 cm の範囲に収まればよい。

(2) 空気量は，試験結果が ±［(ロ)］% の範囲に収まればよい。

(3) 塩化物イオン濃度試験による塩化物イオン量は，［(ハ)］kg/m³ 以下の判定基準がある。

(4) 圧縮強度は，1 回の試験結果が指定した［(ニ)］の強度値の 85% 以上で，かつ 3 回の試験結果の平均値が指定した［(ニ)］の強度値以上でなければならない。

(5) アルカリシリカ反応は，その対策が講じられていることを，［(ホ)］計画書を用いて確認する。

［語句又は数値］フロー，仮設備，スランプ，1.0，1.5，作業，0.4，0.3，配合，2.0，ひずみ，せん断強度，0.5，引張強度，呼び強度

**解説**

レディーミクストコンクリートの受入れ検査での強度・スランプ・空気量・塩化物含有量の判定基準は，以下のとおり。

① 強度：強度試験の値は，1 回の試験結果は，購入者が指定した呼び強度の値の 85% 以上，かつ 3 回の試験の平均値は，購入者が指定した呼び強度の値以上であること。

② スランプ(単位　cm)

| スランプ | スランプの許容差 |
|---|---|
| 2.5 | ± 1 |
| 5 および 6.5 | ± 1.5 |
| 8 以上 18 以下 | ± 2.5 |
| 21 | ± 1.5 |

③ 空気量(%)

| コンクリートの種類 | 空気量 | 空気量の許容差 |
|---|---|---|
| 普通コンクリート | 4.5 | ± 1.5 |
| 軽量コンクリート | 5.0 | |
| 舗装コンクリート | 4.5 | |
| 高強度コンクリート | 4.5 | |

④ 塩化物含有量は，塩化物イオンとして 0.3 kg/m³ 以下。

⑤ アルカリシリカ反応は，その対策が講じられていることを，配合計画書を用いて確認する。

解答

| (イ) | (ロ) | (ハ) | (ニ) | (ホ) |
|---|---|---|---|---|
| スランプ | 1.5 | 0.3 | 呼び強度 | 配合 |

実地試験

## 学科記述　品質管理　レディーミクストコンクリート品質指定

レディーミクストコンクリート（JIS A 5308）の品質管理に関する次の文章の［　　］の(イ)～(ホ)に当てはまる**適切な語句又は数値を，下記の語句又は数値から選び**解答欄に記入しなさい。

(1)　レディーミクストコンクリートの購入時の品質の指定

「普通― 24 ― 8 ― 20 ― N」と指定したレディーミクストコンクリートでは，

└20 の数値は，［　(イ)　］の最大寸法である。

└8 の数値は，荷おろし地点での［　(ロ)　］の値である。

└24 の数値は，［　(ハ)　］の値である。

(2)　レディーミクストコンクリートの受け入れ検査項目の空気量と塩化物含有量

・普通コンクリートの空気量 4.5％の許容差は，［　(ニ)　］％である。

・レディーミクストコンクリートの塩化物含有量は，荷おろし地点で塩化物イオン量として［　(ホ)　］kg/m³ 以下である。

［語句又は数値］スランプコーン，±1.5，引張強度，0.2，スランプフロー，粗骨材，曲げ強度，0.3，骨材，0.4，±2.5，細骨材，スランプ，±3.5，呼び強度

### 解答

| (イ) | (ロ) | (ハ) | (ニ) | (ホ) |
|---|---|---|---|---|
| 粗骨材 | スランプ | 呼び強度 | ±1.5 | 0.3 |

## 学科記述　品質管理　コンクリートの品質

コンクリートの品質管理に関する，次の文章の［　　］に当てはまる**適切な語句又は数値を，下記の［語句］から選び**解答欄に記入しなさい。

(1) スランプの設定にあたっては，施工できる範囲内でできるだけスランプが［(イ)］なるように，事前に打込み位置や箇所，1回当たりの打込み高さなどの施工方法について十分に検討する。

打込みのスランプは，打込み時に円滑かつ密実に型枠内に打ち込むために必要なスランプで，作業などを容易にできる程度を表す［(ロ)］の性質も求められる。

(2) AEコンクリートは，［(ハ)］に対する耐久性がきわめて優れているので，厳しい気象作用を受ける場合には，AEコンクリートを用いるのを原則とする。標準的な空気量は，練上り時においてコンクリートの容積の［(ニ)］%程度とすることが一般的である。適切な空気量は(ロ)の改善もはかることができる。

(3) 締固めが終わり打上り面の表面の仕上げにあたっては，表面に集まった水を，取り除いてから仕上げなければならない。この表面水は練混ぜ水の一部が表面に上昇する現象で［(ホ)］という。

［語句］ 1～3，　凍害，　強く，　ブリーディング，　プレストレスト，
レイタンス，　ワーカビリティー，　水害，　8～10，　小さく，
クリープ，　4～7，　大きく，　コールドジョイント，　塩害

**解説** (1) スランプの設定にあたっては，施工できる範囲内でできるだけスランプが［(イ) 小さく］なるように，(中略)十分に検討する。

打込みのスランプは，(中略)作業などを容易にできる程度を表す［(ロ) ワーカビリティー］の性質も求められる。

(2) AEコンクリートは，［(ハ) 凍害］に対する耐久性がきわめて優れているので，(中略)。標準的な空気量は，練上り時においてコンクリートの容積の［(ニ) 4～7］%程度とすることが一般的である。(後略)

(3) (前略)。この表面水は練混ぜ水の一部が表面に上昇する現象で［(ホ) ブリーディング］という。

解答

| (イ) | (ロ) | (ハ) | (ニ) | (ホ) |
|---|---|---|---|---|
| 小さく | ワーカビリティー | 凍害 | 4～7 | ブリーディング |

| 学科記述 | 品質管理 | コンクリート検査 |
|---|---|---|

コンクリートの品質管理とコンクリート構造物の検査に関する次の文章の［　　］に当てはまる**適切な語句を，下記の語句から選び**解答欄に記入しなさい。

(1) レディーミクストコンクリートの受入れ検査は，受入れ側の責任のもとに実施し，［(イ)］に行う。

(2) コンクリート構造物は，設計図書に基づき，所定の［(ロ)］で造られていなければならないが，この［(ロ)］を確認するために検査すべき項目として，コンクリート標準示方書［施工編］では，平面位置，計画高さ，［(ハ)］の3項目が示されており，構造条件や施工条件が一般的なコンクリート構造物に対して，平面位置の許容誤差は±30 mm，計画高さの許容誤差は±50 mm，［(ハ)］の許容誤差は設計寸法の0～＋50 mmが標準とされている。

(3) 鉄筋コンクリート構造物において，環境条件が厳しく，塩害や中性化などによる［(ニ)］の危険性が高い部材に対しては，［(ホ)］によるかぶりの検査も実施する。

［語句］トランシット，　スランプ，　空気量，　強度，
部材の形状寸法，　クラックスケール，　載荷試験，　精度，
変形，　工場出荷時，　乾燥収縮，　鋼材腐食，　非破壊試験，
打込み直前，荷卸し時

**解説** (1) レディーミクストコンクリートの受入れ検査は，［(イ) 荷卸し時］に行う。

(2) コンクリート構造物が，設計図書に基づき，所定の［(ロ) 精度］で造られているかどうかの検査項目は，平面位置，計画高さ，［(ハ) 部材の形状寸法］の3項目。構造条件や施工条件が一般的なコンクリート構造物に対して，平面位置の許容差は±30 mm，計画高さの許容誤差は±50 mm，［(ハ) 部材の形状寸法］の許容誤差は設計寸法の0～＋50 mmが標準とされている。

(3) 鉄筋コンクリート構造物において，環境条件が厳しく，塩害や中性化などによる［(ニ) 鋼材腐食］の危険性が高い部材に対しては，［(ホ) 非破壊試験］によるかぶりの検査も実施する。

解答

| (イ) | (ロ) | (ハ) | (ニ) | (ホ) |
|---|---|---|---|---|
| 荷卸し時 | 精度 | 部材の形状寸法 | 鋼材腐食 | 非破壊試験 |

実地試験

## 学科記述　品質管理　鉄筋組立・型枠管理

コンクリート構造物の鉄筋の組立・型枠の品質管理に関する次の文章の［　　］の(イ)～(ホ)に当てはまる**適切な語句を，下記の語句から選び**解答欄に記入しなさい。

(1)　鉄筋コンクリート用棒鋼は納入時にJIS G 3112に適合することを製造会社の［(イ)］により確認する。

(2)　鉄筋は所定の［(ロ)］や形状に，材質を害さないように加工し正しく配置して，堅固に組み立てなければならない。

(3)　鉄筋を組み立てる際には，かぶりを正しく保つために［(ハ)］を用いる。

(4)　型枠は，外部からかかる荷重やコンクリートの側圧に対し，型枠の［(ニ)］，モルタルの漏れ，移動，沈下，接続部の緩みなど異常が生じないように十分な強度と剛性を有していなければならない。

(5)　型枠相互の間隔を正しく保つために，［(ホ)］やフォームタイが用いられている。

［語句］　鉄筋，　断面，　補強鉄筋，　スペーサ，　表面，　はらみ，　ボルト，
寸法，　信用，　セパレータ，　下振り，　試験成績表，　バイブレータ，
許容値，　実績

**解説**

(1)　鉄筋コンクリート用棒鋼は納入時にJIS G 3112に適合することを製造会社の［(イ) 試験成績表］により確認する。

(2)　鉄筋は所定の［(ロ) 寸法］や形状に，材質を害さないように加工し正しく配置して，堅固に組み立てなければならない。

(3)　鉄筋を組み立てる際には，かぶりを正しく保つために［(ハ) スペーサ］を用いる。

(4)　型枠は，外部からかかる荷重やコンクリートの側圧に対し，型枠の［(ニ) はらみ］，モルタルの漏れ，移動，沈下，接続部の緩みなど異常が生じないように十分な強度と剛性を有していなければならない。

(5)　型枠相互の間隔を正しく保つために，［(ホ) セパレータ］やフォームタイが用いられている。

解答

| (イ) | (ロ) | (ハ) | (ニ) | (ホ) |
|---|---|---|---|---|
| 試験成績表 | 寸法 | スペーサ | はらみ | セパレータ |

| 学科記述 | 品質管理 | 鉄筋継手 |
|---|---|---|

次の鉄筋の継手種類のうちから２つ選び，その継手名とその検査項目をそれぞれ１つ記述しなさい。

・重ね継手　・ガス圧接継手　・突合せアーク溶接継手
・機械式継手

**解 説** 鉄筋の継手種類とその検査項目は，次のとおり。

**・重ね継手の検査項目**

① 重ね合わせ長さ：所定(鉄筋径の 20 倍以上)の長さがあるか。

② 直径 0.8 mm 以上の焼なまし鉄線で，数か所，緊結されているか。

**・ガス圧接継手の検査項目**：外観検査を行い，圧接部のふくらみの直径および長さ，圧接面のずれ，圧接部の折曲がり，圧接部における鉄筋中心軸の偏心量，たれ・過熱，その他有害と認められる欠陥について，規定内にあるかどうかをみる。

**・突合せアーク溶接継手の検査項目**

① 継手の開先間隔：開先間隔が適正に保持されていること。規定寸法より狭い場合には，運棒がむずかしくなり，溶接部に融合不良などの欠陥を生じる恐れがある。

② 継手の品質：超音波探傷検査で傷の検査を行う。

**・機械式継手の検査項目**

① 受入検査：納入された材料について，種類，化学成分，機械的性質，数量および寸法をミルシート等を用いて確認する。

② かん(嵌)合長さ：鉄筋端部の所定の位置にマーキングを行い，カプラーに鉄筋をかん合した後に，カプラーの両端が鉄筋につけられたマークの位置にあることを，全数について確認する。

③ グラウト式のねじ節継手：カプラー中央の注入孔から注入したグラウトが，カプラー両端から漏れ出てきたことを，全数について確認する。

解答例：解説から２つ選んで記述する。

| 継手の種類 | 検　査　項　目 |
|---|---|
| 重ね継手 | 重ね合わせ長さ |
| 機械式継手 | 嵌合長さ |

実地試験

| 学科記述 | 環境管理 | 騒音防止対策 |
|---|---|---|

ブルドーザ又はバックホゥを用いて行う建設工事に関する騒音防止のための，具体的な対策を２つ解答欄に記述しなさい。

**解説**

ブルドーザ又はバックホゥを用いて行う建設工事に関する騒音防止のための，具体的な対策としては以下のようなものがある。

① 機械の騒音は，エンジン回転速度に比例するので，不必要な空ふかしや高い負荷をかけた運転は避ける。
（例：ブルドーザの能力以上の土量を一度に押すと，エンジン音が大きくなる。）

② 履帯式機械は，走行速度が大きくなると騒音・振動ともに大きくなるので，不必要な高速走行は避ける。また，履帯の張りの調整に留意する。
（例：ブルドーザを高速で後進させると，足回り騒音や振動が大きくなる。）

③ 土工板・バケットなどの衝撃的な操作は避ける。
（例：衝撃力を利用したバケットの爪のくい込み，付着した粘性土のふるい落とし。）

④ 掘削積込み機から，直接，トラック等に積み込む場合は，ていねいに行う。

⑤ 振動・衝撃による締固めを行う場合は，機種の選定や作業時間帯に十分留意する。

⑥ 運搬路は，できるだけ平坦に整備する。又，急な縦断勾配や急カーブの多い道路は避ける。

解答例

解説から２つ選んで記述する。

| 騒音防止のための，具体的な対策 |
|---|
| 不必要な空ふかしや高い負荷をかけた運転は避ける。 |
| 土工板・バケットなどの衝撃的な操作は避ける。 |

| 学科記述 | 環境管理 | 騒音規制法・特定建設作業 |
|---|---|---|

〔設問 1〕 騒音規制法で定められている特定建設作業の規制に関する次の文章の［　　］に当てはまる**適切な語句を，下記の［語句］から選び**解答欄に記入しなさい。

(1) 騒音規制法は，建設工事に伴って発生する騒音について必要な規制を行うことにより，住民の［(イ)］を保全することを目的に定められている。

(2) 都道府県知事は，住居が集合している地域などを特定建設作業に伴って発生する騒音について規制する地域として［(ロ)］しなければならない。

(3) 指定地域内で特定建設作業を伴う建設工事を施工しようとする者は，当該作業の開始日の［(ハ)］までに必要事項を［(ニ)］に届け出なければならない。

(4) ［(ニ)］は，当該建設工事を施工するものに対し騒音の防止方法の改善や［(ホ)］を変更すべきことを勧告することができる。

［語句］ 指定，　産業活動，　環境大臣，　作業時間，　30 日前，
機種，　10 日前，　自然環境，　公報，　国土交通大臣，
周知，　市町村長，　日前，　作業日数，　生活環境

**解答** (1) 騒音規制法は，建設工事に伴って発生する騒音について必要な規制を行うことにより，住民の［(イ) 生活環境］を保全することを目的に定められている。

(2) 都道府県知事は，住居が集合している地域などを特定建設作業に伴って発生する騒音について規制する地域として［(ロ) 指定］しなければならない。

(3) 指定地域内で特定建設作業を伴う建設工事を施工しようとする者は，当該作業の開始日の［(ハ) 7日前］までに必要事項を［(ニ) 市町村長］に届け出なければならない。

(4) ［ニ 市町村長］は，当該建設工事を施工するものに対し騒音の防止方法の改善や［(ホ) 作業時間］を変更すべきことを勧告することができる。

| (イ) | (ロ) | (ハ) | (ニ) | (ホ) |
|---|---|---|---|---|
| 生活環境 | 指定 | 7日前 | 市町村長 | 作業時間 |

実地試験

## 学科記述 環境管理 建設発生土・コンクリート塊の利用用途

「資源の有効な利用の促進に関する法律」上の建設副産物である，**建設発生土とコンクリート塊の利用用途についてそれぞれ**解答欄に記述しなさい。
ただし，利用用途はそれぞれ異なるものとする。

### 解説

建設発生土とコンクリート塊の処理方法や利用用途等は，以下の通り。

| 建設副産物名 | 利用用途 | |
|---|---|---|
| 建設発生土：第1種から第4種に区分されている。区分に従って利用する。 | ①工作物の埋戻し材料<br>②土木構造物の裏込材<br>③道路盛土材料 | ④河川築堤材料<br>⑤宅地造成用材料<br>⑥水面埋立て用材料 |

| 特定建設資材 | 具体的処理方法 | 処理後の材料名 | 用途 |
|---|---|---|---|
| コンクリート塊 | ①破砕<br>②選別<br>③混合物除去<br>④粒度調整 | ①再生クラッシャーラン<br>②再生コンクリート砂<br>③再生粒度調整砕石 | ①路盤材<br>②埋め戻し材<br>③基礎材<br>④コンクリート用骨材 |

解答例 解説から，それぞれ選んで記述する。

| 建設副産物名 | 利用用途 |
|---|---|
| 建設発生土 | 工作物の埋戻し材料，土木構造物の裏込材，道路盛土材料 |
| コンクリート塊 | 路盤材，埋め戻し材，コンクリート用骨材 |

| 学科記述 | 環境管理 | 建設リサイクル法，建設発生土の有効利用 |
|---|---|---|

〔設問 1〕「建設工事に係る資材の再資源化等に関する法律」(建設リサイクル法)に定められている建設発生土の有効活用に関して，次の文章の［　　］に当てはまる適切な語句を，下記の語句から選び解答欄に記入しなさい。

(1) 発注者，元請業者等は，建設工事の施工に当たり，適切な工法の選択等により，建設発生土の［(イ)］に努めるとともに，その［(ロ)］の促進等により搬出の抑制に努めなければならない。

(2) 発注者は，建設発生土を必要とする他の工事現場との情報交換システムを活かした連絡調整，［(ハ)］の確保，再資源化施設の活用，必要に応じて［(ニ)］を行うことにより，工事間の利用の促進に努めなければならない。

(3) 元請業者等は，建設発生土の搬出にあたっては産業廃棄物が混入しないよう，［(ホ)］に努めなければならない。

［語句］埋め立て地，　土質改良，　分別，　発生の促進，　再生利用，
ストックヤード，　発生の抑制，　現場外利用，　置換工，
粉砕，　解体，　薬液注入，　現場内利用，　処分場，
廃棄処分

**解答** (1) 発注者，元請業者等は，建設工事の施工に当たり，適切な工法の選択等により，建設発生土の［(イ) 発生の抑制］に努めるとともに，その［(ロ) 再生利用］の促進等により搬出の抑制に努めなければならない。

(2) 発注者は，建設発生土を必要とする他の工事現場との情報交換システムを活かした連絡調整，［(ハ) ストックヤード］の確保，再資源化施設の活用，必要に応じて［(ニ) 土質改良］を行うことにより，工事間の利用の促進に努めなければならない。

(3) 元請業者等は，建設発生土の搬出にあたっては産業廃棄物が混入しないよう，［(ホ) 分別］に努めなければならない。

| (イ) | (ロ) | (ハ) | (ニ) | (ホ) |
|---|---|---|---|---|
| 発生の抑制 | 再生利用 | ストックヤード | 土質改良 | 分別 |

[編著者] **佐々木　栄三**（ささき　えいぞう）

1969 年　岩手大学工学部資源開発工学科　卒業
東京都港湾局に勤務（以下，都市計画局，下水道局，清掃局，港湾局を歴任）
2002 年　東京都港湾局担当部長
2005 年　東京都退職
技術士 衛生工学部門，技術士 建設部門，1 級土木施工管理技士

**霜田　宜久**（しもだ　よしひさ）

1974 年　信州大学大学院工学研究科修了
2007 年　東京都都市整備局参事　退職
現　在　福島工業高等専門学校　客員教授
博士（工学）

エクセレントドリル　2 級土木施工管理技士
**試験によく出る重要問題集**

2020 年 6 月 5 日　初版印刷
2020 年 6 月 15 日　初版発行

編著者　佐々木　栄三
　　　　霜田　宜久
発行者　澤崎　明治

（印刷）新日本印刷㈱
（製本）三省堂印刷㈱

発行所　株式会社 市ヶ谷出版社
東京都千代田区五番町 5 番地
電話　03-3265-3711（代）
FAX　03-3265-4008

© 2020
ISBN978-4-87071-518-9